石油教材出版基金资助项目

石油高等院校特色规划教材

油气储运工程 HSE 风险管理

王志华　　冯庆善　　陈双庆　　主编

石油工业出版社

内 容 提 要

本书在介绍 HSE 管理体系基础、HSE 风险因素与隐患识别、HSE 风险评价理论的基础上，根据油气储运的专业范畴，主要介绍了油气管道安全事故分析、油气管道完整性管理、油气管道风险削减与控制、油气站场风险削减与控制、油气储运静电防控与"三防"措施、油气储运安全事故应急管理等内容。

本教材可作为石油高校油气储运工程、石油工程、海洋油气工程及化学工程与工艺等专业学生的教材，也可供油气管道企业安全管理人员、HSE 体系管理人员、安全监督人员等参考。

图书在版编目(CIP)数据

油气储运工程 HSE 风险管理/王志华,冯庆善,陈双庆主编.—北京:石油工业出版社,2024.4

石油高等院校特色规划教材

ISBN 978-7-5183-6585-2

Ⅰ.①油…　Ⅱ.①王…②冯…③陈…　Ⅲ.①石油与天然气储运—安全管理—高等学校—教材　Ⅳ.①TE88

中国国家版本馆 CIP 数据核字(2024)第 050719 号

出版发行:石油工业出版社

(北京市朝阳区安华里 2 区 1 号楼　100011)

网　　址:www.petropub.com

编辑部:(010)64256990

图书营销中心:(010)64523633　(010)64523731

经　　销:全国新华书店

排　　版:北京密东文创科技有限公司

印　　刷:北京中石油彩色印刷有限责任公司

2024 年 4 月第 1 版　2024 年 4 月第 1 次印刷

787 毫米×1092 毫米　开本:1/16　印张:17.25

字数:415 千字

定价:49.00 元

前　言

党的十八大以来,以习近平同志为核心的党中央,坚持以人民为中心的发展理念,把发展和安全问题摆到了前所未有的高度。党的二十大报告强调统筹好发展和安全两件大事,实现高质量发展与高水平安全良性互动。职业病防治、安全生产、环境保护是保障国家安全发展的"压舱石",中国式现代化、"碳中和、碳达峰"以及健康中国的愿景更是对健康、安全、环境(HSE)工作提出了极高要求。

油气储运工程是涵盖油气田集输、长距离管道输送、储存与装卸及城市输配等环节的大型工程系统,具有点多面广、易燃易爆、有毒有害等特点。编写油气储运工程专用的 HSE 风险管理教材,对油气储运工程专业学生开展系统的 HSE 教育,提高学生珍视健康、重视安全、爱护环境的理念和意识,培养学生预防职业病、辨识和管控安全风险、清洁生产等方面的能力,是全面建设社会主义现代化国家的需要,也是对"坚持从源头上防范化解重大安全风险"的积极响应与实践。

本教材契合专业前沿、产业需求等多维融入的思路,凝聚高校和企业创新合力,并依据学科专业特点,深入融入课程思政元素,以期满足教师自助式、个性化教学需求和学生移动泛在、混合媒体、立体交互学习需求,具有如下特点:

(1)产教融合促进 HSE 教育创新。产教融合是我国高等教育高质量发展的重要方向。党的二十大报告提出要"统筹职业教育、高等教育、继续教育协同创新,推进职普融通、产教融合、科教融汇"。本教材立足于产教融合,创新编制适用于油气储运工程生产施工主要环节的"手册式"教材。

（2）真实案例推动 HSE 理念深入人心。本教材以发生在油气管道施工、生产作业和油气管道站场的真实事故为案例，阐述事故的经过与后果，剖析事故发生的原因，可实现案例式教学，让 HSE 理念以相对容易的方式被接受。

（3）校企合作保证专业知识富集。本教材由东北石油大学的教师和国家石油天然气管网集团有限公司的专家共同编写完成，在保证理论深度的同时力求贴近油气管道工程实际，实现基础理论、应用措施、技术方案等 HSE 风险管理专业知识的有效富集。

（4）课程思政保障价值引领。本教材深度融合课程思政元素，在不同的章节增加了发人深思的案例或报道，以油气管道工程领域课程思政元素引领社会主义核心价值观的形成。

本教材共 9 章，具体内容如下：第一章介绍了 HSE 管理体系的基础知识，介绍了 HSE 的发展历程，阐明了 HSE 管理体系的理念、要素和特点，引入了 HSE 管理体系文件和法律法规；第二章阐述了 HSE 风险因素和隐患识别相关知识，系统介绍了风险因素的分类与识别方法、事故致因理论和事故隐患排查措施；第三章详细论述了 HSE 风险评价方法，介绍了风险评价的流程和风险矩阵法、事故树、HAZOP 等 9 种常见风险评价方法；第四章着眼油气管道安全事故分析，分别列举及分析了油气管道生产作业、油气管道施工、油气管道站场的真实事故案例；第五章阐述了油气管道完整性管理技术，重点介绍油气管道完整性管理六部循环以及完整性管理实例；第六章在前五章的基础上，着重介绍油气管道工程风险削减与控制措施，论述了油气管道施工风险防控措施、油气管道风险防控与巡护；第七章论述油气站场的风险削减与控制措施，介绍油气集输站场、输油站场、输气站场等生产运维中的风险管控措施；第八章分别着眼油气储运工程中的防静电、防火、防爆、防中毒，介绍常见的处置措施；第九章针对油气管道事故应急管理工作展开叙述，介绍应急管理原则、应急管理预案编制、应急救援组织与实施等关键内容。

本教材由东北石油大学和国家石油天然气管网集团有限公司共同组织

编写，由王志华、冯庆善、陈双庆担任主编。具体编写分工如下：第一章由东北石油大学王志华编写，第二章和第七章由东北石油大学卜凡熙编写，第三章、第八章和第九章由东北石油大学陈双庆编写，第四章和第六章由东北石油大学官兵编写，第五章由国家石油天然气管网集团有限公司冯庆善编写。全书由王志华、冯庆善和陈双庆统稿。

在本教材的编写过程中，得到了东北石油大学、国家石油天然气管网集团有限公司、石油工业出版社的大力支持，特别是得到了石油工业出版社"石油教材出版基金"的资助，同时也参考了有关教材、著作，受到了不少启发和帮助，在此一并表示衷心的感谢。

由于编者的水平有限，难免有疏漏与错误之处，诚恳欢迎广大师生和读者批评指正，提出宝贵意见。

编者
2023 年 12 月

目 录

第一章 HSE 管理体系基础

2013 年 11 月 22 日凌晨 3:00,位于山东省青岛市黄岛区秦皇岛路与斋堂岛路交汇处,中石化输油储运公司潍坊分公司输油管线破裂。事故发现后,约 3:15 关闭输油,斋堂岛街约 1000m² 路面被原油污染,部分原油沿着雨水管线进入胶州湾,海面过油面积约 3000m²。黄岛区立即组织人员在海面布设两道围油栏。处置过程中,当日 10:30 许,黄岛区沿海河路和斋堂岛路交汇处发生爆燃,同时在入海口被油污染海面上发生爆燃,事故共造成 62 人死亡、136 人受伤,直接经济损失 7.5 亿元。2014 年 1 月 9 日,国务院对事故调查处理报告作出批复,同意国务院事故调查组的调查处理结果,认定这是一起特别重大责任事故。调查报告指出,2009 年、2011 年、2013 年先后 3 次对东黄输油管道外防腐层及局部管体进行检测,均未能发现事故段管道严重腐蚀等重大隐患,导致隐患得不到及时、彻底整改;从 2011 年起安排实施东黄输油管道外防腐层大修,截至 2013 年 10 月仍未对包括事故泄漏点所在的 15km 管道进行大修,涉事单位存在风险管理不到位、隐患排查不彻底、应急处置不力等问题。

青岛输油管道事故爆炸现场

石油行业是一个高危行业,石油的开采、运输和炼制涉及大量的易燃易爆物、有毒有害物、高温高压容器,同时具有连续作业、点多线长的特点,因此健康、安全与环境(HSE)管理体系在石油企业中尤为重要。

在工业发展初期,由于生产技术落后,人类只考虑对自然资源的盲目索取和破坏性开采,而没有从深层次意识到这种生产方式对人类所造成的负面影响。国际上的重大事故对安全工作的深化发展与完善起到了巨大的推动作用。例如 1984 年 12 月 3 日,印度博帕尔毒气泄漏事件,造成了 2.5 万多人直接致死、55 万人间接致死、另外有 20 多万人永久残废的人间惨剧。1988 年 7 月 9 日,英国北海油田的帕玻尔·阿尔法(Piper Alpha)平台火灾爆炸,造成 165 人死亡,经济损失近 3 亿美元。1989 年 3 月 24 日,美国埃克森公司的一艘巨型油轮在阿拉斯加州美、加交界的威廉王子湾附近触礁,原油泄出达 800 多万加仑,在海面上形成一条宽约 1km、长达 800km 的漂油带,各种赔偿和罚款达 80 多亿美元。无数的灾难使人们深深认识到必须采取有效措施以减少或避免重大事故和重大环境污染事件的发生。

第一节 HSE 的发展历程

HSE 是健康(Health)、安全(Safety)和环境(Environment)的缩写。健康、安全与环境管理体系简称为 HSE 管理体系,或简单地用 HSEMS(Health Safety and Environment Management System)表示,是国际石油天然气工业通行的管理体系,是指企业依据职业健康安全(Occupational Health and Safety)、环境(Environment)管理体系标准建立的管理体系。

依据 SY/T 6276—2014《石油天然气工业 健康、安全与环境管理体系》中的定义,健康是指工作场所内员工、临时工作人员、合同方人员、访问者和其他人员的身体、精神、行为等方面达到良好的状态;安全是指免除了不可接受风险的状态;环境是指组织运行活动的外部存在,包括空气、水、土地、自然资源、植物、动物、人以及他们之间的相互关系。

由于对健康、安全与环境的管理在原则和效果上彼此相似,在实际过程中,三者之间又有着密不可分的联系,因此有必要把安全、环境和健康纳入一个完整的管理体系。1991 年,壳牌企业颁布健康、安全、环境(HSE)方针指南。同年,在荷兰海牙召开了第一届油气勘探开发的健康、安全、环境(HSE)国际会议,HSE 这一完整概念逐步为大家接受。

1994 年在印度尼西亚的雅加达召开了油气开发专业的安全、环境与健康国际会议,制订了“开发和使用健康、安全、环境管理体系导则”,HSE 活动在全球范围内迅速展开。1996 年,ISO/TC67 的 SC6 分委会发布了《石油和天然气工业健康、安全与环境管理体系》(ISO/CD 14690 标准草案)。1997 年 HSE 标准 SY/T 6276—1997《石油天然气工业健康、安全与环境管理体系》(现已相继被 SY/T 6276—2010、SY/T 6276—2014 替代)正式进入国内,三大石油公司分别在所属企业开始了 HSE 管理体系试点工作。HSE 管理体系是现代工业发展到一定阶段的必然产物,它的形成和发展是现代工业多年工作经验积累的成果,并得到了世界上多数现代大企业的共同认可,从而成为现代企业共同遵守的行为准则。

HSE 管理体系自 20 世纪 80 年代中期在欧美大石油公司开始建立实施,如世界大型化工企业中的第一大企业的美国杜邦企业、世界上四大石油石化跨国企业之一的荷兰皇家石油企业/壳牌企业集团、英国石油公司等都相继推行 HSE 管理。其中,英国石油公司(BP)将出色的健康、安全和环保表现确定为该集团五大经营政策(道德行为、雇员、公共关系、HSE 表现、控制和财务)之一。该公司健康、安全与环境表现的承诺为:每一位 BP 的职员,无论身处何地,都有责任做好 HSE 工作。目标是无事故、无害于员工健康、无损于环境。

HSE 管理 20 世纪 90 年代中期开始引入我国。这不是决策层的权宜之计,而是源于中国石油进入市场尤其是进入国际市场后,与国际先进的管理模式在思想、组织、制度、管理等方面的一系列猛烈的撞击。

1993 年,我国开始通过国际招标利用外资勘探黑龙江、内蒙古、青海、新疆等地的油气资源。美国埃克森石油凭借强大实力率先与中国石油签署了塔里木 3 个区块的风险勘探合同。1994 年,中国石油地球物理勘探局取得反承包权。正是由此开始,中国石油的安全环保理念与国际石油公司的 HSE 管理体系理念、管理方式发生了激烈的碰撞。这种碰撞几乎发生在从生产到生活、从微观到宏观的任何领域。

一次野外作业,一个反承包地震队的埋药工李某在跑回炮点附近拿安全帽时,爆炸工按下了爆炸机开关,爆炸气浪把李某打翻在地,李某受了轻伤。当即,美方 HSE 监督就将这一情况用卫星电话向驻库尔勒的埃克森公司项目负责人和中国办事处做了汇报。当天,美国休斯敦的埃克森总部就接到了通过海事卫星传递的消息,立即中断业务会议,派遣国际物探作业经理赶赴中国进行事故调查,而此时中方物探局领导还不知道新疆发生了事故。这次事故,埃克森总部的处理结果是:李某和爆炸工因违反作业规程被解雇,这个参加反承包的地震队被勒令停工整顿,重新进行 HSE 管理体系培训。一个轻伤事故令埃克森公司如此兴师动众,全体中方职工无不为之震惊。

随着国际招标日渐增多,市场经济逼得中国石油企业必须走出国门参与国际招投标以实现参加世界经济竞争的夙愿。可是市场是残酷的,投标中若这个单位发生事故,那么三年内不再被招标。人们从石油物探局以及其他企业在反承包的撞击中悟出了,要跻身国际石油竞争的行列,必须遵守国际统一规则,这个规则就是 HSE 管理体系。自此,中国石油行业开始推行HSE 管理体系。

中国石油天然气总公司 1997 年 2 月颁发了石油工业行业标准 SY/T 6276—1997《石油天然气工业健康、安全与环境管理体系》及相关标准;从 1998 年开始用三年的时间建立和实施HSE 管理体系,2000 年 1 月正式发布了《中国石油天然气集团公司 HSE 管理手册》;2001 年 4月正式发布了《中国石油天然气股份公司 HSE 管理体系总体指南》,向社会公开了中国石油的HSE 承诺。

中国海洋石油总公司与国外合作的企业是较早建立和实施 HSE 管理体系的单位,特别是与壳牌、BP、菲利普斯等国际石油公司合作的企业,直接引进国外比较成熟的 HSE 管理体系,完全与国外先进的 HSE 管理体系接轨,1996 年 10 月发布了《海洋石油作业安全管理体系原则》及《海洋石油安全管理文件编制指南》,从 1997 年逐渐开始实施 HSE 一体化管理。

中国石油化工集团公司(以下简称中国石化)于 2001 年发布实施了《中国石油化工集团公司安全、环境与健康(HSE)管理体系》企业标准(Q/SHS 001.1—2001),在中国石化安全环保局策划下,引进了国外咨询机构和中国石化安全工程研究院共同组成咨询指导组,对中国石化部分直属或(和)二级单位进行了体系建立现场指导,通过咨询人员的努力和企业领导的重视,在初始状态评审和风险评价的基础上,大多数企业都相继建立了 HSE 管理体系。

三大石油公司建立推行 HSE 管理体系的目的可以概括为:(1)满足政府对健康、安全和环境的法律、法规要求;(2)为企业提出的总方针、总目标以及各方面具体目标的实现提供保证;(3)减少事故发生,保证员工的健康与安全,保护企业的财产不受损失;(4)保护环境,满足可持续发展的要求;(5)提高原材料和能源利用率,保护自然资源,增加经济效益;(6)减少医疗、赔偿、财产损失费用,降低保险费用;(7)满足公众的期望,保持良好的公共和社会关系;(8)维护企业的声誉,增强市场竞争能力。

随着科学技术的不断发展,HSE 管理体系的研究逐渐深入化、理论化、科学化,研究从事故本身也逐渐向多元化、大数据、人工智能等方向发展。如采用虚拟现实技术,建立石化安全的一体化虚拟现实平台,将虚拟现实技术应用于应急演练和安全教育。HSE 管理体系的快速发展对增强企业的凝聚力,完善企业的内部管理,提升企业形象,创造更好的经济效益和社会效益,将起到极大的推动作用。

第二节 HSE 管理体系的理念

HSE 管理体系所体现的管理理念包括以人为本、预防为主、持续改进和可持续发展、全员参与等。

一、以人为本

组织在开展各项工作和管理活动过程中,始终贯穿着以人为本的思想,在保护人生命的角度和前提下,使组织的各项工作得以顺利进行。人的生命和健康是无价的,工业生产过程中不能以牺牲人的生命和健康为代价来换取产品。没有安全的效益不是以人为本,没有效益的安全没有实际意义。

二、预防为主

我国安全生产的方针是"安全第一,预防为主",但一些组织在贯彻这一方针的过程中并没有规范化和落到实处。而 HSE 管理体系始终贯穿了对各项工作事前预防的理念,贯穿了所有事故都是可以预防的理念。美国杜邦企业的成功经验是:"一切事故都是可以预防的""所有的事件及小事故或未遂事故均应进行详细调查,最重要的是通过有效的分析,找出真正的起因,指导今后的工作"。事故的发生往往由人的不安全行为、机械设备的不良状态、环境因素和管理上的缺陷等引起。组织中虽然沿袭了一些好的做法,但没有系统化和规范化,缺乏连续性。而 HSE 管理体系可系统地建立起预防机制,如果能切实推行,就能建立起长效机制。

三、持续改进和可持续发展

HSE 管理体系贯穿了持续改进和可持续发展的理念。HSE 管理体系建立了定期审核和评审的机制。每次审核要对不符合项目实施改进,不断完善。这样,使体系始终处于持续改进的趋势,不断改正不足,坚持和发扬好的做法,实现组织的可持续发展。图 1-1 即为著名的

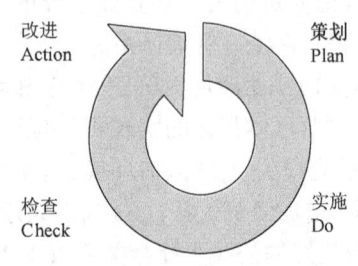

图 1-1 PDCA 循环模式(戴明模式)

PDCA 循环模式,也称为戴明模式。PDCA 循环是一个科学的工作程序,包含:策划—实施—检查—改进(Plan-Do-Check-Action)。最初是由美国贝尔实验室的休哈特博士提出,后经戴明博士在日本企业的质量管理领域中应用推广。策划是建立所需的目标和过程,以实现组织的职业健康安全方针所期望的结果。实施是对过程予以实施。检查是依据职业健康安全方针、目标、法律法规和其他要求,对过程

进行监视和测量,并报告结果。改进是采取措施以持续改进职业健康安全绩效。

四、全员参与

安全工作是全员的工作,是全社会的工作。HSE 管理体系中就充分体现了全员参与的理念。在确定各岗位的职责时要求全员参与,在进行危害辨识时要求全员参与,在进行人员培训时要求全员参与,在进行审核时要求全员参与。通过广泛的参与,形成组织的 HSE 文化,使 HSE 理念深入到每一个员工的思想深处,并转化为每一个员工的日常行为。

第三节　HSE 管理体系的要素与特点

HSE 管理体系要素由 HSE 管理体系标准所规定,现行 HSE 管理体系标准为 SY/T 6276—2014《石油天然气工业　健康、安全与环境管理体系》。

一、HSE 管理体系要素

HSE 管理体系包括 7 个一级要素,分别为:(1)领导和承诺;(2)健康、安全与环境方针;(3)策划;(4)组织结构、职责、资源和文件;(5)实施和运行;(6)检查;(7)管理评审。每个一级要素包含若干个二级要素,共有目标和指标、组织结构和职责、内部审核等 27 个二级指标[1],如表 1 – 1 所示。

表 1 –1　HSE 管理体系一级要素和二级要素

序号	一级要素 7 个	二级要素 27 个	要点
1	领导和承诺	—	—
2	健康、安全与环境方针	—	—
3	策划	危害因素辨识、风险评价和控制措施的确定	建立程序来辨识危害因素,依据准则对已确定的危害因素进行评价,并进行风险管理的策划
		法律、法规和其他要求	获取组织应遵守的相关健康、安全与环境的法律法规和要求
		目标和指标	确定适合组织特点的风险管理的目标和指标
		方案	建立旨在实现健康、安全与环境管理目标的管理方案
4	组织结构、职责、资源和文件	组织结构和职责	组织体系及各层次人员的具体职责和权限
		管理者代表	管理者代表的职责和权限
		资源	提供必要的资源以完成 HSE 活动和任务
		能力、培训和意识	从事 HSE 关键活动和任务的员工所必须具备的能力的考核及必要的培训
		沟通、参与和协商	组织、承包商及合作者对 HSE 事务应持有的共同认识,信息交流
		文件	以纸或电子等形式建立和保持 HSE 管理体系文件
		文件控制	控制文件内容及文件的管理

序号	一级要素 7 个	二级要素 27 个	要点
5	实施和运行	设施完整性	对与健康、安全与环境有关的设施的建造、采购、操作、维护和检查进行控制,达到设施完整性的要求
		承包方和(或)供应方	对承包方和(或)供应方进行管理,以保证良好的健康、安全与环境绩效
		顾客和产品	识别顾客需求,对产品及服务的健康、安全与环境的风险和影响进行评估和管理
		社区和公共关系	通过积极的沟通及适当的规划和活动获取社区支持,建立良好的公共关系
		作业许可	通过执行作业许可,能有效地控制关键活动和任务的风险和影响
		职业健康	工作场所符合职业健康要求,防止职业危害事故发生
		清洁生产	采用资源利用率高及污染物产量少的清洁生产技术、工艺和设备,有效控制环境污染及影响
		运行控制	通过对活动和任务的有效控制,使风险和影响处于有效的受控状态
		变更管理	对组织 HSE 管理体系范围内的各种变更,包括人员、设备、生产工艺、操作程序的变更进行健康、安全与环境管理
		应急准备和响应	建立有效的应急准备和响应系统
6	检查	绩效测量和监视	监测健康、安全与环境绩效,校准和维护所用到的监测设备,建立、保存相应记录
		合规性评价	定期评价对现行适用法律法规和其他要求的遵守情况
		不符合、纠正措施和预防措施	不符合情况的确定和不符合的纠正和预防措施
		事故、事件管理	记录、报告已经影响或正在影响健康、安全与环境的事件、事故,并进行调查和处理
		记录控制	记录管理系统
		内部审核	组织自行发起的内部审核
7	管理评审	—	—

(一) 领导和承诺

领导和承诺是 HSE 管理体系的核心。承诺是 HSE 管理的基本要求和动力,自上而下的承诺和企业 HSE 文化的培育是 HSE 管理体系成功实施的基础。最高管理者及其领导层正确、强有力地行使领导责任和权力是健康、安全与环境管理体系建立、运行、持续改进的最关键因素。只有做到领导重视,全员重视,将 HSE 管理作为企业管理的重要组成部分,才能建立起一个高效运转的 HSE 管理体系。

企业最高管理者的承诺就是对全体员工和社会公开承诺,它说明:(1)最高管理者对做好

HSE 工作负有首要责任和义务;(2)HSE 管理是企业所有管理体系中的优先项,要比诸如人事、财务管理一样予以更高的重视;(3)企业保证对 HSE 管理体系的建立、实施和持续改进给予充分支持,配置必要的资源,如给予 HSE 工作人员足够的权力,保证资金和时间的投入;(4)管理层会议要把 HSE 放在首位,领导要参加和主持 HSE 会议以表明重视。

HSE 管理体系中,领导作用的体现为:(1)通过全方位身体力行树立 HSE 榜样,支持正确行为;(2)就 HSE 方面的问题与员工、承包商和其他相关方进行明确的双向交流;(3)将 HSE 要求综合反映到业务发展计划中去,确保建立起成文的管理要求;(4)从思想、组织和制度上保证 HSE 管理体系按既定方针和目标运行,并兼顾生产、业务等其他方面;(5)建立明确的 HSE 目标、标准、职责、业绩考核办法,配备相应的人力、物力资源;(6)将总公司建立的指标落实到本公司的业务中,促进 HSE 经验的内外交流。

承诺的基本内容包括:(1)对实现安全、健康与环境管理体系方针、战略目标和计划的承诺;(2)对 HSE 优先位置和有效实施 HSE 管理体系的承诺;(3)对在一切活动中满足法律、法规及 HSE 相关要求和规定的承诺;(4)保护员工生命、健康的承诺,预防事故、保护环境、清洁生产的承诺;(5)持续改进的承诺;此外还可包括对员工、承包商 HSE 表现的期望等。

对承诺的要求包括:(1)要由最高层领导在体系建立前提出,并形成文件;(2)在正式提出前,要征求员工和社会对承诺的意见;(3)承诺要明确、简要,便于员工和公众理解和掌握;(4)承诺要公开透明,并利用各种形式加以宣传;(5)承诺要深入人心,成为企业文化的有机组成部分;(6)条件发生变化时,高层领导应提出修改意见,并在管理体系手册修订时进行修改。

领导承诺由以前的被动方式转变为主动方式,是管理思想的转变。承诺由组织最高管理者在体系建立前提出,在广泛征求意见的基础上,以正式文件(手册)的方式对外公开发布,以利于相关方面的监督。承诺要传递到组织内部和外部相关各方,并逐渐形成一种自主承诺、改善条件、提高管理水平的组织思维方式和文化。

例如大庆油田有限责任公司的 HSE 最高管理者承诺:

(1)原油持续稳产,整体协调发展,构建和谐矿区,创建百年油田;

(2)遵守所在国家和地区的法律、法规,尊重作业所在地的风俗习惯;

(3)履行中国石油的 HSE 承诺,确保中国石油 HSE 承诺在油田的所有业务领域得到落实;

(4)为有效运行并持续改进 HSE 管理体系,提供资源保障,逐步实现公司 HSE 目标;

(5)表彰和奖励对 HSE 管理做出贡献的单位、部门和员工。

只有做到领导重视、全员参与、体系管理、持续改进,通过有感领导和可视承诺建立 HSE 企业文化,才能保证 HSE 管理体系的有效顺利运行。

(二)健康、安全与环境方针

HSE 健康、安全与环境方针是 HSE 管理体系的总体原则,是推进各项 HSE 管理工作的导向。在企业建立 HSE 管理体系过程中,企业的最高管理者应该确定和批准组织的健康、安全与环境方针,规定健康、安全与环境管理的原则与政策。HSE 健康、安全与环境方针是在符合国家相关法律法规基础上制定的,组织在一定时期内在健康、安全和环境方面所奉行的基础政策和行为准则,能够统一各层级管理及 HSE 工作人员的思想,为企业 HSE 管理明确努力方向。健康、安全与环境方针应当满足如下要求:

（1）包括对遵守法律、法规和其他要求的承诺，以及对持续改进和污染预防、事故预防的承诺等。

（2）适合于组织的活动、产品或服务的性质和规模以及健康、安全与环境风险。

（3）传达到所有组织内工作人员，使其认识各自的健康、安全与环境任务。

（4）形成文件，付诸实施并予以保持。

（5）可为相关方所获取。

（6）定期评审，以确保其与组织保持相关和适宜。

例如：

中国石油天然气集团有限公司 HSE 方针：以人为本，预防为主，全员参与，持续改进。

中国石油化工集团有限公司 HSE 方针：安全第一，预防为主；全员动手，综合治理；改善环境，保护健康；科学管理，持续发展。

（三）策划

"策划"要素是围绕风险管理所涉及的主要环节、法律法规、目标与指标、管理方案进行相关规定，该要素包括"危害因素辨识、风险评价和控制措施的确定""法律、法规和其他要求""目标和指标""方案"4 个二级要素，是 HSE 管理体系的关键要素。

"危害因素辨识、风险评价和控制措施的确定"针对风险管理中风险识别、风险评价和控制措施所涉及的危险有害因素辨识、风险评价注意事项、风险削减控制措施的规定。

"法律、法规和其他要求"是获取组织应当遵守的相关法律、安全与环境的法律法规及要求。

"目标和指标"是组织各职能部门和层次所应该达到的目标与指标。

"方案"是组织为实现目标与指标所开展的 HSE 管理方案。

（四）组织结构、职责、资源和文件

良好的 HSE 表现所需的组织结构、职责、资源和文件是 HSE 管理体系实施和不断改进的支持条件。该要素包括"组织结构和职责""管理者代表""资源""能力、培训和意识""沟通、参与和协商""文件""文件控制"7 个二级要素。这一部分虽然也参与循环，但通常具有相对的稳定性，是做好 HSE 工作必不可少的重要条件，通常由高层管理者或相关管理人员制定和决定。

为了有效地实施 HSE 管理体系，必须对组织有关部门与人员的作用、职责和权限加以界定，明确各自的 HSE 职责，形成文件并予以传达；设立一位"管理者代表"负责 HSE 事务；提供足够的人力、财力及物力等资源以确保 HSE 管理体系有效运行。

HSE 管理体系标准要求：通过实现在人员组织、资源管理和文件处理方面的优化配置，实施 HSE 直线责任管理，以获得良好的健康、安全与环境绩效。

（五）实施和运行

实施和运行包括"设施完整性""承包方和（或）供应方""顾客和产品""社区和公共关系""作业许可""职业健康""清洁生产""运行控制""变更管理""应急准备和响应"10 个二级要素。

企业通过建立系统化的 HSE 管理体系，对运行过程中的活动和任务进行严格的健康、安全与环境管理。通过设定有特色的运行过程实现风险和影响的有效控制。主要在实际工作中应确定那些与已辨识的、需实施必要控制措施的风险相关的运行和活动任务,并且不同职能和层次的管理者应当针对这些活动任务进行策划,确保其在相应程序和工作指南规定的条件下执行,形成强有力的运行控制机制。主要包括:确保"设施的完整性"即与健康、安全与环境有关的设施与主体设施的同时存在且运行状态良好;对"承包方和(或)供应方"进行管理;对高风险的作业实行"作业许可"控制;对各种变更强化"变更管理";建立有效的"应急准备和响应"系统并有效地实行全面的、全过程的风险管控。为了保证各项 HSE 风险控制措施及方案的落实与实施,获得社区及相关方的支持、建立良好的公共关系也是十分重要的。

(六)检查

检查包括"绩效测量和监视""合规性评价""不符合、纠正措施与预防措施""事故、事件管理""记录控制""内部审核"6 个二级要素。

检查是 HSE 管理体系运行中的一个重要环节。在 HSE 管理体系的运行控制过程中,需要对自身状况进行监控,包括检查、监督、测试、检测、监测及审核等方式和方法,以确定是否满足了法律、法规和其他应遵守的要求。评价目标和指标的实现情况,发现不符合并有效纠正。及时报告事故、事件并处理,为体系的实施和改进提供依据。做好 HSE 管理体系运行中的各种记录,为 HSE 管理体系建立、实施、保持和改进提供证据,是体现 HSE 管理体系具有追溯性特点的重要方式。

(七)管理评审

组织的最高管理者应按规定的时间间隔对健康、安全与环境管理体系进行评审,以确保其持续性、适宜性、充分性和有效性。评审应包括评价改进的机会和对健康、安全与环境管理体系进行修改的需求。管理评审是组织的最高管理者主持的对 HSE 管理体系的适用性及其执行情况进行的系统的、全面的评审,是 HSE 管理体系最高形式的改进机制。评审是 HSE 管理体系的PDCA(策划、实施、检查、改进)循环的最后一个环节,是 HSE 处理体系实现持续改进的最重要保证。评审涵盖了组织的全部活动、产品和服务的各个方面,通过评审,可以了解 HSE 管理体系的整体运行情况及其不足之处,以便做出改进,使 HSE 管理体系的运行跃上一个新的层次。

二、HSE 管理体系的特点

(1)按 PDCA 模式建立。HSE 管理体系是一个持续循环和不断改进的结构。

(2)由若干个要素组成。关键要素有:领导和承诺,健康、安全与环境方针,策划,组织结构、职责、资源和文件,实施和运行,检查,管理评审等。

(3)各要素不是孤立的。这些要素中,领导和承诺是核心;方针是方向;组织结构、职责、资源和文件作为支持。策划、实施、检查、改进是循环链过程。

(4)在实践过程中,管理体系的要素和机构可以根据实际情况作适当调整。

基于 HSE 管理体系的要素和特点可以知道,"领导和承诺"是核心与前提条件,"健康安全与环境方针"是总则,"策划"是输入,"组织结构、职责、资源和文件"是基础,"实施和运行"是关键,"检查"是保障,"管理评审"是持续改进的动力。HSE 管理体系一级要素组成如图 1-2所示。

图 1-2　HSE 管理体系一级要素组成图

第四节　HSE 管理体系的文件

HSE 管理体系文件包括 HSE 管理手册、程序文件、管理作业文件、两书一表、HSE 记录五个类型的文件。五类文件根据适用层级及数量的不同可以绘制成如图 1-3 的金字塔形状。

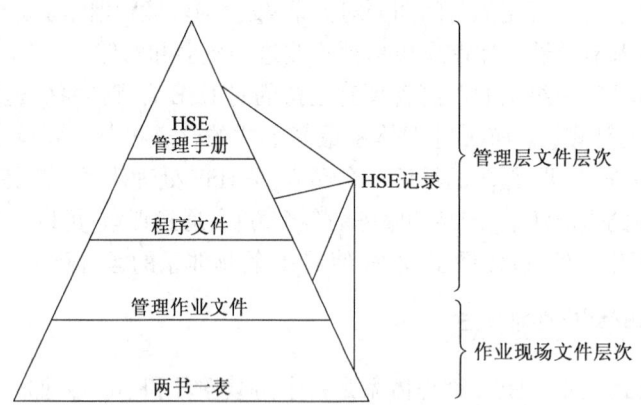

图 1-3　HSE 管理体系文件的层次结构图

一、HSE 管理手册

HSE 管理手册是描述企业的 HSE 管理的承诺、方针和目标,组织对 HSE 管理的主要控制环节、控制程序。HSE 管理手册是对组织 HSE 管理体系的全面描述,它是全部体系文件的"索引",对 HSE 管理体系的建立与运行有特殊意义。

HSE 管理手册在深度和广度上可以不同,取决于组织的性质、规模、技术要求及人员素质,以适应组织的实际需要。对于中、小型组织,可以把管理手册和程序文件合成一套文件,但大多数组织为了便于管理仍把管理手册、程序文件分开。

HSE 管理手册发布前,手册编写责任人应对手册的风格、内容、格式、职责与接口进行审查,各部门最高管理者会签,以确认手册中规定的职责和权限、接口方式和活动原则;应由最高理者对其进行最终的审查,以保证清晰、准确、适用和结构合理;也可请预定使用者对手册的可行性进行评定和评论,然后批准发行,并在所有文件中标出批准的识别标记。

经批准的手册发放办法应保证所有使用者都能及时获得和适当使用;按序列号为接受者提供文本,并保证合理发放和控制;管理部门应保证企业内每个使用者都熟悉手册中与其有关的内容。HSE 管理手册编制、控制和更改协调的办法应明确规定。文件发行和更改手册内容应经严格审批。

二、HSE 程序文件

程序文件是组织内部管理的具体运作程序,规定组织内部对 HSE 的具体管理程序和控制要求,是管理手册的支持性文件。程序文件内容是列出开展此项活动的步骤,保持合理的编写顺序,明确输入、转换和输出的内容;明确各项活动的接口关系、职责、协调措施;明确每个过程中各项因素由谁干、什么时间干、什么场合(地点)干、干什么、怎么干、如何控制及所要达到的要求;需形成记录和报告的内容;出现例外情况的处理措施等。必要时辅以流程图。

程序文件包括领导和承诺,方针和战略目标,组织结构、资源和文件,评价和风险管理,策划,实施与监测,审核与评审等文件。每一个程序文件都应包含 HSE 管理体系中的一个逻辑上独立的内容。

程序文件的数量、内容、格式和外观由公司自行确定,程序文件一般不应涉及纯技术性的细节,细节通常在作业指导书中规定。

程序文件的内容和要求要密切结合实际情况。程序文件实质是企业管理中科学的管理制度。它是法规性文件,要强制执行。因此,程序文件应有可操作性和可检查性。

三、HSE 管理作业文件

HSE 管理作业文件是程序文件的补充和支持,是管理行为的指南。HSE 管理作业文件的编写首先应对现行文件进行收集和分析。组织现行的各种组织制度、规定办法等文件,很多具有与管理作业文件相同的功能,但也都有其不足之处,应该以 HSE 管理体系有效运行为前提,以 HSE 管理作业文件的要求为尺度,对这些文件再进行一次清理和分析,摘其有用,删除无关,按 HSE 管理作业文件内容及格式要求进行改写。

HSE 管理作业文件可按其归属部门划分类别。因 HSE 管理作业文件是对程序文件中某个程序或某些条款的细化及补充,可由 HSE 管理作业文件明细表明确了解各作业文件应归属哪些部门负责制定。

HSE 管理作业文件可按其按生产装置分类。企业可根据基层组织的具体情况,把关键装置和要害部位的作业文件归属一类,其他生产装置及部门的作业文件归属一类。

HSE 管理作业文件可按性质分类。根据作业性质不同,可划分为特种作业文件和一般作业文件。

HSE 管理作业文件可按类别分类。根据作业项目的具体情况,可分为通用类作业文件和专用类作业文件。

HSE 管理作业文件必须操作性强,并得到本活动相关部门负责人的同意和接受,以及有关部门对接口关系的认可,经过审批后实施。

根据 HSE 管理体系总体设计方案,按体系要素逐级展开,制订作业文件明细表,明确部门的职责,对照已有的各种文件,确定需新编、修改和完善的管理作业文件,制订计划在程序文件编制时或编制后逐步完成。由于各组织的规模、机构设置和生产实际不尽相同,则运行控制程序的多少、内容也不相同,即使程序相同,但由于其详略程度不同,其作业文件的多少也不尽相同。

四、两书一表

一般来说,所有从事化工石油工程建设的施工企业基层组织,都应编制两书一表。两书是指《HSE 作业指导书》和《HSE 作业计划书》,一表是指《HSE 现场检查表》。它们都是指导基层现场作业的工作指南性文件,规定了现场作业的具体工作办法。

《HSE 作业指导书》包括岗位任职条件、岗位职责、岗位操作规程、巡回检查及主要检查内容、应急处置程序。它是对与专业相关的常规作业 HSE 风险的管理。通过对常规作业中风险的识别、评估、削减或控制以及应急管理等,把与专业相关的常规风险控制在"合理并尽可能低"的水平,对各类风险制订对策措施,并把这些对策措施分配到相关岗位。《HSE 作业指导书》是对与专业相关的常规作业 HSE 风险的控制。由于与专业相关的常规作业 HSE 风险是相对稳定的,只要工艺、技术、设备设施等不发生变化,防控措施就不发生变化(如果只是临时性变化,则应通过计划书防控,而不是由指导书控制),因此《HSE 作业指导书》是相对稳定的。

《HSE 作业计划书》包括项目概况、作业现场及周边情况;人员能力及设备状况;项目新增危害因素辨识与主要风险提示;风险控制措施;应急处置预案(与主要风险提示相对应)。它是针对具体项目或活动情况,由基层组织结合具体施工作业的情况和所处环境等特定的条件,在开始进行作业前,按照风险管理流程所策划编制的对各种变化所产生的新增风险的控制,经主管部门(人员)批准所形成的作业文件。《HSE 作业计划书》是对非常规作业 HSE 风险的控制,可用于移动性作业项目,由于各种变化、变更所新增的 HSE 风险的管理;可用于固定作业场所、非常规作业活动 HSE 风险的管理。在进行非常规作业之前,首先应对所要开展的活动进行危害因素辨识,对辨识出需要防控的风险制定出相应的防控措施,写到书面上经过审批,就形成这个活动的计划书。

《HSE 现场检查表》是在生产施工过程中实施规范检查的工具,涵盖《HSE 作业指导书》和《HSE 作业计划书》的主要检查要求和检查内容,是事先精心设计的一套与《HSE 作业指导书》和《HSE 作业计划书》要求相对应的检查表格,供基层人员使用。

五、HSE 记录

HSE 记录是管理体系文件的一部分,记录不仅是预防和纠正措施的依据,也为审核和评审提供依据。

HSE 记录是为企业实行有效的管理提供信息、记载过程状态和过程结果的文件,以及体系有效运行的客观证据和采取预防与纠正措施的依据。保存 HSE 记录的种类包括培训记录、检查记录、会议记录、技术性监测记录、投诉记录、事故报告记录、应急反应演习记录、审核和评审记录、其他相关信息记录。

HSE 记录的设计应与编制程序文件和(或)作业文件同步进行,以使 HSE 记录与程序文件和作业文件协调一致、接口清晰。

HSE 管理体系文件的编写应具有系统性、法规性、协调性、见证性、唯一性与适用性。HSE 管理体系文件的编写方式主要包括:(1)自上而下依次展开方式;(2)自下而上的编写方式;(3)从程序文件开始,向两边扩展的编写方式。

第五节　HSE 法律法规

HSE 管理体系的实施与推广需要国家及行业的法律法规提供强制效力,健康、安全与环保相关的法规是 HSE 管理体系落地执行的强有力支撑。法律是制定 HSE 风险管理体系的依据,任何 HSE 管理体系文件的制定都不能违背法律规定,规范、标准和制度是 HSE 管理的基本程序和行动准则。HSE 法律法规包括宪法、HSE 基本法、HSE 专项法、HSE 相关法和行政法律法规,由国家应急管理部、国家生态环境部、国家卫生健康委员会等国家委员会和各级机构制定,法律法规关系如图 1-4 所示。

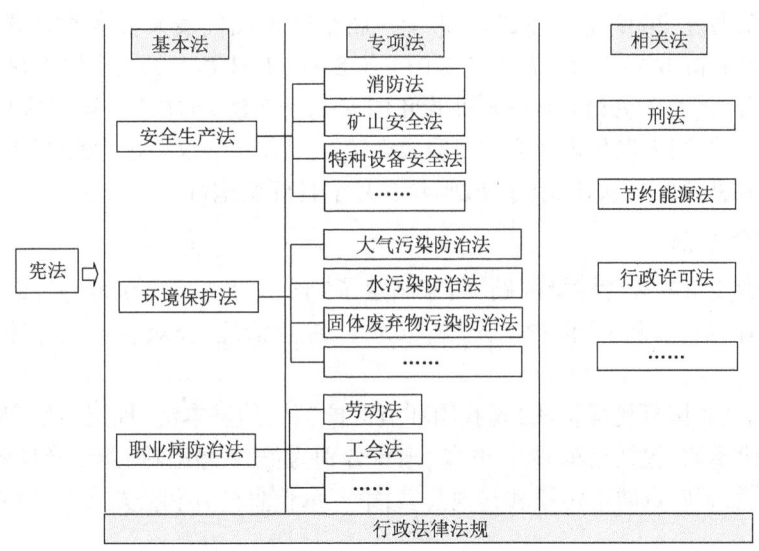

图 1-4　HSE 法律法规体系

一、宪法

宪法是国家的根本大法,是特定社会政治经济和思想文化条件综合作用的产物,它集中反映各种政治力量的实际对比关系,确认革命胜利成果和现实的民主政治,规定国家的根本任务和根本制度,即社会制度、国家制度的原则和国家政权的组织以及公民的基本权利义务等内容。宪法是制定 HSE 基本法的基础。所有法律法规均不得违背宪法,HSE 管理的各项法律法规均围绕宪法的宗旨制定。

宪法于 1982 年 12 月 4 日第五届全国人民代表大会第五次会议通过,1982 年 12 月 4 日全国人民代表大会公告公布施行,先后经过了 1988 年、1993 年、1999 年、2004 年和 2018 年的五次修正。

二、HSE 基本法

HSE 基本法包括《中华人民共和国安全生产法》《中华人民共和国环境保护法》《中华人民共和国职业病防治法》。HSE 基本法是仅次于宪法的国家基本法律,由全国人民代表大会常务委员会制定。

(一) 安全生产法

《中华人民共和国安全生产法》是安全生产领域的基本法,规定了企业生产经营中应该遵循的法律条款,包括一个宗旨、一个方针、七章共计 119 条,其中一个宗旨指"以人为本、安全发展",一个方针为"安全第一、预防为主、综合治理",七章分别为:第一章总则;第二章生产经营单位的安全生产保障;第三章从业人员的安全生产权利义务;第四章安全生产的监督管理;第五章生产安全事故的应急救援与调查处理;第六章法律责任;第七章附则。2021 版的安全生产法强调加强党的领导,提出了"管行业必须管安全、管业务必须管安全、管生产经营必须管安全"三管三必须,明确了全员安全生产责任制,加大违法行为的惩处力度。

《中华人民共和国安全生产法》是 2002 年 6 月 29 日第九届全国人民代表大会常务委员会第二十八次会议通过,2009 年 8 月 27 日第十一届全国人民代表大会常务委员会第十次会议《关于修改部分法律的决定》第一次修正,2014 年 8 月 31 日第十二届全国人民代表大会常务委员会第十次会议《关于修改〈中华人民共和国安全生产法〉的决定》第二次修正,2021 年 6 月 10 日第十三届全国人民代表大会常务委员会第二十九次会议《关于修改〈中华人民共和国安全生产法〉的决定》第三次修正,于 2021 年 9 月 1 日开始施行。

(二) 环境保护法

为应对我国复杂的环境污染问题,国家制定了"预防为主、防治结合;污染者负责和强化管理"三项基本国策,明确了"保护优先、预防为主、综合治理、公众参与、损害担责"的环境保护原则。

《中华人民共和国环境保护法》是我国环境保护领域的基本法,规定了生产生活中应遵循的环境保护法律条款,包括七章共计 70 条,七章分别为:第一章总则;第二章监督管理;第三章保护和改善环境;第四章防治污染和其他公害;第五章信息公开和公众参与;第六章法律责任;第七章附则。

《中华人民共和国环境保护法》于 1989 年 12 月 26 日第七届全国人民代表大会常务委员会第十一次会议通过,根据 2014 年 4 月 24 日第十二届全国人民代表大会常务委员会第八次会议修订,自 2015 年 1 月 1 日起施行。

(三) 职业病防治法

针对我国职业病发病人数多、底数不清、大多具有迟发性的特点,国家制定了预防为主、防治结合的工作方针。

《中华人民共和国职业病防治法》是职业病防治领域的基本法,规定了从业者在职业活动中职业病的防护与治理等法律条款,包括七章共计 88 条,七章分别为:第一章总则;第二章前期预防;第三章劳动过程中的防护与管理;第四章职业病诊断与职业病病人保障;第五章监督检查;第六章法律责任;第七章附则。

《中华人民共和国职业病防治法》是由 2001 年 10 月 27 日第九届全国人民代表大会常务委员会第二十四次会议通过,根据 2011 年 12 月 31 日第十一届全国人民代表大会常务委员会第二十四次会议第一次修正,根据 2016 年 7 月 2 日第十二届全国人民代表大会常务委员会第二十一次会议第二次修正,根据 2017 年 11 月 4 日第十二届全国人民代表大会常务委员会第三十次会议第三次修正,根据 2018 年 12 月 29 日第十三届全国人民代表大会常务委员会第七次会议第四次修正。

三、HSE 专项法

HSE 专项法是在各专业领域涉及的健康、安全、环保专门法律,是基于安全生产法、环境保护法和职业病防治法设立的针对性更强、条款内容更细致的法律,一般适用于各单位、部门。

安全生产领域的专项法包括《中华人民共和国消防法》《中华人民共和国矿山安全法》《中华人民共和国道路交通安全法》《中华人民共和国特种设备安全法》等。

环境保护领域的专项法包括《中华人民共和国大气污染防治法》《中华人民共和国水污染防治法》《中华人民共和国固体废物污染防治法》《中华人民共和国环境噪声污染防治法》《中华人民共和国海洋环境保护法》《中华人民共和国土地管理法》《中华人民共和国水法》《中华人民共和国矿产资源法》等。

职业病防治领域的专项法包括《中华人民共和国职业病防治法》《中华人民共和国劳动法》《中华人民共和国工会法》《中华人民共和国基本医疗卫生与健康促进法》等。

四、HSE 相关法和行政法律法规

HSE 相关法是保障健康、安全、环保工作推进过程中涉及的其他国家基本法,规定了 HSE 管理相关的法律条款。相关法包括《中华人民共和国刑法》《中华人民共和国节约能源法》《中华人民共和国行政许可法》等。相关法一般与基本法和专项法具有同样的法律效力及适用范围。

行政法律法规是由国务院、国家部委、各级地方政府制定的法律、法规、条例,适用范围一般没有基本法、专项法大,规定的法规、条例款项更加细致,更加适用于各单位、部门具体应用,包括《危险化学品安全管理条例》《工伤保险条例》《安全生产许可证条例》《自然保护区条例》《城市绿化条例》等。

习　题

1. 如何理解 HSE 管理体系的含义和特点?
2. 什么是 PDCA 模式?PDCA 模式与 HSE 管理体系要素之间有什么关系?
3. HSE 管理体系的文件类型包括哪些?HSE 管理体系文件中的哪一类文件是基层作业常用文件?
4. HSE 基本法分别是什么法律?HSE 基本法和专项法之间有什么联系?

第二章 HSE风险因素与隐患识别

课程导入 中缅油气管道——隧道群穿越的大国管道工程

中缅油气管道全长 7676km,其中缅甸段 1504km,中国境内段 6172km。这条西起印度洋东岸、横贯缅甸、跨越中国滇黔桂三省区的中缅油气管道,是中国石油在我国继东北、西北、海上能源进口通道建成投产之后构筑的第四条能源进口战略通道,对于促进中缅经济发展、造福两国人民,特别是保障我国能源安全意义重大。中缅油气管道所经地区地处印度洋板块和亚欧板块接合处,81% 为山区丘陵。管道沿线断裂带密布,地震活动频繁,且多为喀斯特地貌。沿途深沟大川、V 形峡谷、断层、溶洞、突泥、涌水、煤层瓦斯地质,环境复杂,而瑞丽江、澜沧江和怒江则是敏感的国际性河流。同时,管道沿线蚊虫、毒蛇等野兽经常出没,鼠疫、登革热、疟疾等传染性疾病多发。中缅油气管道有 64 座隧道,累计长度 68km,分布在云贵高原 1700km 的战线上。其中,66% 的隧道处于高地震烈度带上,一半的隧道为强富水区,72% 的隧道位于高地应力区,13 条隧道穿越瓦斯煤层区。我国承建单位通过严密设计、精细施工,成功将管道建设在高山大河之间,是隧道群穿越的典范工程。2013 年 10 月投产以来安全运维,注重风险因素隐患识别,到 2023 年 10 月已累计向我国输送天然气 $408 \times 10^8 m^3$、原油 $6486 \times 10^4 t$。

中缅油气管道横跨澜沧江

"无危则安,无损则全"。安全与危险相对,安全就是使人的身心健康免受外界因素影响的状态。安全也可以看作是人、机具及人和机具构成的环境三者处于协调/平衡状态,一旦打破这种平衡,安全就不存在了。安全是免遭不可接受的风险的状态。安全是指没有危险、不受威胁、不出事故的一种状态,即消除能导致人员伤害、发生疾病、死亡,或造成设备财产破坏、损失,以及危害环境的条件。安全是一个相对概念,对于一个组织,经过风险评价,确定了不可接受风险,那么就要采取措施将风险降至可允许的程度,使得人们免遭不可接受的风险的伤害。

危险是指在生产活动过程中,人或物遭受损失的可能性超出了可接受范围的一种状态。危险与安全一样,也是与生产过程共存的过程,是一种连续型的过程状态。危险是绝对的,安全是相对的。安全是不超过允许限度的危险。

危险因素是指能对人类造成伤亡或对物体造成突发性损坏的因素;有害因素是指能影响人的身体健康,导致疾病,或对物体造成慢性损坏的因素。通常为了区别客体对人体不利作用的特点和效果,分成危险因素(强调突发性瞬间作用)和有害因素(强调在一定时间内的积累作用),如果对两者不加以区分,统称危害因素。客观存在的危险、有害物质或能量超过临界值的设备、设施和场所,都可能成为危害因素。

第一节　风险因素的产生原因

所有危险、有害因素尽管表现形式不同,但从本质上讲,之所以能造成危险、危害后果(伤亡事故、损害人体健康和物的损害)均可归结为能量、有害物质的存在,以及能量或有害物质失去控制两方面因素的综合作用,并导致能量的意外释放或者有害物质泄漏、散发的结果。

一、能量、有害物质的存在

能量、有害物质是危险、有害因素产生的根源,也是最根本的危险、有害因素。一般地说,系统具有的能量越大、存在的有害物质的数量越多,系统的潜在危险性、危害性也越大。另外,只要进行活动,就需要相应的能量和物质,因此所产生的危险、有害因素是客观存在的,是不能完全解除的。

(1)能量就是做功的能力,它既可以造福人类,也可以造成人员的伤亡和财产的损失;一切生产、供给能量的能源和能量的载体在一定条件下都可能是危险、有害因素。例如,锅炉爆炸时产生的冲击波、高处作业(或起吊的重物等)的势能、带电导体上的电能、行驶车辆(或各类机械运动部件、工件等)的动能、噪声的声能、激光的光能、高温作业及剧烈放热反应工业装置的热能、各种辐射能等,在一定条件下都能造成各类事故和危害。静止物体的棱角、毛刺等之所以能伤害人体,也是人体运动、摔倒的动能、势能造成的。这些都是由于能量意外释放形成的危险因素。

(2)有害物质在一定条件下能损伤人体的生理机能,破坏设备和物品的效能,因此有害物质也是最根本的有害因素。例如,生产过程中由于有毒物质、腐蚀性物质、有害粉尘、窒息性气体等有害物质的存在,当它们直接、间接与人体或物体发生接触时,会导致人体健康的损伤、死亡和物体的损坏、破坏。

二、能量或有害物质失去控制

在生产中,人们通过工艺和工艺装备使能量、物质(包括有害物质)按人们的意图在系统中流动、转换进行有益生产,同时又必须约束、控制这些能量、有害物质,消除、减弱产生后果的条件,使之不能发生危险、危害后果。如果发生失控(没有控制、屏蔽措施或控制、屏蔽措施失效),就会发生能量、有害物质的意外释放和泄漏,从而造成人员伤害和财产损失。所以失控也是一类危险、有害因素,它主要体现在人的不安全行为、物的不安全状态和管理缺陷三个方面,并且三者之间是相互影响的;它们大部分是一些随机出现的现象或状态,很难预测它们在何时、何地、以何种方式出现,是决定危险、危害发生的条件和可能性的主要因素。

(一) 人的不安全行为

人的不安全行为在 GB 6441—1986《企业职工伤亡事故分类》中,将不安全行为归纳为十三类:操作失误、忽视安全、忽视警告;造成安全装置失效;使用不安全设备;手工代替工具操作;物体存放不当;冒险进入危险场所;攀坐不安全位置;在起吊物下作业、停留;机器运转时加油、修理、检查、调整、清扫等工作;有分散注意力行为;没有正确使用个人防护用品或用具;不安全装束;对易燃、易爆等危险品处理错误。

人员失误在一定经济、技术条件下,是引发危险、有害因素的重要因素。人员失误在生产过程中是不可避免的,它具有随机性和偶然性,往往是不可预测的意外行为。影响人员失误的因素很多,但发生人员失误的规律和失误率通过大量的观测、统计和分析,是可以预测的。由于不正确态度、技能或知识不足、健康或生理状态不佳和劳动条件(设施条件、工作环境、劳动强度和工作时间)影响都会造成不安全行为。

例如,误合开关使检修中的线路或电气设备带电、使检修中的设备意外启动;未经检测或忽视警告标志,不佩戴呼吸器等护具进入缺氧作业、有毒作业场所;注意力不集中、反应釜压力超限时开错阀门使有害气体泄漏;汽车起重机吊装作业时吊臂误触高压线;不按规定穿工作服(帽)使头发或衣袖卷入运动工件;吊索具选用不当、吊重绑挂方式不当,使钢丝绳断裂、吊重失稳坠落等,都是人员失误形成的危险、有害因素。

(二) 物的不安全状态

物的不安全状态分为四大类:防护、保险、信号等装置缺乏或有缺陷;设备、设施、工具、附件有缺陷;个人防护用品、用具缺少或有缺陷;生产(施工)场地环境不良。

在生产过程中物的不安全状态的发生是不可避免的,迟早都会发生。物的不安全状态的发生具有随机性、渐进性或突发性。造成物的不安全状态发生的原因很复杂(认识程度、设计、制造、磨损、疲劳、老化、检查和维修保养、人的不安全行为、环境、其他系统的影响等),但物的不安全状态发生的规律是可知的,通过定期检查、维修保养和分析总结可使多数故障在预定期间内得到控制(避免或减少)。掌握各类物的不安全状态发生规律和物的不安全状态率是预防事故发生造成严重后果的重要手段,这需要应用大量统计数据和概率统计的方法进行分析、研究。

物的不安全状态导致事故、危害发生的危险、有害因素,是以设计为对象的预评价研究的主要内容。这类危险、有害因素主要体现在发生事故、误操作时的防护、保险、信号等设施完整性的缺乏、缺陷和设备在强度、刚度稳定性、人机关系上的缺陷两方面。

例如,电气设备绝缘损坏、保护装置失效造成漏电伤人,短路保护装置失效又造成变配电系统的破坏;控制系统失灵使化学反应装置压力升高,泄压安全装置失效使压力进一步上升,导致压力容器破裂、有毒物质泄漏散发、爆炸危险气体泄漏爆炸,造成巨大的伤亡和财产损失;管道阀门破裂、通风装置故障使有毒气体侵入作业人员呼吸道;超载限制或起升安全装置失效使钢丝绳断裂、重物坠下;围栏缺损、安全带及安全网质量低劣导致高处坠落事故。

（三）管理缺陷

系统安全管理是为了保证及时、有效实现系统安全目标,在预测、分析的基础上进行的计划、组织、协调、检查等工作,是预防故障、人员失误发生的有效手段。但是由于管理制度不健全或没有得到有效执行,就会造成事故的发生。安全管理的缺陷可参考以下分类:

（1）对物(含作业环境)性能控制的缺陷,如设计、监测和不符合处置方面的缺陷。

（2）对人失误控制的缺陷,如教育、培训、指示、雇佣选择、行为监测方面的缺陷。

（3）工艺过程、作业程序的缺陷,如工艺、技术错误或不当,无作业程序或作业程序有错误。

（4）用人单位的缺陷,如人事安排不合理、负荷超限、无必要的监督和联络、禁忌作业等。

（5）对来自相关方(供应商、承包商等)的风险管理的缺陷,如合同签订、采购等活动中忽略了安全健康方面的要求。

（6）违反安全人机工程原理,如使用的机器不适合人的生理或心理特点。

此外,一些客观因素,如温度、湿度、风雨雪、照明、视野、噪声、振动、通风换气、色彩等也会引起设备故障或人员失误,是导致危险、有害物质和能量失控的间接因素。管理缺陷是影响失控发生的重要因素。

第二节　风险因素的分类

危险、有害因素的分类有很多种,本节着重介绍按导致事故、危害的直接原因进行分类的方法和参照事故类别、职业病进行分类以及参照 ISO 14000 相关标准分类的方法。

一、事故和职业病危害直接原因

根据 GB/T 13861—2022《生产过程危险和有害因素分类与代码》的规定,将生产过程中的危险、有害因素分四类,分别是人的因素、物的因素、环境因素和管理因素。

代码层次码,用不超过 6 位数字表示,共分四层。第一层、第二层分别用一位数字表示大类、中类;第三层、第四层分别用两位数字表示小类、四类[2]。

（一）人的因素

人的因素包括心理、生理性危险和有害因素及行为性危险和有害因素,具体见表 2 - 1。

表 2 - 1　人的因素

序号	人的因素	具体表现
1	心理、生理性危险和有害因素	负荷超限
		健康状况异常
		从事禁忌作业
		心理异常
		辨识功能缺陷
		其他心理、生理性危险和有害因素

序号	人的因素	具体表现
2	行为性危险和有害因素	指挥错误
		操作失误
		监护失误
		其他行为性危险和有害因素

（二）物的因素

物的因素包括物理性危险和有害因素、化学性危险和有害因素、生物性危险和有害因素，具体见表2-2。

表2-2　物的因素

序号	物的因素	具体表现
1	物理性危险和有害因素	设备、设施、工具、附件缺陷
		防护缺陷
		电伤害
		噪声
		振动危害
		电离辐射
		非电离辐射
		运动物危害
		明火
		高温物质
		低温物质
		信号缺陷
		标志标识缺陷
		有害光照
		信息系统缺陷
		其他物理性危险和有害因素
2	化学性危险和有害因素	理化危险
		健康危险
		其他化学性危险和有害因素
3	生物性危险和有害因素	致病微生物
		传染病媒介物
		致害动物
		致害植物
		其他生物性危险和有害因素

（三）环境因素

环境因素包括室内作业场所环境不良、室外作业场所环境不良、地下（含水下）作业环境不良、其他作业环境不良，具体见表2-3。

表2-3 环境因素

序号	环境因素	具体表现
1	室内作业场所环境不良	室内地面滑
		室内作业场所狭窄
		室内作业场所杂乱
		室内地面不平
		室内梯架缺陷
		地面、墙和天花板上的开口缺陷
		房屋基础下沉
		室内安全通道缺陷
		房屋安全出口缺陷
		采光照明不良
		作业场所空气不良
		室内温度、湿度、气压不适
		室内给、排水不良
		室内涌水
		其他室内作业场所环境不良
2	室外作业场所环境不良	恶劣气候与环境
		作业场地和交通设施湿滑
		作业场地狭窄
		作业场地杂乱
		作业场地不平
		交通环境不良
		脚手架、阶梯和活动梯架缺陷
		地面及地面开口缺陷
		建（构）筑物和其他结构缺陷
		门和周界设施缺陷
		作业场地基础下沉
		作业场地安全通道缺陷
		作业场地安全出口缺陷
		作业场地光照不良
		作业场地空气不良
		作业场地温度、湿度、气压不适
		作业场地涌水

序号	环境因素	具体表现
2	室外作业场所环境不良	排水系统故障
		其他室外作业场地环境不良
3	地下(含水下)作业环境不良	隧道/矿井顶板或巷帮缺陷
		隧道/矿井作业面缺陷
		隧道/矿井底板缺陷
		地下作业面空气不良
		地下火
		冲击地压(岩爆)
		地下水
		水下作业供氧不当
		其他地下作业环境不良
4	其他作业环境不良	强迫体位
		综合性作业环境不良
		以上未包括的其他作业环境不良

(四) 管理因素

管理因素包括职业安全卫生管理机构设置和人员配备不健全、职业安全卫生责任制不完善或未落实、职业安全卫生管理制度不完善或未落实、职业安全卫生投入不足、应急管理缺陷、其他管理因素缺陷,具体见表2-4。

表2-4 管理因素

序号	管理因素	具体表现
1	职业安全卫生管理机构设置和人员配备不健全	
2	职业安全卫生责任制不完善或未落实	包括平台经济等新业态
3	职业安全卫生管理制度不完善或未落实	建设项目"三同时"制度
		安全风险分级管控
		事故隐患排查治理
		培训教育制度
		操作规程
		职业卫生管理制度
		其他职业安全卫生管理规章制度不健全
4	职业安全卫生投入不足	
5	应急管理缺陷	应急资源调查不充分
		应急能力、风险评估不全面
		事故应急预案缺陷
		应急预案培训不到位

续表

序号	管理因素	具体表现
5	应急管理缺陷	应急预案演练不规范
		应急演练评估不到位
		其他应急管理缺陷
6	其他管理因素缺陷	

二、职业危害因素

职业危害因素是指劳动者在生产劳动过程中接触的对劳动者健康和劳动能力可能产生有害作业的因素。主要包括：

(1)化学因素,指有毒物质和生产性粉尘；

(2)物理因素,指异常气象、辐射线和生产性噪声、振动；

(3)生物因素,如接触毛皮、毛纺等作业可产生职业性炭疽等疾病。

参照卫生部等颁发的《职业病范围和职业病患者处理办法的规定》,将有害因素分为生产性粉尘、毒物、噪声与振动、高温、低温、辐射(电离辐射和非电离辐射)、其他有害因素七类。

三、环境污染因素

环境是指影响人类生产和发展的各种天然和经过人工改造的自然因素的总体,包括大气、水、海洋、土地、矿藏、森林、草原、野生动物、自然遗迹、人文遗迹、自然保护区、风景名胜区、城市和乡村等。环境污染来源于自然界和人为活动两个方面,前者称为第一环境问题,后者称为第二环境问题。我们通常说的环境问题不是指自然灾害问题(第一环境问题),而是由于人类活动作用于周围环境所引起的人为环境问题(第二环境问题)。人为环境污染一般可分为两类:一是不合理开发利用自然资源使自然环境遭到破坏;二是城市化和工农业高速发展而引起的环境污染。

环境污染有各种类型,按环境要素可分为大气污染、水体污染、土壤污染等;按人类活动的性质可分为农业环境污染、城市工业环境污染等;按造成污染的性质、来源可分为化学污染、生物污染、物理污染(噪声、放射性、热污染、电磁波等),以及固体废物和能源污染。根据 ISO 14000 的相关标准以及有关的法律、法规和标准,下面主要介绍工业活动中所产生的废气污染、废水污染、固体废物污染、噪声污染和放射性污染等。

(一)废气污染

从各种工业生产及有关过程中排放的含有污染物质的气体,统称为工业废气。按行业可分为钢铁工业废气、石油化工废气、电力工业废气和建材工业废气等。工业废气具有如下特点:

(1)浓度变化大,粒度分布范围广；

(2)可燃性易爆性,工业废气中常伴有浓度高的一氧化碳、碳氢化合物、石油气等易燃污染物,处理不当易造成火灾和爆炸事故；

(3)温度高,最高可达1000℃以上,造成热污染；

（4）有害气体种类繁多,如一氧化碳、二氧化碳、硫化氢、氮氧化物、甲醛、铅烟、汞蒸气、苯类等。

（二）废水污染

工业生产过程中排出的废水统称为工业废水,其中包括生产工艺排水、机器设备冷却水、烟气洗涤水、设备和场地清洗水等。工业废水的成分复杂、性质各异,它们所含有的需氧有机物质、化学毒物、无机固体悬浮物、重金属离子、酸、碱、热、病原体、植物营养物等均可对环境造成污染。工业废水具有如下特点:

（1）悬浮物含量高,最高可达几万毫克/升以上（生活污水一般在 200 ~ 500mg/L）。

（2）需氧量高,有机物一般难以降解,对微生物起毒害作用。BOD（生化需氧量）可达 200 ~ 500mg/L,甚至高达几万毫克/升（生活污水一般在 200 ~ 600mg/L）;COD（化学需氧量）可达 400 ~ 10000mg/L,甚至高达几十万毫克/升。

（3）酸、碱度变化幅度大,pH 值在 2 ~ 13。

（4）温度高,易造成热污染。

（5）易燃,常含低沸点的挥发性液体,如汽油、苯、二氧化碳、丙酮、甲醇、酒精、石油等易燃污染物,易着火酿成水面火灾。

（6）含有多种多样有毒有害成分,如酚、氰、油、农药、多环芳香烃、染料、重金属、放射性物质等。

（三）固体废物污染

工业固体废物是工业生产、加工,燃料燃烧,矿物采、选,交通运输等作业,以及环境治理过程中所丢弃的固体、半固体物质的总称。工业固体废物主要有如下特点:

（1）呆滞性大、扩展性小;

（2）品种繁多、数量巨大,比废水、废气更易于收集、运输、加工,大多可以进行再利用,具有巨大的资源潜力,可作为"二次资源";

（3）它是具有"固体"外形的危险性液体、气体废物。

（四）噪声污染

工业噪声是指在工业生产过程中由机械设备运转、工具操作和物料传输等发出的噪声。噪声污染是一种能量污染,由于发生物体振动向外界辐射声能。按噪声发生机理可分为:

（1）空气动力性噪声,即由于气体振动、气体的扰动和气体与物体之间相互作用产生的噪声,如鼓风机、空压机、燃气轮机、高炉和锅炉等设备排气放空时都产生空气动力性噪声;

（2）机械噪声,即由于碰撞、摩擦、交变机械应力等的作用,机械设备的零部件（包括轴承、齿轮以及外壳）等发生碰撞、振动而产生的噪声,如球磨机、轧机、破碎机、机床以及电锯等所产生的噪声均属于这类噪声;

（3）电磁噪声,即由于交变磁场产生周期性的交变力引起振动而产生的,如电动机、发动机、发电机和变压器都会产生这种噪声。

（五）放射性污染

放射性污染是指在操作或处理放射性物料的过程中所产生的具有放射性的废物。放射性废物可以是气态、液态或固态。所谓"具有放射性",是指废物的放射性比活度（Bq/kg）或活度浓度（Bq/L 或 Bq/m^3）高于规定的限值。

第三节　风险因素的识别

风险因素识别就是找出可能引发不良后果的材料、系统、生产过程的特征。

一、风险因素识别的主要内容

（一）厂址

从厂址的工程地质、地形、自然灾害、周围环境、气候条件、资源、交通、抢险救灾支持条件等方面进行分析。

（二）厂区平面布局

（1）总图：功能分区（生产、管理、辅助生产、生活区）布局；高温、有害物质、噪声、辐射、易燃、易爆、危险品设施布置；工艺流程布置；建筑物、构筑物布置；风向、安全距离、卫生防护距离等。

（2）运输线路及码头：厂区道路、厂区铁路、危险品装卸区、厂区码头。

（三）建（构）筑物

从建（构）筑物的结构、防火、防爆、朝向、采光、运输（操作、安全、检修）通道、生产卫生设施等方面进行分析。

（四）生产工艺过程

从物料（毒性、腐蚀性、燃爆性）、温度、压力、速度、作业及控制条件、事故及失控状态等方面进行分析。

（五）生产设备、装置

（1）化工设备、装置：高温、低温、腐蚀、高压、振动、管件部位的备用设备、控制、操作、检修和故障、失误时的紧急异常情况。

（2）机械设备：运动零部件和工件、操作条件、检修作业、误运转和误操作。

（3）电气设备：断电、触电、火灾、爆炸、误运转和误操作、静电、雷电。

（4）危险性较大的设备、高处作业设备。

（5）特殊单位设备、装置：锅炉房、乙炔站、氧气站、石油库、危险品库等。

（6）粉尘、毒物、噪声、振动、辐射、高温、低温等有害作业场所。

（7）工时制度、女工劳动保护、体力劳动强度。

（8）管理设施、事故应急抢救设施和辅助生产、生活卫生设施。

（六）作业环境

注意识别存在毒物、噪声、振动、高温、低温、辐射、粉尘及其他有害因素作业部位。

（七）安全管理措施

从安全生产管理组织机构、安全生产管理制度、事故应急救援预案、特种作业人员培训、日常安全管理等方面进行分析。

二、危险、有害物料性质分析

了解生产使用的物料性质是危害识别的基础。危害识别中常见的有害物料性质见表2-5。

表2-5 常见的有害物料性质

序号	常见的有害物料需要分析的性质	序号	常见的有害物料需要分析的性质
1	急毒性:吸入、口入、皮入	9	慢毒性:吸入、口入、皮入
2	致癌性	10	诱变性
3	致畸性	11	暴露极限性:TLV(阈限值)
4	生物退化性	12	水毒性
5	环境中的持续性	13	气味阈值
6	物理性质:凝固点、膨胀系数、沸点、溶解性、蒸气性、密度、腐蚀性、比热容	14	反应性:过程材料(主反应、副反应、分解反应)、动力学、结构材料(原材料纯度、污染物、分解产物、不相容化学品)
7	自燃性:自燃点	15	稳定性
8	燃烧、爆炸性:燃点、爆炸极限、粉尘爆炸系数、闪点、最小点火能量		

(一)易燃易爆物质

1.凝聚相化学爆炸物质

(1)火炸药:雷汞、叠氮化铝、三硝基间苯二酚铅、四氮烯、二硝基重氮酚、三硝基甲苯、三硝基甲苯硝铵、黑索金、奥克托金等各种火炸药,在受热、摩擦、撞击、冲击波、电火花、激光甚至可见光的作用下能发生爆炸,具有极强的破坏力。

(2)常温下能自行分解或在空气中进行氧化反应导致自燃、爆炸的物质:硝化棉、赛璐珞、黄磷、三乙基铅、甲胺、丙烯腈等物品和许多有机氧化物,对热、振动、摩擦极为敏感,是极易分解、爆炸、燃烧的物质。

(3)常温下能与水或水蒸气反应产生可燃气体引起燃烧爆炸的物质:金属钾、钠、碳化钙、一氯二乙基铝、三氯化磷、五氧化二磷、三氯氢硅等。

(4)极易引起可燃物质燃烧爆炸的强氧化剂:氯酸钠、氯酸钾、过氧化氢、过氧化钠、过氧化钾、次氯酸钙、高锰酸钾、发烟硫酸、发烟硝酸、纯氧气等。

(5)受到摩擦、撞击或与氧化剂接触能引起燃烧或爆炸的物质:樟脑、松香等。

2.气相爆炸物质

气相爆炸物质有闪点、燃点、爆炸极限和密度几个重要参数,它们对气相爆炸物质发生爆炸的条件具有重要的影响。

(1)闪点:是描述液体燃烧特性的主要参数,是液体表面挥发的蒸气与空气组成的混合物在接近火源时发生闪燃现象的最低温度。闪点越低,发生火灾的危险越大。依据可燃液体闪点的高低将其分为三级:一级可燃液体(闪点 < −18℃);二级可燃液体(−18℃ ≤ 闪

点<23℃）；三级可燃液体（23℃≤闪点<61℃）。

（2）燃点：又称引燃温度，是可燃物质在空气中能持续燃烧的最低温度。

（3）爆炸极限：是指可燃气体、蒸气、粉尘、纤维与空气组成的混合物发生爆炸时可燃物的浓度范围（可燃气体、蒸气的浓度按体积分数计算，可燃固体按质量分数计算）。爆炸极限范围越宽，爆炸下限越低，越容易发生爆炸。

（4）密度：可燃气体、蒸气密度越大，越易积聚在地面并沿地面传播，越易引发火灾、爆炸。

气相爆炸按照物质分类可分为Ⅰ类（矿井甲烷）、Ⅱ类（爆炸性气体、蒸气）、Ⅲ类（爆炸性粉尘、纤维）等三类；按照混合物性质分类可分为爆炸性气体混合物和爆炸性粉尘。其中，爆炸性粉尘产生爆炸的原因为：固体可燃物及某些常态下不燃烧的金属、矿物等物质的粉尘，具有极高的比表面积和异常的化学活性；表现为燃点降低，与空气混合达到一定浓度，遇到火源就会发生爆炸。其粉尘的平均粒径较小，容易燃烧、爆炸。

（二）腐蚀和腐蚀性物质

物质表面与周围介质发生化学反应或电化学反应而受到破坏的现象称为腐蚀。

1. 电化学腐蚀

锅炉壁和管道受水的腐蚀、金属设备在大气中的腐蚀、地下管道在土中的腐蚀、有机物质加工设备的腐蚀等大部分属于电化学腐蚀。电化学腐蚀与金属、周围介质的电化学性能和温度、湿度等因素有密切关系。分析时，对易燃易爆、有毒物质的设备、管道内部不易察觉到的电化学腐蚀要给予重视，一旦因腐蚀泄漏发生爆炸，将会导致后果严重的事故发生。

2. 化学腐蚀性物质

化学腐蚀性物质造成的化学腐蚀在工业中是普遍存在的。腐蚀性物质作用于皮肤、眼睛、肺部、食道，会引起表皮组织、黏膜的灼伤、炎症，甚至死亡；作用于建（构）筑物、设备、管道、容器等表面，会造成损害和破坏。

三、危险、有害作业环境分析

（一）生产性毒物

毒物是指以较小剂量作用于生物体，能使生物功能或机体正常结构发生暂时性或永久性病理改变，甚至死亡的物质。生产性毒物是指职工在生产过程中接触，以固体、液体、气体、蒸气、烟尘等形式存在的原料、成品、半成品、中间体、反应副产物和杂质，并在操作时可经皮肤、呼吸道、消化道等进入人体，对健康产生损害、造成慢行中毒、急性中毒或死亡的物质。

物质对人体的危害程度与毒物的毒性、接触毒物的时间和剂量、人体健康状况及体质差异有关。

1. 职业性接触毒物危害程度

在GBZ/T 230—2010《职业性接触毒物危害程度分级》中，以急性毒性、急性中毒发病状况、慢性中毒患病状况、慢性中毒后果、致癌性和最高容许浓度等六项指标为定级标准，将毒物危害程度分为Ⅰ级（极度危害）、Ⅱ级（高度危害）、Ⅲ级（中度危害）、Ⅳ级（轻度危害）。

2.毒物有害因素分析

生产性毒物的种类繁多,毒物的危害程度和中毒的机理也不相同,分析毒物有害因素时应注意:

(1)分析工艺过程,查明生产、处理、储存过程中存在的毒物名称和毒物危害程度等级。

(2)用已经投产的同类生产厂、作业岗位的检测数据作为参考、类比。

(3)分析毒物传播的途径、产生危害的原因。按空气中毒物最高容许浓度、毒物危害程度和作业时间,确定毒物的种类、分布、危害方式、危害范围和需要进行评价的主要毒物危害。

(二)生产性粉尘

生产性粉尘危害主要存在于开采、破碎、筛分、包装、配料、混合搅拌、散粉装卸及输送等过程和清扫、检修作业等作业场所。应根据工艺、工艺设备、物料、操作条件分析可能产生的粉尘种类和部位、产生的原因及其扩散传播的途径,确定需要进行评价的主要粉尘危害。

(三)噪声

GB/T 50087—2013《工业企业噪声控制设计规范》对各类作业场所的噪声限制值及接触噪声时间作了规定;LD 80—1995《噪声作业分级》依据作业环境的等效连续 A 声级、接触噪声时间将噪声作业的危害程度分为五个级别。分析噪声有害因素时,应找出、列出生产中产生较高噪声的设备,参照作业场所(或同类装置)测定的数据,确定噪声产生的原因、设备、影响范围和需要进行评价的主要噪声危害。

(四)振动

GBZ 2.2—2007《工作场所有害因素职业接触限值 第 2 部分:物理因素》规定:使用振动工具或工件的作业,工具手柄或工件的 4h 等能量频率计权振动加速度不得超过 $5m/s^2$。

(五)电磁辐射

GB 8702—2014《电磁环境控制限值》依据频率范围对电场强度、磁场强度、功率密度的限值作了规定;GBZ 2.1—2019《工作场所有害因素职业接触限值 第 1 部分:化学有害因素》和GBZ 2.2—2007《工作场所有害因素职业接触限值 第 2 部分:物理因素》依据脉冲波或连续波、暴露时间对微波(相应波长 1mm ~1m)、超高频(即超短波,相应波长 1 ~10m)的日剂量限值和功率密度作了规定,对激光辐射的限值进行了规定。

(六)高温、低温

1.高温危害

高温使劳动效率降低,增加操作失误率。研究资料表明,环境温度达到28℃时,人的反应速度、运算能力、感觉敏感性及感觉运动协调功能都明显下降,35℃时则只有一般情况下的70% 左右;集中体力劳动作用能力,28℃为一般情况下的50% ~70% ,35℃时则只有一般情况下的30% 左右。高温环境还会引起中暑,长期高温作业(数年)可出现高血压、心肌受损等。

2.低温危害

低温作业人员受环境低温影响,操作功能随温度的下降而明显下降。如手皮肤温度降到15.5℃时操作功能开始受影响,降到 10 ~12℃时触觉明显减弱,降到 4 ~5℃时几乎完全失去触觉的鉴别能力和知觉。低温环境会引起冻伤、体温降低,甚至造成死亡。低温的危害程度与环境温度、活动强度、健康状况、饮食和防寒装备有关。GB/T 14440—1993《低温作业分级》依据温度范围、作业时间将5℃以下的低温作业的危害程度分为四个级别。

(七) 采光、照明

作业场所采光、照明不良,易造成标识不清、人员的跌绊和误操作率增加的现象,因而在危害识别时对作业环境采光、照明是否满足国家有关建筑设计的采光、照明卫生标准要求作出分析。

(八) 分析工艺流程或生产条件

工艺流程或生产条件也会产生危险,同时又能加剧生产过程中材料的危害性。例如,水就其性质来说没有爆炸的危险,但如果生产工艺的温度和压力超过了水的沸点,那么水的存在就具有蒸汽爆炸的危险。因此,在危害辨识时,仅考虑材料性质是不够的,还必须要考虑工艺流程或生产条件,同时对有些危险材料应进一步分析和评价。例如,某材料的闪点高于400℃,而生产是在室温和常压下进行的,那就可排除这种材料引发重大火灾的可能性。当然,在危害识别时既要考虑生产过程,也要考虑不正常生产的情况。

四、重大危险源的辨识

重大危险源是指长期地或临时地生产、加工、使用或储存危险物质,且危险物质的数量等于或超过临界量的单元。

单元是指一套生产装置、设施或场所,或同属一个工厂的且边缘距离小于 500m 的几个(套)生产装置、设施或场所,不包括核设施、军事设施以及设施现场之外的非管道的运输。

危险物质是指能导致火灾、爆炸或中毒、触电等危险的一种或若干种物质的混合物。

临界量是指对于某种或某类危险物质规定的数量,若单元中的物质数量等于或超过该数量,则该单元定为重大危险源。

(一) 重大危险源分类

一般工业生产作业过程的重大危险源分为以下 7 类:

(1)易燃、易爆、有毒物质的储罐区;

(2)易燃、易爆、有毒物质的库区,如火药、弹药库,毒性物质库,易燃、易爆物品库;

(3)具有火灾、爆炸、中毒危险的生产场所;

(4)企业危险建(构)筑物;

(5)压力管道,包括工业管道、公用管道、长输管道;

(6)锅炉,包括蒸汽锅炉和热水锅炉;

(7)压力容器。

重大危险源可分为生产场所重大危险源和储存区重大危险源两种。

(二) 重大危险源的辨识标准

(1)单元内存在的危险物质为单一品种,则该物质的数量即为单元内危险物质的总量,若等于或超过相应的临界量,则定为重大危险源。

(2)单元内存在的危险物质为多品种时,若满足下面公式,则定为重大危险源:

$$\sum_{i=1}^{n} \frac{q_i}{Q_i} \geq 1 \qquad\qquad (2\text{-}1)$$

式中　q_i——第 i 种危险物品的实际储存量；

　　　Q_i——第 i 种危险物品的临界量。

五、危险、有害因素识别应注意的问题

（1）为了有序、方便地进行分析，防止遗漏，宜按厂址、平面布局、建筑物、物质、生产工艺及设备、辅助生产设施（包括公用工程）、作业环境等几个方面分别分析其存在的危险、危害因素，列表登记，综合归纳。

（2）对导致事故发生的直接原因、诱导原因进行重点分析，从而为确定评价目标、评价重点、划分评价单元、选择评价方法和采取控制措施计划提供依据。

（3）对重大危险、危害因素，不仅要分析正常生产、运输、操作时的危险、危害因素，更重要的是要分析设备、装置破坏及操作失误可能产生严重后果的危险、危害因素。

第四节　事故致因理论

事故致因理论是用来阐明事故的成因、始末过程和事故后果，以便对事故现象的发生、发展进行明确的分析。事故致因理论的出现，已有 80 多年历史，是从最早的单因素理论发展到不断增多的复杂因素的系统理论。

事故致因理论的发展经历了两个阶段，即以事故频发倾向理论和海因里希因果连锁理论为代表的早期事故致因理论，以能量意外释放论、系统安全理论、金字塔理论和轨迹交叉理论为主要代表的第二次世界大战后的事故致因理论。

一、事故频发倾向理论

1919 年，英国的格林伍德和伍兹把许多伤亡事故发生次数按照泊松分布、偏倚分布和非均等分布进行了统计分析发现，当发生事故的概率不存在个体差异时，一定时间内事故发生次数服从泊松分布。一些工人由于存在精神或心理方面的问题，如果在生产操作过程中发生过一次事故，当再继续操作时，就有重复发生第二次、第三次事故的倾向，符合这种统计分布的主要是少数有精神或心理缺陷的工人，服从偏倚分布。当工厂中存在许多特别容易发生事故的人时，发生不同次数事故的人数服从非均等分布。

在此研究基础上，1939 年，法默和查姆勃等人提出了事故频发倾向理论。事故频发倾向是指个别容易发生事故的稳定的个人内在倾向。事故频发倾向者的存在是工业事故发生的主要原因，即少数具有事故频发倾向的工人是事故频发倾向者，他们的存在是工业事故发生的原因。如果企业中减少了事故频发倾向者，就可以减少工业事故。

尽管事故频发倾向理论把工业事故的原因归因于少数事故频发倾向者的观点是错误的，然而从职业适合性的角度来看，关于事故频发倾向的认识也有一定可取之处。

二、海因里希因果连锁理论

1931 年,美国的海因里希在《工业事故预防》一书中,阐述了工业安全理论。该书的主要内容之一就是论述了事故发生的因果连锁理论,后人称其为海因里希因果连锁理论。

海因里希把工业伤害事故的发生发展过程描述为具有一定因果关系事件的连锁,即人员伤亡的发生是事故的结果,事故的发生原因是人的不安全行为或物的不安全状态,人的不安全行为或物的不安全状态是由于人的缺点造成的,人的缺点是由于不良环境诱发或者是由先天的遗传因素造成的。

海因里希将事故因果连锁过程概括为以下五个因素:遗传及社会环境,人的缺点,人的不安全行为或物的不安全状态,事故,伤害。海因里希用多米诺骨牌来形象地描述这种事故因果连锁关系。在多米诺骨牌系列中,一颗骨牌被碰倒了,则将发生连锁反应,其余的几颗骨牌相继被碰倒。如果移去中间的一颗骨牌,则连锁被破坏,事故过程被中止。他认为,企业安全工作的中心就是防止人的不安全行为,消除机械的或物的不安全状态,中断事故连锁的进程,从而避免事故的发生。

事故因果连锁中一个最重要的因素是管理。大多数企业,由于各种原因,完全依靠工程技术上的改进来预防事故是不现实的,需要完善的安全管理工作,才能防止事故的发生。如果管理上出现缺欠,就会使得导致事故基本原因的出现。

三、能量意外释放理论

1961 年吉布森提出了事故是一种不正常的或不希望的能量释放,各种形式的能量是构成伤害的直接原因。因此,应该通过控制能量或控制作为能量达及人体媒介的能量载体来预防伤害事故。在吉布森的研究基础上,1966 年哈登完善了能量意外释放理论,提出"人受伤害的原因只能是某种能量的转移",并提出了能量逆流于人体造成伤害的分类方法,将伤害分为两类:第一类伤害是由于施加了局部或全身性损伤阈值的能量引起的;第二类伤害是由影响了局部或全身性能量交换引起的,主要指中毒窒息和冻伤。哈登认为,在一定条件下某种形式的能量能否产生伤害造成人员伤亡事故取决于能量大小、接触能量时间长短和频率以及力的集中程度。根据能量意外释放理论,可以利用各种屏蔽来防止意外的能量转移,从而防止事故的发生。

四、系统安全理论

在 20 世纪 50—60 年代,美国研制洲际导弹的过程中,系统安全理论应运而生。系统安全理论包括很多区别于传统安全理论的创新概念:

(1)在事故致因理论方面,改变了人们只注重操作人员的不安全行为,而忽略硬件的故障在事故致因中作用的传统观念,开始考虑如何通过改善物的系统可靠性来提高复杂系统的安全性,从而避免事故。

(2)没有任何一种事物是绝对安全的,任何事物中都潜伏着危险因素,通常所说的安全或危险只不过是一种主观的判断。

(3)不可能根除一切危险源,可以减少来自现有危险源的危险性,宁可减少总的危险性而不是只彻底去消除几种选定的风险。

（4）由于人的认识能力有限，有时不能完全认识危险源及其风险，即使认识了现有的危险源，随着生产技术的发展，新技术、新工艺、新材料和新能源的出现，又会产生新的危险源。安全工作的目标就是控制危险源，努力把事故发生概率降到最低，即使万一发生事故时，也把伤害和损失控制在较轻的程度上。

五、金字塔理论

金字塔理论，又称事故金字塔模型，也称 1∶29∶300 法则。美国安全工程师海因里希在 1931 年出版的著作《安全事故预防——一个科学的方法》中提出了其著名的"事故金字塔"法则。它是通过分析 55 万起工伤事故的发生概率后，发现在 1 个死亡或重伤害事故背后，有 29 起轻伤害事故，29 起轻伤害事故背后，有 300 起无伤害虚惊事件，以及大量的不安全行为和不安全状态存在。

1∶29∶300 的比例说明了事故发生频率与伤害严重程度之间的普遍规律。事故结果为轻微伤害及无伤害的情况是大量的，在这些轻微伤害和无伤害事故背后，隐藏着与造成严重伤害事故相同的原因。

因此，预防事故要从杜绝轻微伤害和无伤害事故做起。该理论为实施无隐患管理提供了理论基础。

六、轨迹交叉理论

轨迹交叉理论是一种从事故的直接原因和间接原因出发研究事故致因的理论。基本逻辑是：伤害事故是许多相互关联的事件顺序发展的结果，这些事件可沿着人和物（包括环境）两个路径发展。当人的不安全行为和物的不安全状态在各自发展的路径上，在一定的时间和空间发生接触，导致能量与人体接触时，伤害事故就会发生，如图 2 - 1 所示。

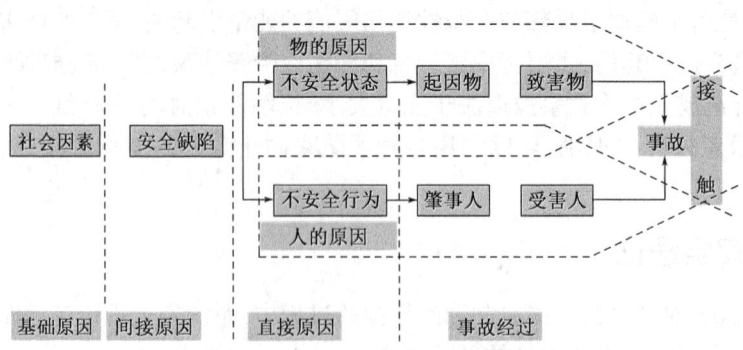

图 2 - 1　轨迹交叉理论示意图

轨迹交叉理论将事故的发生发展过程描述为：基本原因→间接原因→直接原因→事故→伤害。从事故发展运动的角度，这样的过程被形容为事故致因因素导致事故的运动轨迹，具体包括人的因素运动轨迹和物的因素运动轨迹。

（一）人的因素运动轨迹

人的不安全行为基于生理、心理、环境、行为等方面而产生。

(1)生理、先天身心缺陷;

(2)社会环境、企业管理上的缺陷;

(3)后天的心理缺陷;

(4)视、听、嗅、味、触等感官能量分配上的差异;

(5)行为失误。

(二)物的因素运动轨迹

在物的因素运动轨迹中,在生产过程各阶段都可能产生不安全状态。

(1)设计上的缺陷,如用材不当、强度计算错误、结构完整性差、采矿方法不适应矿床围岩性质等;

(2)制造、工艺流程上的缺陷;

(3)维修保养上的缺陷,降低了可靠性;

(4)使用上的缺陷;

(5)作业场所环境上的缺陷。

在生产过程中,人的因素运动轨迹按其(1)→(2)→(3)→(4)→(5)的方向顺序进行。物的因素运动轨迹按其(1)→(2)→(3)→(4)→(5)的方向进行。人与物的两条轨迹在同一时间与空间相交,就是发生伤亡事故的"时空",也就导致了事故的发生。

值得注意的是,许多情况下人与物又互为因果。例如,有时物的不安全状态诱发了人的不安全行为,而人的不安全行为又促进了物的不安全状态的发展或导致新的不安全状态出现。因而,实际的事故并非简单地按照上述的人、物两条轨迹运行,而是呈现非常复杂的因果关系。

若设法排除物(机械设备)或处理危险物质过程中的隐患或者消除人为失误和不安全行为,使两事件链的连锁中断,则两系列运动轨迹就不能相交,危险就不会出现,就可避免事故发生。

就人的因素而言,强调工种考核,加强安全教育和技术培训,进行科学的安全管理,从生理、心理和操作管理上控制人的不安全行为的产生,就等于中断了事故产生的人的因素运动轨迹。但是,对自由度很大且身心性格气质差异较大的人是难以控制的,偶然失误很难避免。

在多数情况下,企业管理不善,使工人缺乏教育和训练或者机械设备缺乏维护检修以及安全装置不完备,导致了人的不安全行为或物的不安全状态。

轨迹交叉理论突出强调的是中断物的事件链,提倡采用可靠性高、结构完整性强的系统和设备,大力推广保险系统、防护系统和信号系统及高度自动化的控制装置。这样,即使人为失误,构成人的因素(1)→(5)系列,也会因安全闭锁等可靠性高的安全系统的作用,控制住物的因素(1)→(5)系列的发展,可完全避免伤亡事故的发生。

一些领导和管理人员总是错误地把一切伤亡事故归咎于操作人员"违章作业"。实际上,人的不安全行为也是由于教育培训不足等管理欠缺造成的。管理的重点应放在控制物的不安全状态上,即消除"起因物",当然就不会出现"施害物",中断物的因素运动轨迹,使人与物的轨迹不相交叉,事故即可避免。

实践证明,消除生产作业中物的不安全状态,可以大幅度地减少伤亡事故的发生。

第五节　风险因素识别方法

一、5×5 风险识别法

5×5 风险识别法是指在生产作业活动开始之前和进行之中应该按照 5 个大步骤以及每个大步骤下的 5 个小步骤来识别生产作业中的风险因素,如图 2-2 所示。

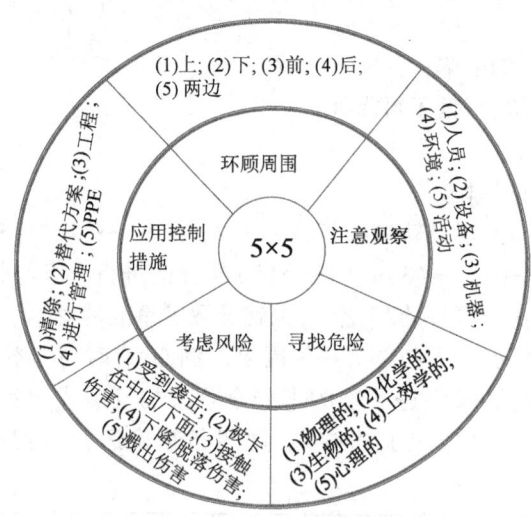

图 2-2　5×5 风险识别法

PPE—个人防护用品

(一)环顾四周

(1)上:什么可能掉落下来?是否有松动的、不安全的物体?上方是否有正在进行的作业?

(2)下:你会怎样掉落或者什么会掉落?现场有没有防止掉落的控制措施?下方是否有其他人正在进行作业?

(3)前:什么可能袭击/碰撞你?

(4)后:什么可能会使你卡在中间?有没有障碍物?

(5)两边:是否会接触到极端温度?有无压力或者拉力?

(二)注意观察

(1)人员:是否有临近人员在作业?作业的人是否是不熟悉业务流程的新员工?

(2)设备:注意观察你的周边是否有移动中的设备?正在作业的设备是否适用?

(3)机器:是否有高空装载作业?作业机器是否有故障?机器是否正在向你移动?机器的转向是否良好?

(4)环境:作业环境中是否存在强光?是否存在强风?是否有雨水?是否高温?是否有特殊气味?是否有噪声?

(5)活动:有无其他并行的作业活动?有无非常规的作业,如压力测试等。

（三）寻找危险

(1)物理的:是否存在噪声危害、高温危害、粉尘危害?是否有高压液体、气体?
(2)化学的:是否存在腐蚀性的物质、刺激性的物质、有毒有害的物质?
(3)生物的:是否存在致病的细菌?是否存在害虫?是否存在有恶意的人?
(4)工效学的:是否存在大量的手工操作?是否需要大量的重复动作?
(5)心理的:作业环境是否存在大喊大叫的行为?是否有人在大声叫嚷?

（四）考虑风险

有以下情况之一则认为作业是高风险,有更多情况则立即停止作业并上报。

(1)受到袭击:是否有人或物体袭击你,比如摆动的负荷?是否有即将掉落的物体?是否有高压流体?是否有巨大拉力?

(2)被卡在中间/下面:是否有导致你被卡在中间/下面的移动的设备?头上空间是否有悬挂的重物?

(3)接触伤害:有没有导致你接触而受到伤害的高温设备、腐蚀性或毒性化学品、作业中尖锐的物体?

(4)下降/脱落伤害:有无导致你滑倒或跌落的障碍物?有无光滑的甲板?有无可能导致坠落的缝隙?

(5)溅出伤害:作业中有无高温、腐蚀性物质?操作设备密封性是否良好?溅出范围是否会波及自身?

（五）应用控制措施

(1)清除:是否有方式可以清除识别到的风险因素?
(2)替代方案:有无其他更加安全的方式来完成工作?
(3)工程:是否需要新的或额外的工具?可否设置防护?
(4)进行管理:如果进行管理需要多长时间?独立能否完成?是否需要帮助?
(5)PPE:需要哪些个人防护用品?

二、领结图分析法

领结图分析法是一种图形化的风险分析和管理方法,由于其分析图的形状酷似男士佩戴的领结(bowtie)而得名。它直观地表达了事故发生原因,以及可能导致的一系列后果,且涵盖了预防事故发生的控制措施,以及减缓或降低事故后果影响的减缓措施等。领结图分析法采用一种形象简明的结构化方法对风险进行分析,同时兼顾风险控制和管理,不仅可以帮助基层安全管理者和操作人员系统、全面地对风险进行分析,而且能够实现对安全风险进行控制和管理。领结图分析法如图 2 - 3 所示。

这种方法将原因(领结的左侧)和严重后果(领结的右侧)的分析相结合,对具有安全风险的事件(称为顶上事件,蝴蝶结的中心)进行详细分析,用绘制领结图的方式来表示事故发生的原因、导致事故的途径、事故的后果以及预防事故发生的预防性控制措施、减缓性措施之间的关系。领结分析法是一种很容易使用和操作的风险分析和管理方法,它具有高度可视化、允许在管理过程中进行处理的特点。它能够使基层操作人员和管理人员非常详细地识别事故发生的起因和后果,能用图形直观表示出整个事故发生的全过程和相关的定性分析,并能帮助他们在事故发生前后分别建立有效的措施来预防、控制及减缓事故的发生。

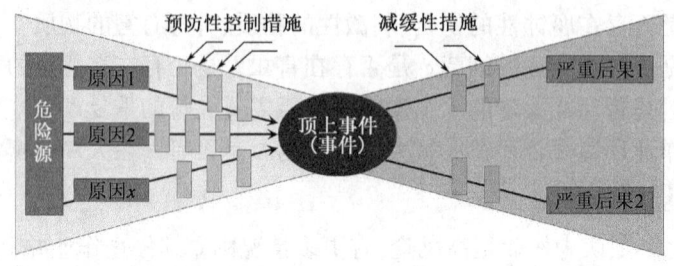

图 2 – 3　领结图分析法

(一)领结图分析法的术语

(1)危险源:具有潜在伤害员工、损坏设备,或导致原料损耗的状态、对象、活动或事件。

(2)原因:导致危害释放,进而形成顶上事件的可能原因。常见的原因有腐蚀、疲劳、振动、调整不当、碰撞、侵蚀、飓风、地震、工艺上的压力/温度/流量/液位偏差、违章操作、选材不当等。

(3)顶上事件:释放出来的危害,失控后的第一个后果。顶上事件是不期望发生的事件,这些事件在故障树的顶端、事件树的始端。常见的顶上事件有泄漏、构造缺陷、高空坠落、控制失灵、缺氧、隔离失效、车辆失控、雷击等。

(4)后果:由危害释放引起的伤害员工、损坏设备或结构、损耗原料或降低执行规定功能能力的程度,后果具有一定的级别。常见的后果有人员伤亡、着火、爆炸、中毒、财产损失、环境污染、声誉影响等。

(5)预防性控制措施:预防危险源在原因作用下导致顶上事件发生的控制措施。预防性控制措施主要是从设计、运行、维护和管理四个方面进行设置。常见的预防性控制措施有隔离设施、安全阀、爆破片、降低流速措施、通风、粉尘过滤设施、标识、培训、演练、操作程序等。

(6)减缓性措施:减轻或阻止危害释放(顶上事件)产生后果的技术操作和管理措施。减缓性措施主要是从监测、响应和减缓等方面进行设置。常见的减缓性措施有毒气、火灾与烟尘报警,水喷淋,阻火器,防火墙与防爆墙,围堤围堰,排水系统,应急程序,医疗措施急救,住院治疗等。

(7)升级因素:导致预防性控制措施和减缓性措施失效的因素或条件。这些因素能够使顶上事件发生的概率增加,并且当顶上事件发生时,这些因素也会增加后果严重性。常见的升级因素有系统维护不当、保护措施关键部件失效等。

(8)HSE 关键活动:是指确保指定的预防性控制措施或减缓性措施持续有效的活动,如有毒有害气体探测器检验、压力容器检验、安全阀校验、紧急情况预案演练等。

(二)领结图分析法的步骤

(1)选取顶上事件。顶上事件是指不期望发生的事件,置于领结图的中心。

（2）识别导致顶上事件的原因。确定顶上事件后，分析可能引发顶上事件的各种原因，分析要尽可能详尽，一般从人的行为、工艺偏差、设备、环境条件等方面分析。

（3）识别顶上事件可能产生的后果。后果有时具有一定的级别。

（4）找出可以防止造成顶上事件发生的预防性控制措施。应尽量针对不同原因采取措施，限制和预防顶上事件的发生，阻断危害引发事故的路径。

（5）找出可以减缓顶上事件导致发生后果，或减轻顶上事件导致发生后果严重程度的减缓性措施。这些措施是顶上事件发生后，要立即采取的应急措施，用来减少损失，避免事故扩大。

（6）识别可能导致措施失效的升级因素。升级因素是使措施失效或降低措施有效性，从而导致风险加剧的条件。对每个预防性控制措施和减缓性措施分析其升级因素。如：操作控制是预防性控制措施，交接不足、沟通不畅就是操作控制的升级因素，因为交接不足、沟通不畅会导致操作人员不清楚作业地点，从而可能导致可燃气泄漏（顶上事件），并最终导致人员伤害（后果）。

（7）找出可以防止升级因素发生的 HSE 关键活动。关键活动是指确保指定的控制措施或应急措施持续有效的活动，识别出关键活动并分派给相应的责任人（如部门主管、检查人员、操作人员等）。

第六节　事故隐患排查措施

隐患是指在生产活动过程中，由于人们受到科学知识和技术力量的限制，或者由于认识上的局限，而未能有效控制的有可能引起事故的一种行为（一些行为）或一种状态（一些状态）或二者的结合。工业系统中，事故隐患泛指生产系统中可导致事故发生的人的不安全行为、物的不安全状态和管理上的缺陷。

隐患一直暴露在人类的生产和作业活动中，而对于隐患控制一旦失败就可能形成事故。风险则包含了危害性事件发生的可能性和后果的严重性。风险是抽象的，通过辨识分析得出。隐患是造成事故的直接原因，是事故发生的必要但不充分条件，是客观事件。企业排查事故隐患的措施包括：

（1）企业安全事故隐患排查工作应当与日常管理、专项检查、监督检查、HSE 体系审核等工作相结合，可以采取以下方式：①日常事故隐患排查；②综合性事故隐患排查；③专业性事故隐患排查；④季节性事故隐患排查；⑤重点时段及节假日前排查；⑥事故类比隐患排查；⑦复产复工前排查；⑧外聘专家诊断式排查；⑨其他方式。

（2）企业应结合自身安全风险及管控水平，编制符合自身实际的安全风险隐患排查表，开展安全风险隐患排查工作。排查内容包括但不限于以下方面：①安全领导能力；②安全生产责任制；③岗位安全教育和操作技能培训；④安全生产信息管理；⑤安全风险管理；⑥设计管理；⑦试生产管理；⑧装置运行安全管理；⑨设备设施完好性；⑩作业许可管理；⑪承包商管理；⑫变更管理；⑬应急管理；⑭安全事故事件管理。

（3）企业安全隐患排查应做到逐点检查、全面覆盖检查、责任到人，根据生产安全风险分级管控措施清单，完善安全隐患排查清单，明确安全隐患排查的事项、内容和频次，定期排查与日常管理相结合,专业排查与综合排查相结合,一般排查与重点排查相结合。要定期组织安全管理人员、工程技术人员和其他相关人员排查安全隐患,确定安全隐患的等级。对排查出的安全隐患,按照安全隐患的等级进行登记,建立安全隐患信息档案,并按照职责分工实施监控治理。

(4)企业应当对排查出的安全事故隐患进行登记,每季、每年对本单位事故隐患排查治理情况进行统计分析,并按照国家和企业的有关规定进行报告。

(5)企业应当成立安全事故隐患评估领导小组,由主管领导牵头,职能部门和事故隐患所在单位及有关专家等参加,对排查出的事故隐患进行评估分级。

(6)对于重大事故隐患,企业应当结合生产经营实际,确定风险可接受标准,评估事故隐患的风险等级,评估结果应当形成报告。

(7)重大安全事故隐患评估报告应当包括以下内容:①事故隐患现状;②事故隐患形成原因;③事故发生概率、影响范围及严重程度;④事故隐患风险等级;⑤事故隐患治理难易程度分析;⑥事故隐患治理方案。

(8)企业的安全生产管理人员在检查中发现重大事故隐患,应向本单位有关负责人报告,有关负责人不及时处理的,安全生产管理人员可以向主管的负有安全生产监督管理职责的部门报告。

(9)企业应当对排查出的隐患进行分级并建立隐患清单:①基层班组和岗位自查发现的隐患,由基层单位负责列入隐患清单;②企业及其上级部门组织开展的体系审核、各类检查及安全评估发现的隐患,由检查组织部门和评估单位负责提出隐患清单,由各专业管理部门进行分级、分类后分别列入隐患清单。

习　题

1. 各种事故致因理论有哪些联系、区别和局限性?
2. 如何识别重大危险源?
3. 5×5 风险识别法包括哪些主要风险识别步骤?
4. 事故隐患排查措施包括哪些?

第三章　HSE风险评价理论

课程导入 **贵州晴隆天然气管道泄漏燃爆事故**

2017年7月2日9:50,位于贵州省黔西南州晴隆县的中石油输气管道发生泄漏引发燃烧爆炸,当天12:56现场明火被扑灭,事故造成8人死亡、35人受伤(其中危重4人、重伤8人、轻伤23人)。经初步分析,当地持续降雨引发公路边坡下陷侧滑,挤断沿边坡埋地敷设的输气管道,导致天然气泄漏引发燃烧爆炸。经调查,直接原因是环焊缝脆性断裂导致管内天然气大量泄漏,与空气混合形成爆炸性混合物,大量冲出的天然气与管道断裂处强烈摩擦产生静电引发燃烧爆炸。间接原因有:施工单位主体责任不落实,施工过程质量管理失控;管道检测单位标准不严,管理混乱;监理单位未认真履行监理职责,对施工、检测单位存在的问题失察;管道风险评价不到位,缺乏有效风险管理措施。

晴隆天然气管道爆炸现场

风险是指某一特定危害性事件发生的可能性,与随之引发的人身伤害或健康损害、损坏或其他损失的严重性的组合。风险评价,又称安全评价,是评估风险程度,考虑现有控制措施的充分性,以及确定风险是否为可接受风险的全过程。它是指在风险识别和估计的基础上,综合考虑风险发生的概率、损失幅度以及其他因素,得出系统发生风险的可能性及其程度,并与公认的安全标准进行比较,确定企业的风险等级,由此决定是否需要采取控制措施,以及控制到什么程度。HSE风险评价是指在风险事件发生之前或之后,对该事件给人们的健康、安全、环境等各个方面造成的影响和损失的可能性进行量化评估的工作。风险总是客观存在的,完全回避风险是不现实的,而风险评价就是量化测评某一事件或事物带来的影响或损失的可能程度。

建立和实施HSE管理体系的根本目的是控制和削减健康、安全和环境风险,实现安全生产。HSE 管理体系是建立在"所有事故都是可以认识的、所有事故都是可以预防的、所有事故都是可以避免的"这一管理理念上的,即能够对风险进行控制。

第一节 风险评价的目的、原则与限制因素

风险评价是依据现存的专业经验、评价标准和准则,对危害分析结果得出系统发生危险的可能性及其后果严重程度的评价,通过评价寻求最低事故率、最少的损失和最优的 HSE 投资效益[3]。

风险评价是在危险性分析基础上进行的,通过分析充分揭示危险性存在和发生的可能性,然后根据这些情况进行系统的综合评价。

一、风险评价的目的

风险评价的目的是评价危险发生的可能性及其后果的严重程度,以寻求最低事故率、最少的损失、环境的最低破坏和最优的 HSE 投资效益。风险评价要达到的目的包括以下几个方面:

(1)系统地从计划、设计、制造、运行等过程中考虑 HSE 管理问题,找出生产过程中潜在的危险因素,并提出相应的安全措施,实现本质安全的目标。

(2)对潜在事故进行定性、定量分析和预测,建立使系统 HSE 最优化方案,对已发生的事故进行评价,并提出纠正措施。

(3)评价设备、设施或系统的设计是否使收益与危险达到最合理的平衡。当危险过高时必须更改设计,当达不到规定的可接受危险水平而又无法改进设计时,则只好放弃这种设计方案。

(4)在设备、设施或系统进行试验或使用之前,对潜在的危险进行评价,以便考核已判定的危险事件是否消除或控制在规定的可接受水平,并为所提出的消除危险或将危险降低到可接受水平的措施所需费用和时间提供决策支持。

(5)评价设备、设施或系统在生产过程中的安全性是否符合有关标准、体现安全技术与安全管理的标准化和科学化。

(6)风险评价体现了预防为主的思想,使潜在和显在的危险得以控制。

二、风险评价的原则

风险评价应遵循科学性、系统性、综合性和适用性的原则[1]。

(1)科学性。系统安全分析和评价的方法,必须反映客观实际,即确实能辨识出系统中存在的所有危险。应该承认,许多危险是能够凭经验或知识辨识出来的,但受现有技术水平的制约、受现有人们认识和观念的影响,也确有一些潜在的危险不易于被发现。评价的结论要做到尽量符合实际情况,因此就必须找出充分的理论和实践依据,以保障方法的科学性。

(2)系统性。危险性存在于生产活动的各个方面,因此只有对系统进行详细解剖,研究系统与子系统间的相关和约束关系,才能最大限度地辨识被评价对象的所有危险,才能评价其对

系统影响的重要程度。

(3)综合性。系统安全分析和评价的对象千差万别,涉及企业的人员、设备、物料、法规、环境的各个方面,不可能用单一的方法就能完成任务。例如对待新设计的项目和现有的生产项目,就应有所区别,前者多半属于静态的分析评价,后者则应考虑动态的情况。又如对危险过程的控制和伤亡数字的目标控制,在方法上也有所不同。活动、生产、服务之间是相互作用和影响的,甲的危害引起乙的变化,乙的变化涉及丙的变化,活动与活动、产品与产品之间存在潜在的事故链,所以评价时要综合考虑各种因素与影响,一般需要采用多种评价方法,取长补短。

(4)适用性。系统分析和评价方法要适合企业的具体情况,即具有可操作性。方法要简单,结论要明确,效果要显著,这样才能为人们所接受。

三、风险评价的限制因素

根据经验或预测方法进行的风险评价在理论和实际上都存在很多限制,应该认识到在风险评价结果的基础上做出的风险管理决策的质量,与对被评价对象的了解程度、对危险可能导致事故的认识程度和采用的评价方法本身的准确性等有关。

(1)不完整性。风险评价的不完整性主要有两个方面:一是危险辨识阶段,分析人员不可能保证找出所有的危险;二是对已辨识的危险不能保证考虑到所有的可能引发事故的原因和事故的后果。但有理由相信,训练有素且有经验的专家,能选择正确的风险评价方法,通过相关的经验可辨识出最严重的危险及事故的原因和后果。

(2)主观性。由于风险评价具有高度主观的性质,评价结果与假设条件密切相关,不同的评价人员使用相同的资料评价同一个问题,可能会得出不同的结果。尽管有很多经验性的预测方法,风险评价的质量在很大程度上还取决于判断正确与否,尤其是假设条件。

(3)难于理解。有些风险评价报告可能是长达几百页的表格,包括讨论的结果,以及事故树、事件树模型和其他资料,冗长复杂的评价报告难于让人理解和应用。

(4)与评价人员的经验相关。风险评价在很大程度上取决于评价人员的相关经验,有些评价方法需要评价人员凭经验和判断来预测事故原因和结果。在某种程度上,评价人员的经验比评价方法更重要。在很多情况下,风险评价是依靠评价专业技术人员的集体智慧,使用定性方法来确定潜在事故的危险性。由于许多事件在评价前没有发生过,评价人员必须凭主观判断确定可能导致的事故原因及其产生的后果,这种主观性会影响评价结果的可靠性。

当寻求确定伤害的可能性时,要考虑已实施的控制措施的充分性及是否符合要求。除所提供的业务活动信息外,通常还应考虑如下问题:

(1)暴露人数;
(2)持续暴露时间和频率;
(3)供应(如电、水)中断;
(4)设备和机械部件以及安全装置失灵;
(5)暴露于恶劣气候;
(6)个体防护用品所能提供的保护及其使用率;
(7)人的不安全行为(不经意的错误或故意违反操作程序),如下述人员:①不知道危害究竟是什么;②可能不具备开展工作必备的知识、体能或技能;③低估所暴露的风险;④低估安全工作方法的实用性和有效性。

(8)考虑到意外事件的发生是非常重要的。

第二节　划分风险评价单元

一、评价单元的概念

评价单元就是在危险、有害因素分析的基础上,根据评价目标和方法的需要,将系统分成若干有限、确定范围和需要评价的单元。石油石化装置一般是由相对独立、相互联系的若干部分(子系统、单元)组成,各部分的功能、含有的物质、存在的危险因素和有害因素、危险性以及安全卫生指标环境影响因素均不同。以整个系统为评价对象进行评价时,一般按一定原则将评价对象分成若干有限、确定范围的单元分别进行评价,再综合为整个系统的评价。

二、划分评价单元的作用

将系统划分为不同类型的评价单元进行评价,不仅可以简化评价工作、降低评价工作量、避免遗漏,而且由于能够得出各评价单元危险性(危害性)影响因素的比较概念,避免了以最危险单元的危险性(危害性)影响因素来表征整个系统的危险性(危害性)影响因素,夸大整个系统的危险性(危害性)影响因素,从而提高了评价的准确性,降低了采取对策措施的安全与环境投资费用。

三、评价单元的划分原则

划分评价单元是为评价目标和评价方法服务的,要便于评价工作的进行,有利于提高评价工作的准确性。由于评价目标不同,各评价方法均有自身特点,只要达到评价目的,评价单元划分并不要求绝对一致。通常确定评价单元时一般应考虑以下几个方面:

(1)评价单元是装置的一个独立部分,在理论上能够容易地说明它的特点;

(2)对于特定单元的边界,其判别标准可以以设备与相邻设备之间的隔离屏障(如一定的距离、防火墙、防护堤等)进行划分;

(3)在不增加危险性前提的情况下,可把危险性潜在影响因素类似的单元归并为一个较大的单元。

四、评价单元的划分方法

评价单元一般以生产工艺、工艺装置、物料的特点和特征,与危险、有害因素的类别、分布有机结合进行划分,还可以按评价的需要将一个评价单元再划分为若干子评价单元或更小的单元。常用的评价单元划分方法有以下两种。

(一)按危险、有害因素的类别划分

(1)按工艺方案、总体布置设备设施的完整性要求和自然条件、社会环境行政区域(特定要求)对系统的影响等综合方面的危险、有害因素的影响因素分析和评价,宜将整个系统作为一个评价单元。

(2)将具有共性危险、有害因素的影响因素的场所和装置划分为一个单元。

①按危险因素类别各划归一个单元,再按工艺、物料、设备设施完整性要求、作业特点(及其潜在危险因素不同)划分成子单元分别进行评价。例如,炼油厂可将具有火灾爆炸危险因素的装置作为一个评价单元,按馏分、催化重整、催化裂化、加氢裂化等工艺装置和储罐区划分成各子评价单元,再按工艺条件、物料的种类(性质)设备设施和数量进一步细分为若干评价单元。将存在起重伤害、车辆伤害、高处坠落等危险因素的各装卸作业区作为一个评价单元;将有毒危险品等装卸作业区的毒物、粉尘危害部分则列入毒物、粉尘有害作业评价单元;将燃油装卸作业区作为一个火灾爆炸评价单元,其中车辆伤害部分则在通用码头装卸作业区评价单元中评价。

②进行劳动卫生评价时,宜按有害因素(有害作业)的类别划分评价单元。例如,将噪声、辐射、粉尘、毒物、高温、低温、体力劳动强度危害的场所各划归一个评价单元。

③按环境影响的物源及处理设施单独划分评价单元,如废水监测与处理、废气监测与处理、废弃物监测与处理。

(二)按装置和物质特征划分

应用火灾爆炸指数法、单元危险性快速排序法等评价方法进行火灾爆炸危险性评价时,除按下列原则外还应依据评价方法的有关具体规定划分评价单元。

1.按装置工艺功能划分

例如,化工系统可划分为:(1)原料储存区域;(2)反应区域;(3)产品蒸馏区域;(4)吸收或洗涤区域;(5)中间产品储存区域;(6)产品储存区域;(7)运输装卸区域;(8)催化剂处理区域;(9)副产品处理区域;(10)废液处理区域;(11)通人装置区的主要配管桥区;(12)其他(过滤、干燥、固体处理、气体压缩)区域。

2.按布置的相对独立性划分

(1)以安全距离、防火墙、防火堤、隔离带等与(其他)装置隔开的区域或装置部分作为一个单元;

(2)储存区域内通常以一个或共同防火堤(防火墙、防火建筑物)内的储罐、储存空间作为一个单元。

3.按工艺条件划分

(1)按操作温度、压力范围不同,划分为不同的单元;
(2)按开车、加料、装卸、正常运转、添加剂、检修等不同作业条件划分单元。

4.按储存、处理危险物质的潜在化学能、毒性和危险物质的数量划分

(1)一个储存区域内(如危险品库)存放不同危险物质,为了能够正确认识其相对危险性,可做不同单元处理。

(2)结合场所、设备设施、工作环境、储存和防护能力等客观因素,自行划分适宜的评价单元。

5.按事故损失程度或危险性划分

(1)根据以往事故资料,将发生事故能导致停产、波及范围大、造成巨大损失和伤害的关键设备作为一个单元;

(2)将危险性大且资金密度大的区域作为一个评价单元;

(3)将危险性特别大的区域、装置作为一个评价单元;

(4)将具有类似危险性的单元合并成一个大的评价单元。

6.按设备性质划分

(1)设备动力、驱动部分;(2)设备做功部分(加工、制造等);(3)辅助系统,如配电等;(4)控制系统,如各类控制器、传感器、监视器等;(5)安全联锁机构、消防系统、报警系统、监控系统;(6)设备工作环境因素,如空间、温度、湿度等;(7)设备保护系统、应急反应系统,如自救设备、用品及运输工具;(8)设备安全操作与人员防护。

第三节　风险评价方法

风险评价方法是对系统的危险性、危害性影响进行分析、评价的工具,通常分为定性和定量两种方法。定性评价是根据经验对生产工艺、设备、环境、人员配置和管理等方面的安全状况进行定性的分析,一般将危险性分为几个定性等级,并规定达到哪个等级(以上或以下)即认为系统是安全的。常用严重性等级表示危险的严重程度。定量评价方法中一般规定在某段时间内或某个空间范围内事故发生的概率(或发生次数)、事故损失(危害程序)低于确定指标值,则认为系统是安全的。我们目前采取的定量评价方法绝大多数都来自国外成熟的技术方法,每种评价方法的原理、目标、应用条件、适用的评价对象、工作量均不尽相同,各有其优点和缺点,在实际工作中应适当进行互补。

风险评价分析是安全技术人员从事风险分析、评价和研究的主要方法。对新项目、新技术、新装置进行风险分析与评价时,选择哪种或哪几种风险分析与风险评价方法应依据各种方法所属领域与优缺点进行分析。常见风险评价方法包括作业条件危险性分析法、矩阵评价法、安全检查表法、预先危险性分析法、事故树分析法、事件树分析法、危险与可操作性研究分析法、道化学火灾爆炸危险指数法、环境因素多因子评分法。

一、作业条件危险性分析法

作业条件危险性分析法是一种简单易行的对施工作业、设备操作、日常管理行为进行危险性评价的方法。它由三个因素组成,即:

L(likelihood):发生危险的可能性;

E(exposure):人员出现在危险环境中的频率;

C(consequence):事故后果。

采用 $D = L \times E \times C$ 计算各项之积,判定相应的风险等级。

（一）发生危险的可能性（L）

发生危险事件的可能性可用发生事故的概率来表示，即绝不可能发生的事件为 0，而必定发生的事件为 10。然而，在考虑安全系统时，绝不可能发生的事故是不存在的，所以在分析制定 L 最小值时，人为地将"发生事故极小可能性"分数设定为 0.1。于是，事故或危险事件发生可能性的分数范围在 0.1~10 之间取值，并分别赋予其特定意义。

发生事故的可能性分为 A、B、C、D、E、F、G 级；对应：完全可以预料、相当可能、可能但不经常、可能性小、很不可能但可以设想、极不可能、实际不可能。

（二）人员出现在危险环境中的频率（E）

人员出现在危险环境中的时间越多，则危险性越大。因此，设定连续出现在危险环境的情况为 10 分，而将极低可能性出现的情况设定为 0.1 分。

暴露于危害环境的频繁程度可分为连续暴露、每天工作时间内暴露、每周一次或偶然暴露、每月一次或偶然暴露、每年几次暴露、非常罕见地暴露。

（三）事故后果（C）

事故后果主要有人身伤害、财产损失和社会影响三个方面。事故后果程度分为灾难、极其严重、非常严重、十分严重、严重、较严重等。

（四）危险性等级（D）

作业条件危险性分析公式为：

$$D = L \times E \times C \qquad\qquad (3-1)$$

根据经验，总分在 20 分以下被认为是低危险的，这样的危险比我们日常生活中骑自行车去上班还要安全些。如果危险分数达到 70~160 分，那就有显著的危险性，需要及时整改。如果危险分数为 160~320 分，那么这是一种必须立即采取措施进行整改的高度危险环境。320 分以上的高分表示环境非常危险，应立即停止生产直到环境改善为止。作业条件危险性分级见表 3-1~表 3-4。对等级高的事故或危险事件应采用危险性分析技术分析造成事故或危险事件的原因，从而采取措施来消除风险或将风险降至可接受的水平。

表 3-1　　发生事故或危险事件的可能性（用 L 值表示）

可能性等级	分数值（L）	事故或危险事件发生的可能性
A	8,9,10	具备了发生事故的所有特征，完全可以预料，在本组织内连续发生
B	5,6,7	具备了发生事故的基本特征，相当可能发生，本组织曾发生过若干次
C	2.5,3,4	可能，但不经常，国内外同行曾有先例，本组织曾发生过
D	0.75,1,2	可能性小，本组织未发生过，若发生纯属意外
E	0.5	不具备发生事故的特征，很不可能，但有理由设想
F	0.2	极不可能，可以认为不会发生
G	0.1	实际不可能，发生概率为零

表 3 - 2　操作者暴露于潜在危险环境的频繁程度(用 E 值表示)

分值(E)	暴露于潜在危险环境的情况
8,9,10	工作和休息都在危险环境中,24 小时连续暴露
5,6,7	每天工作时间内暴露
3,4	每周一次或偶然暴露
2	每月一次或偶然暴露
1	每年几次暴露
0.5	非常罕见地暴露,连续多年仅 1 ~ 2 次

表 3 - 3　发生事故的后果(用 C 值表示)

分值(C)	后果程度	后果
70,80,90,100	灾难	10 人以上群体死亡,生产设备、工作环境系统报废
40,50,60	极其严重	2 ~ 10 人死亡,系统严重损坏,失去生产条件,出现首例患职业病死亡
15,20,25,30,35	非常严重	1 人死亡,多人受重伤,系统局部损坏,失去生产条件,多人患职业病,重伤者致残后失去工作能力,生活不能自理
6,7,8,9	十分严重	无死亡案例,很多人受重伤、轻伤,系统轻度损坏,经修理可恢复生产,重伤者致残后失去工作能力,生活基本自理
3,4,5	严重	个别重伤,数人轻伤,系统损坏较轻,基本不影响生产
1,2	较严重	轻微伤害,需要救护,系统未损坏,生产未受影响

表 3 - 4　作业条件危险性(用 D 值表示,$D = L \times E \times C$)

分值(D)	危险程度	风险等级	危险程度对策
>320	极其危险	5	不能继续作业,采取果断措施,人员撤离,立即组织整改,直到危险环境改善
160 ~ 320	高度危险	4	停止生产,关键岗位人员留守,立即采取措施整改,直到危险环境改善
70 ~ 160	显著危险	3	采取措施与生产同步整改
20 ~ 70	一般危险	2	需专门关注并制定预防措施,防止危害发生或加重
<20	可接受的低危险	1	需提高风险防范意识

风险程度分为:极其危险、高度危险、显著危险、一般危险、可接受的低危险。

风险等级分为:5、4、3、2、1 级。

[实例分析]

危害辨识:某输气站场的压力表损坏,分析作业人员读取报表数据作业的风险大小,如图 3 - 1 所示。

图 3 – 1　输气站场的损坏压力表

暴露频次: $E = 10$ (读数作业人员多人次长期暴露在危险区域)

严重性: $C = 15$ (一旦设备破裂,极可能造成读数人员伤亡)

可能性: $L = 1$ (压力设备爆裂伤人事故,每 10 年左右发生一次)

风险度: $D = L \times E \times C = 1 \times 10 \times 15 = 150$

风险评级:二级,显著危险,需要整改。

二、矩阵评价法

当系统中存在很多危险因素时,如何分清其严重程度,因人而异,带有很大的主观性。为了较好地符合客观性,可集体讨论或多方征求意见,也可采取一些定性的决策方法。风险矩阵图,又称风险矩阵法(Risk Matrix),是一种能够把危险发生的可能性和伤害的严重程度综合评估风险大小的定性的风险评估分析方法。它是一种风险可视化的工具,主要用于风险评估领域。对 HSE 风险评价,不太复杂的情况可通过对发生概率和严重程度的评价就可得到简单的事故潜在风险结论。风险类型分为不可容忍的风险区域、需要考虑削减风险的区域和可进行正常操作但仍需继续改进的区域。进行风险评价时,矩阵评价法是一种高效的图表评价技术,常用一个二维的表格对风险进行半定性的分析,其优点是操作简便快捷,易于掌握,因此在石油化工行业 HSE 风险管理中得到广泛的应用。

(一)矩阵评价法表达方式

矩阵评价法即辨识出每个作业单元可能存在的危害,并判定这种危害可能产生的后果及产生这种后果的可能性,二者相乘,得出所确定危害的风险。然后进行风险分级,根据不同级别的风险,采取相应的风险控制措施。

风险的数学表达式为:

$$R = L \times S \qquad\qquad (3 - 2)$$

式中　R——风险值;

　　　L——发生伤害可能性;

　　　S——伤害后果严重程度。

(二)发生伤害可能性

从偏差发生频率、安全检查、操作规程、员工胜任程度、控制措施五个方面对危害事件发生可能性(L)进行评价取值,取五项得分的最高分值作为其最终的 L 值,见表 3 – 5。

表 3 – 5　发生伤害可能性(L)

赋值	偏差发生频率	安全检查	操作规程	员工胜任程度（意识、技能、经验）	控制措施（监控、联锁、报警、应急措施）
5	每次作业或每月都有发生	无检查（作业）标准或不按标准检查（作业）	无操作规程或从不执行操作规程	不胜任（无上岗资格证、无任何培训、无操作技能）	无任何监控措施或有措施从未投用；无应急措施
4	每季度都有发生	检查（作业）标准不全或很少按标准检查（作业）	操作规程不全或很少执行操作规程	不够胜任（有上岗资格证，但没有接受有效培训，操作技能差）	有监控措施但不能满足控制要求，措施部分投用或有时投用；有应急措施但不完善或没演练
3	每年都有发生	发生变更后检查（作业）标准未及时修订或多数时候不按标准检查（作业）	发生变更后未及时修订操作规程或多数操作不执行操作规程	一般胜任（有上岗资格证、接受培训，但经验、技能不足，曾多次出错）	监控措施能满足控制要求，但经常被停用或发生变更后不能及时恢复；有应急措施但未根据变更及时修订或作业人员不清楚
2	每年都有发生或曾经发生过	标准完善但偶尔不按标准检查（作业）	操作规程齐全但偶尔不执行	胜任（有上岗资格证、接受有效培训、经验、技能较好，但偶尔出错）	监控措施能满足控制要求，但供电、联锁偶尔失电或误动作；有应急措施但每年只演练一次
1	从未发生过	标准完善，按标准进行检查（作业）	操作规程齐全，严格执行并有记录	高度胜任（有上岗资格证、接受有效培训、经验丰富，技能好、安全意识强）	监控措施能满足控制要求，供电、联锁从未失电或误动作；有应急措施每年至少演练两次

（三）伤害后果严重程度

从人员伤害情况、财产损失、法律法规符合性、环境破坏和对企业声誉影响五个方面对后果的严重程度（S）进行评价取值,取五项得分最高的分值作为其最终的 S 值,见表 3 – 6。

表 3 – 6　伤害后果严重程度

等级	人员伤害情况	财产损失	法律法规符合性	环境破坏	对企业声誉影响
1	一般无损伤	一次事故直接经济损失在 5000 元以下	完全符合	基本无影响	本岗位或作业点
2	1~2 人轻伤	一次事故直接经济损失在 5000 元及以上、1 万元以下	不符合公司规章制度要求	设备、设施周围受影响	没有造成公众影响
3	1~2 人重伤、3~6 人轻伤	一次事故直接经济损失在 1 万元及以上、10 万元以下	不符合事业部程序要求	作业点范围内受影响	引起省级媒体报道，一定范围内造成公众影响

续表

等级	人员伤害情况	财产损失	法律法规符合性	环境破坏	对企业声誉影响
4	1～2 人死亡、3~6 人重伤或严重职业病	一次事故直接经济损失在 10 万元及以上、100 万元以下	潜在不符合法律法规要求	造成作业区域内环境破坏	引起国家主流媒体报道
5	3 人及以上死亡、7 人及以上重伤	一次事故直接经济损失在 100 万元及以上	违法	造成周边环境破坏	引起国际主流媒体报道

(四) 风险值计算

确定了 S 值和 L 值后,根据 $R = L \times S$ 计算出风险值 R。风险矩阵见表 3 - 7。

表 3 - 7 风险矩阵

	5	II 5	III 10	IV 15	IV 20	IV 25
	4	I 4	II 8	III 12	IV 16	IV 20
事故发生概率等级	3	I 3	II 6	II 9	III 12	IV 15
	2	I 2	I 4	II 6	II 8	III 10
	1	I 1	I 2	I 3	I 4	II 5
风险矩阵		1	2	3	4	5
		事故后果严重程度等级				

根据 R 值的大小将风险级别分为以下四级(表 3 - 8):

表 3 - 8 风险等级划分标准

风险等级	分值	描述	需要的行动	改进建议
IV 级风险	$16 < R \leq 25$	严重风险(绝对不能容忍)	必须通过工程和/或管理、技术上的专门措施,限期(不超过六个月内)把风险降低到 II 级或以下	需要并制定专门的管理方案予以削减
III 级风险	$9 < R \leq 16$	高度风险(难以容忍)	应当通过工程和/或管理、技术上的控制措施,在一个具体的时间段(12 个月)内,把风险降低到 II 级或以下	需要并制定专门的管理方案予以削减

续表

风险等级	分值	描述	需要的行动	改进建议
Ⅱ级风险	$4<R\leq 9$	中度风险（在控制措施落实的条件下可以容忍）	具体依据成本情况采取措施。需要确认程序和控制措施已经落实，强调对它们的维护工作	个案评估，评估现有控制措施是否均有效
Ⅰ级风险	$1\leq R\leq 4$	可以接受	不需要采取进一步措施降低风险	可适当考虑提高安全水平的机会（在工艺危害分析范围之外）

$R = 17 \sim 25$：Ⅳ级，需要立即暂停作业；

$R = 10 \sim 16$：Ⅲ级，需要采取控制措施；

$R = 5 \sim 9$：Ⅱ级，需要有限度管控；

$R = 1 \sim 4$：Ⅰ级，需要跟踪监控或者风险可容许。

[实例分析]

油田站场仪表箱曾经出现过漏油事件，尽管事件基本不会导致人员的伤亡，但会造成资源浪费、经济损失，以及一定程度的环境污染。请采用矩阵评价法对仪表箱漏油事件进行分析，如图 3−2 所示。

图 3−2　油田站场仪表箱漏油事故图

发生伤害可能性（L）：2

伤害后果严重程度（S）：1

根据 $R = L \times S$ 计算出风险值。

事故发生概率等级	5					
	4					
	3					
	2	Ⅰ 2				
	1					
风险矩阵		1	2	3	4	5
		事故后果严重程度等级				

风险等级判定：低风险，可以接受，不需要采取进一步措施降低风险，可适当考虑提高安全水平的机会。

三、安全检查表法

(一) 安全检查表概念及应用

安全检查表(Safety Checklist Analysis,SCA)是依据相关的标准、规范,对工程、系统中已知的危险类别、设计缺陷以及与一般工艺设备、操作、管理有关的潜在危险性和有害性进行判别检查。为了避免检查项目遗漏,事先把检查对象分割成若干系统,以提问或打分的形式,将检查项目列表,这种表就称为安全检查表。它是系统安全工程的一种最基础、最简便、广泛应用的系统危险性评价方法。安全检查表在我国不仅用于查找系统中各种潜在的事故隐患,还对各检查项目给予量化,用于进行系统安全评价。

安全检查表是用系统工程的观点,组织有经验的人员,首先将复杂的系统分解成为子系统或更小的单元,然后集中讨论这些单元中可能存在什么样的危险性、会造成什么样的后果、如何避免或消除它,等等。由于可以事先组织有关人员编制,容易做到全面周到,避免漏项。经过长时期的实践与修订,可使安全检查表更加完善。

安全检查表法是一种最基础、最初步的方法。它不仅是实施安全检查的一种重要手段,也是预防潜在危险因素的有效工具,同时也是安全分析结果的最终落实,将分析出的各种事故原因按项目归类后编成检查表,用以进行日常安全检查,从而达到控制事故发生的目的。

(二) 安全检查表的特点

安全检查表的优点如下:

(1)检查项目系统、完整,可以做到不遗漏任何能导致危险的关键因素,避免传统的安全检查中的易发生的疏忽、遗漏等弊端,因而能保证安全检查的质量;

(2)可以根据已有的规章制度、标准、规程等,检查执行情况,得出准确的评价;

(3)安全检查表采用提问的方式,有问有答,给人的印象深刻,能使人知道如何做才是正确的,因而可起到安全教育的作用;

(4)编制安全检查表的过程本身就是一个系统安全分析的过程,可使检查人员对系统的认识更深刻,更便于发现危险因素;

(5)对不同的检查对象、检查目的有不同的检查表,应用范围广。

安全检查表的缺点如下:针对不同的需要,须事先编制大量的检查表,工作量大且安全检查表的质量受编制人员的知识水平和经验影响。

(三) 安全检查表的编制过程

安全检查表在企业日常 HSE 管理中有着突出的作用,一般情况下可包括综合性安全检查表、岗位(设备)安全检查表、项目安全检查表、专业性安全检查表等各个类型。因此,在编制过程中,与作业条件危险性分析法、矩阵评价法有所不同,需根据计划检查的项目进行编制。

1. 编制依据

(1)国家、地方的相关安全法规、规定、规程、规范和标准,行业、企业的规章制度、标准及企业安全生产操作规程;

(2)国内外行业、企业事故统计案例,经验教训;

(3)行业及企业安全生产的经验,特别是本企业安全生产的实践经验,引发事故的各种潜在不安全因素及成功杜绝或减少事故发生的成功经验;

(4)系统安全分析的结果,即为防止重大事故的发生而采用事故树分析方法,对系统进行分析得出能导致引发事故的各种不安全因素的基本事件,作为防止事故控制点源列入检查表。

2.编制过程。

要编制一个符合客观实际、能全面识别、分析系统危险性的安全检查表,首先要成立一个编制小组,其成员应包括熟悉系统各方面的专业人员。

(1)熟悉系统。包括系统的结构、功能、工艺流程、主要设备、操作条件、布置和已有的安全消防设施。

(2)搜集资料。搜集有关的安全法规、标准、制度及本系统过去发生过事故的资料,作为编制安全检查表的重要依据。

(3)划分单元。按功能或结构将系统划分成若干个子系统或单元,逐个分析潜在的危险因素。

(4)编制检查表。针对危险因素,依据有关法规、标准规定,参考过去事故的教训和本单位的经验确定安全检查表的检查要点、内容和为达到安全指标应在设计中采取的措施,然后按照一定的要求编制检查表。①按系统、单元的特点和预评价的要求,列出检查要点、检查项目清单,以便全面查出存在的危险、有害因素;②针对各检查项目、可能出现的危险、有害因素,依据有关标准、法规列出安全指标的要求和应设计的对策措施。

(5)编制复查表。内容应包括危险、有害因素明细,是否落实了相应设计的对策措施,能否达到预期的安全指标要求,遗留问题及解决办法和复查人等。

(四)注意事项

安全检查表应力求系统完整,不漏掉任何能引发事故的危险关键因素。因此,编制安全检查表应注意以下问题:

(1)检查表内容要重点突出,简繁适当,有启发性;

(2)各类检查表的项目、内容,应针对不同被检查对象有所侧重,分清各自职责内容,尽量避免重复;

(3)检查表的每项内容要定义明确,便于操作;

(4)检查表的项目、内容能随工艺的改造、设备的更新、环境的变化和生产异常情况的出现而不断修订、变更和完善;

(5)凡能导致事故的一切不安全因素都应列出,以确保各种不安全因素能及时被发现或消除。

为了达到预期目的,应用安全检查表时,应注意以下问题:

(1)各类安全检查表都有适用对象,专业检查表与日常定期检查表要有区别。专业检查表应详细、突出专业设备安全参数的定量界限,而日常检查表尤其是岗位检查表应简明扼要,突出关键和重点部位。

(2)应落实安全检查人员。企业厂级日常安全检查,可由安技部门现场人员和安全监督巡检人员会同有关部门联合进行。车间的安全检查,可由车间主任或指定车间安全员检查。岗位安全检查一般指定专人进行。检查后应签字并提出处理意见备查。

(3)为保证检查的有效定期实施,应将检查表列入相关安全检查管理制度,或制定安全检查表的实施办法。

（4）必须注意信息的反馈及整改。对查出的问题，凡是检查者当时能督促整改和解决的应立即解决，当时不能整改和解决的应进行反馈登记、汇总分析，由有关部门列入计划安排解决。

（5）必须按编制的内容，逐项目、逐内容、逐点检查。有问必答，有点必检，按规定的符号填写清楚，从而为系统分析及安全评价提供可靠准确的依据。

[实例分析]

安全检查表的应用十分广泛，各行各业都有其不同特点。要编制切合本专业特点的检查表，其内容及重点就应符合实际需要，因而不存在各行业通用的、标准化的安全检查表。具体范例见表3－9～表3－11。

表3－9　岗位装置区域安全检查表（油库场所范例）

检查项目	检查内容	检查标准	检查结果	情况说明
储罐区	液位计、温度计、压力表	有无异常，量值在指标范围		
	安全阀	是否经过检测，控制阀门处于开启状态		
	平台、罐顶、巡检路线等	无障碍物、连接完好、无堆积物、无破损处		
泵房	压力表、电流表等	有无异常，量值在指标范围		
	防护罩	连接牢固，无破损，防护无缺陷		
	润滑油	油品无变质，液面观测油位在指标范围		
	电动机、泵温度	手背轻触，无灼烫感；查温度计，量值在指标范围		
	机泵接地线	接头牢固，无脱落、锈蚀、线头无裸露		
	盘车	无卡塞，无异响		
……	……	……	……	……

表3－10　作业现场安全检查表（焊接场所范例）

序号	检查内容	检查结果	情况说明
1	焊接场地是否有禁止存放的易燃易爆物品，是否配备消防器材		
2	场地照明是否充足，通风是否良好		
3	操作人员是否按规定穿戴和配备防护用品		
4	电焊机二次线圈及外壳是否接地或接零		
5	电焊机散热情况如何，是否做到一机一闸一保		
6	电焊机电源线、引出线及各接线点是否良好		
7	一次、二次线圈及焊夹把手绝缘是否良好，线的长度及连接方式是否符合规定		
8	交流电焊机是否安装自动开关装置		
9	工作照明电压是否安全电压		
10	焊工是否持证上岗，并携带操作证件		
11	工作完毕后，是否执行了"工完料净场地清"制度		
……	……	……	……

表 3 –11　工器具、器材安全检查表(灭火器范例)

序号	检查内容	检查结果	情况说明
1	手持灭火器数量是否满足配置标准		
2	灭火器放置地点是否满足有利于取用标准		
3	灭火器装箱保存,下距地面高于8cm,上高不得超出150cm		
4	灭火器安全检查标签是否标准,到岗和检验信息是否执行每月一检要求		
5	灭火器类型符合救援场所适用类型		
6	询问岗位人员是否掌握"四懂四会"		
7	灭火器瓶体是否有腐蚀、破损		
8	灭火器压力表是否处于绿区		
9	灭火器胶管有无老化裂隙		
10	二氧化碳灭火器是否配备防冻伤手套		
11	灭火器保险销是否完好,是否能够保证应急状态下拔取		
……	……	……	……

四、预先危险性分析法(PHA)

每项生产活动之前,特别是在设计的开始阶段,对系统存在危险类别、出现条件、事故后果等进行概略的分析,尽可能评价出潜在的危险性,这就是预先危险性分析法(Preliminary Hazard Analysis,PHA),又称初步危险分析法。预先危险性分析法是系统设计期间危险分析的最初工作,也可运用它作运行系统的最初安全状态检查。通过这种分析找出系统中的主要危险,对这些危险要作估算,并要求安全工程师控制它们,从而达到可接受的系统安全状态。其目的在于确定安全性关键部位、评价各种危险的程度、确定安全性设计准则,提出消除或控制危险的措施。

(一) 预先危险性分析法(PHA) 的概念及应用

最初 PHA 的目的不是控制危险,而是认识与系统有关的所有状态。PHA 的另一用处是确定在系统安全分析的最后阶段采用怎样的故障树。当开始进行安全评价时,为了便于应用商业贸易研究中的这种研究成果(在系统研制的初期或在运行系统情况中都非常重要) 及安全状态的早期确定,在系统概念形成的初期,或在安全的运行系统情况下,就应当开始危险分析工作。所得到的结果可用来建立系统安全要求,供编制性能和设计说明书等。另外,预先危险性分析还是建立其他危险分析的基础,是基本的危险分析。英国 ICI 公司就是在工艺装置的概念设计阶段,或工厂选址阶段,或项目发展过程的初期,用这种方法来分析可能存在的危险性。

在预先危险性分析中,分析组应该考虑工艺特点,列出系统基本单元的可能性和危险状态。这些是概念设计阶段所确定的,包括原料、中间物、催化剂、三废、最终产品的危险特性及其反应活性,装置设备,设备布置,操作环境,操作及其规程,各单元之间的联系,防火及安全设备。当识别出所有的危险情况后,列出可能的原因、后果以及可能的改正或防范措施。

预先危险性分析适用于固有系统中采取新的方法,以及接触新的物料、设备和设施的危险性评价。该方法一般在项目的发展初期使用。当只希望进行粗略的危险和潜在事故情况分析时,也可以用PHA对已建成的装置进行分析。

预先危险性分析的四项基本目标是:(1)大体识别与系统有关的一切主要危害,在初始识别中暂不考虑事故发生的概率;(2)鉴别产生危害的原因;(3)假设危害确实出现,估计和鉴别对系统的影响;(4)将已经识别的危害分级。

(二)预先危险性分析的特点

预先危险性分析是进一步进行危险分析的先导,是一种宏观概略定性分析方法。在项目发展初期使用PHA有以下优点:

(1)方法简单易行、经济、有效。

(2)能为项目开发组分析和设计提供指南。

(3)能识别可能的危险,用很少的费用、时间就可以实现改进。

(三)预先危险性分析的过程

(1)通过经验判断、技术诊断或其他方法调查确定危险源(即危险因素存在于哪个子系统中),对所需分析系统的生产目的、物料、装置及设备、工艺过程、操作条件以及周围环境等,进行充分详细的了解。

(2)根据过去的经验教训及同类行业生产中发生的事故或灾害情况,对系统的影响、损坏程度,类比判断所要分析的系统中可能出现的情况,查找能够造成系统故障、物质损失和人员伤害的危险性,分析事故或灾害的可能类型。

(3)对确定的危险源分类,制成预先危险性分析表。

(4)转化条件,即研究危险因素转变为危险状态的触发条件和危险状态转变为事故(或灾害)的必要条件,并进一步寻求对策措施,检验对策措施的有效性。

(5)进行危险性分级,排列出重点和轻、重、缓、急次序,以便处理。

(6)制定事故或灾害的预防性对策措施。

预先危险性分析的结果一般采用表格的形式列出。表格的格式和内容可根据实际情况确定。

(四)划分风险等级

为了评判危险、有害因素的危害等级以及它们对系统破坏性的影响大小,预先危险性分析法给出了各类危险性的划分标准。该法将危险性划分为4个等级:

Ⅰ级——安全的,不会造成人员伤亡及系统损坏;

Ⅱ级——临界的,处于事故的边缘状态,暂时还不至于造成人员伤亡;

Ⅲ级——危险的,会造成人员伤亡和系统损坏,要立即采取防范措施;

Ⅳ级——灾难性的,造成人员重大伤亡及系统严重破坏的灾难性事故,必须予以果断排除并进行重点防范。

(五)注意事项

(1)应考虑生产工艺的特点,列出其危险性和状态。

①原料、中间产品、衍生产品和成品的危害特性;

②作业环境;

③设备、设施和装置；

④操作过程；

⑤各系统之间的联系；

⑥各单元之间的联系；

⑦消防和其他安全设施。

（2）应考虑以下因素的影响。

①危险设备和物料，如燃料、高反应活动性物质、有毒物质、爆炸高压系统、其他储运系统；

②设备与物料之间与安全有关的隔离装置，如物料的相互作用、火灾、爆炸的产生和发展、控制、停车系统；

③影响设备与物料的环境因素，如地震、洪水、振动、静电、湿度等；

④操作、测试、维修以及紧急处置规定；

⑤辅助设施，如储槽、测试设备等；

⑥与安全有关的设施设备，如调节系统、备用设备等。

[实例分析]

噪声危害预先危险性分析，见表 3 – 12。

表 3 – 12　噪声危害预先危险性分析表

潜在事故	噪声危害
危险因素	各类泵、离心机、结片机、热油炉等噪声
触发条件	（1）作业人员在风机、泵房等噪声强度大的场所作业；蒸汽等带压物料泄漏或排空。 （2）装置没有减振、降噪设施；减振、降噪设施无效；未戴个体护耳器（因故或故意不戴护耳器、无护耳器）；护耳器无效（选型不当、使用不当、护耳签已经失效）
发生条件	缺乏个体防护用品（护耳器等）
事故后果	听力损伤
危险等级	I 级
危险程度	临界的
防范措施	（1）采取隔声、吸声、消声等降噪措施； （2）设置减振、声阻尼等装置； （3）佩戴适宜的护耳器； （4）实行时间防护，即事先做好充分准备，尽量减少不必要的停留时间

五、事故树分析法

（一）事故树的概念与应用

事故树分析法（Fault Tree Analysis，FTA）是 20 世纪 60 年代以来迅速发展的系统可靠性分析方法，它采用逻辑方法，将事故因果关系形象地描述为一种有方向的"树"。把系统可能发生或已发生的事故（称为顶事件）作为分析起点，将导致事故原因的事件按因果逻辑关系逐层列出，用树性图表示出来，构成一种逻辑模型，然后定性或定量地分析事件发生的各种可能途径及发生的概率，找出避免事故发生的各种方案并优选出最佳安全对策。FTA 法形象、清晰，逻辑性强，它能对各种系统的危险性进行识别评价，既适用于定性分析，又能进行定量分析。

事故树具有以下几个特点：

(1)采用演绎的方法分析事故的因果关系,能详细找出各系统各种固有的潜在危险因素,为安全设计、制定安全技术措施和安全管理要点提供了依据。

(2)能简洁形象地表示出事故和各原因之间的因果关系及逻辑关系。

(3)在事故分析中,顶事件可以是已发生的事故,也可以是预想的事故。通过分析找出原因,采取对策加以控制,从而起到预测、预防事故的作用。

(4)可以用于定性分析,求出危险因素对事故影响的大小;也可以用于定量分析,由各危险因素的概率计算出事故发生的概率,从数量上说明是否能满足预定目标值的要求,从而确定采取措施的重点和轻、重、缓、急顺序。

(5)可选择最感兴趣的事故作为顶事件进行分析。

(6)分析人员必须非常熟悉对象系统,具有丰富的实践经验,能准确和熟悉地应用分析方法。往往出现不同分析人员编制的事故树和分析结果不同的现象。

(7)复杂系统的事故树往往很庞大,分析、计算的工作量大。

(8)进行定量分析时,必须知道事故树中各事件的故障数据,如果这些数据不准确,定量分析就不可能进行。

(二)事故树的原理

顶事件通常是由故障假设、危险与可操作性分析(HAZOP)等危险分析方法识别出来的。事故树模型是原因事件(即故障)的组合(称为故障模式或失效模式),这种组合导致顶事件发生。而这些故障模式称为割集,最小割集是原因事件的最小组合。若要使顶事件发生,则要求最小割集中的所有事件必须全部发生。

(三)事件

在事故树分析中,各种故障状态或不正常情况皆称故障事件;各种完好状态或正常情况皆称成功事件。两者皆可简称事件。

(1)底事件。底事件是事故树分析中仅导致其他事件的原因事件。底事件位于所讨论的事故树底端,总是某个逻辑门的输入事件而不是输出事件。底事件分为基本事件与未探明事件。底事件在事故树中用正圆形符号表示。

①基本事件是在特定的事故树分析中无须探明其发生原因的底事件。

②未探明事件是原则上进一步探明但暂时不能或不必探明原因的底事件。

(2)结果事件。结果事件是事故树分析中由其他事件或事件组合所导致的事件。结果事件总位于某个逻辑门的输出端。结果事件分为顶事件和中间事件。结果事件在事故树中用矩形符号表示。

①顶事件是事故树分析中所关心的结果事件。顶事件位于事故树的顶端,总是所讨论事故树中逻辑门的输出事件而不是输入事件。

②中间事件是位于顶事件和底事件之间的结果事件。中间事件既是某个逻辑门的输出事件,又是别的逻辑门的输入事件。

(3)特殊事件。特殊事件是指在事故树分析中所需要特殊符号表明其特殊性或引起注意的事件。

①开关事件:是在正常工作条件下必然发生或者必然不发生的特殊事件。

②条件事件:是描述逻辑门起作用的具体限制的特殊事件。

③省略事件:是发生可能性小或暂时可以不考虑的事件,用菱形符号表示。

(四)逻辑门

在事故树分析中逻辑门只描述事件间的逻辑因果关系。

(1)与门表示仅当所有输入事件发生时,输出事件才发生,用三角形符号中间加"·"表示。

(2)或门表示至少一个输入事件发生时,输出事件就发生,用三角形符号中间加"＋"表示。

(3)非门表示输出事件是输入事件的对立事件。

(4)顺序与门表示输入事件按规定的顺序发生时,输出事件才发生。

(5)表决门表示仅当 n 个输入事件中 r 个或 r 个以上的事件发生时,输出事件才发生。

(6)异或门表示仅当单个输入事件发生时,输出事件才发生。

(7)禁门表示仅当条件事件发生时,输入事件的发生方导致输出事件的发生。

(五)事故树

事故树是一种特殊的倒立树状逻辑因果关系图。它用事件符号、逻辑门和转移符号描述系统各种事件的因果关系,逻辑门的输入事件是输出事件的因,输出事件是输入事件的果。

二状态事故树:事故树的底事件刻画一种状态,而其对立事件也是刻画一种状态。

多状态事故树:事故树的底事件有 3 种以上互不相容的状态。

规范化事故树:将画好的事故树中各个特殊事件与特殊门进行转化或删减,变成仅含有底事件、结果事件以及"与""或""非"三种逻辑门的事故树。

正规事故树:仅含故障事件以及与门、或门的事故树。

非正规事故树:含有成功事件或者非门的事故树。

对偶事故树:将二状态事故树中的与门换为或门,或门换为与门,而其余不变的事故树。

成功树:除二状态事故树中的与门换成或门、或门换成与门外,并将底事件与结果事件换为相应的对立事件的事故树。

(六)事故树的编制

(1)熟悉分析系统。在分析之前首先明确分析的范围和边界,系统内包含哪些内容。特别是化工、石油化工生产过程都是连续化、大型化,各工序、设备之间相互连接,如不划定界限,得到的事故树会很庞大。之后要详细了解所要分析的对象,包括工艺流程、设备构造、操作条件、环境状况及控制系统和安全装置等。同时还要广泛搜集系统发生过的事故。在调查事故时尽量做到全面,不仅要掌握本单位的事故情况,还要了解同行业类似系统或设备以及国外事故资料,以便确定所要分析的事故类型含有哪些内容,供编制事故树时进行危险因素分析。

(2)确定分析对象系统和分析的对象事件(顶上事件)。在广泛搜集事故资料的基础上,确定一个或几个事故作为顶事件进行分析。一个系统发生的事故可能会有多种,不可能也没有必要都进行事故树分析,一般选择发生可能性较大且能造成一定后果的那些事故作为分析对象。有些事故尽管不易发生,但是一旦发生造成严重的后果。为避免这类重大事故的发生。

也常采用事故树分析法。有的事故虽然过去没有发生过,特别是新开发的或运转周期不长的系统,可根据物料性质、工艺条件、设备结构、人员操作水平、类似系统的经验等预想事故作为顶上事件。确定顶上事件时,要坚持一个事故编一棵树的原则且定义要明确,如加氢反应温度过高、氧气钢瓶超压爆炸。而像过程火灾、化工厂爆炸这些事件就太笼统,无法向下分析。

(3)调查原因事件。分析与之有关的各种原因事件,也就是找出系统的所有潜在危险因素和薄弱环节,包括设备元件等硬件故障、软件故障、人为差错以及环境因素。凡与事故有关的原因都找出来,作为事故树的原因事件。原因事件定义也要确切,简单扼要说明故障类型及发生条件,不能含糊不清。

(4)确定不予考虑的事件。与事故有关的原因有各种各样,但有些原因根本不可能发生或发生机会很少,如导线故障、飓风、龙卷风等,编事故树时可不予考虑,但要事先说明。

(5)确定分析的深度。分析得太浅,可能发生遗漏;分析得太深,则事故树过于庞大繁琐。具体深度应视分析对象而定。对化工生产系统来说,一般只分析到泵、阀门、管道故障为止;电气设备分析到继电器、开关、电动机故障为主,其中零件故障就不一定展开分析。

(6)编制事故树。从顶事件开始,采取演绎分析方法,逐层向下找出直接原因事件,直到所有最基本的事件为止。每一层事件都按照输入(原因)与输出(结果)之间逻辑关系用逻辑门连接起来。这样得到的图形就是事故树图。要注意,任何一个逻辑门都有输入与输出事件,门与门之间不能直接相连。初步编好的事故树应进行整理和简化,将多余事件或上下两层逻辑门相同的事件去掉或合并。如有相同的子树,可以用转移符号表示省略其中一个,以求结构简洁、清晰。

(七)事故树的定性分析与定量分析

事故树画好后,不仅可以直观地看出事故发生的规律及相关因素,还能进行多种计算。首先可从事故树结构上求最小割集和最小径集,进而得到每个基本事件对顶上事件的影响程度,为采取安全措施的先后次序、轻重缓急提供依据。

1. 最小割集的求取方法

割集是指导致顶事件发生的基本事件的集合。最小割集就是引起顶事件发生必需的最低限度的割集。有行列式法、布尔代数法等。现在,已有计算机软件求取最小割集和最小径集。以下简要介绍布尔代数化简法。

在事故树分析中,常用逻辑代数运算法则来化简代数式。这些法则主要有:

交换律:$A \cdot B = B \cdot A$;$A + B = B + A$

结合律:$A + (B + C) = (A + B) + C$;$A \cdot (B \cdot C) = (A \cdot B) \cdot C$

分配律:$A \cdot (B + C) = A \cdot B + A \cdot C$;$A + (B \cdot C) = (A + B) \cdot (A + C)$

吸收律:$A \cdot (A + B) = A$;$A + A \cdot B = A$

互补律:$A + A' = 1$;$A \cdot A' = 0$

幂等律:$A \cdot A = A$;$A + A = A$

0 − 1 律:$0 + A = A$;$1 \cdot A = A$;$1 + A = 1$;$0 \cdot A = 0$

反演律：$(A \cdot B)' = A' + B'$；$(A + B)' = A' \cdot B'$

对合律：$(A')' = A$

2. 最小径集及其求法

径集：如果事故树中某些基本事件不发生，则顶事件就不发生，这些基本事件的集合称为径集。

最小径集：顶事件不发生所需的最低限度的径集。

最小径集的求法是利用它与最小割集的对偶性。首先作出与事故树对偶的成功树，即把原来事故树的与门换成或门，或门换成与门，各类事件发生换成不发生，利用上述方法求出成功树的最小割集，再转化为事故树的最小径集。

3. 最小割集和最小径集在故障树分析中的应用

求出最小割集可以掌握事故发生的各种可能，了解系统的危险性。每个最小割集都是顶上事件发生的一种可能，有几个最小割集，顶上事件的发生就有几种可能，最小割集越多，系统越危险。

从最小割集能直观地、概略地看出，哪些事件发生最危险，哪些稍次，哪些可以忽略，以及如何采取措施，使事故发生概率下降。

用最小割集表示系统的危险性。例如，共有三个最小割集 $\{X_1\}$、$\{X_2, X_3\}$、$\{X_4, X_5, X_6, X_7, X_8\}$，如果各基本事件的发生概率都近似相等的话，一个事件的割集比两个事件的割集容易发生，五事件割集发生的概率更小，完全可以忽略。

4. 结构重要度分析

利用最小割集分析判断结构重要度系数的原则：

（1）最小割集阶数（基本事件数）越小，其基本割集的结构重要度系数越大。

（2）仅在同一割集中出现的基本事件的结构重要度系数相等。

（3）几个最小割集均不含有共同元素，则低阶割集中基本事件结构重要度系数大于高阶割集中基本事件的结构重要度系数。

（4）比较两个基本事件，若与之相关的割集阶数相同，则两事件结构重要度系数大小由其出现的次数决定，出现次数越多则结构重要度系数越大。

（5）相比较的两基本事件仅出现在基本事件个数不等的若干最小割集中，若其在最小割集中出现次数相等，则在低阶割集中出现的基本事件的结构重要度系数大。

较复杂的情况可用下列近似判别式计算：

$$I(i) = \sum_{x_i \in k_j} \frac{1}{2^{n_j - 1}} \qquad (3-3)$$

式中　$I(i)$——i 事件的重要度；

$\quad x_i$——每个含有 i 事件的事故树最小割集；

$\quad k_j$——第 j 个最小割集的事件数；

$\quad n_i$——事件 i 在最小割集中出现的次数。

5. 事故树定量分析

定量分析是系统危险性分析的最高阶段，是对系统进行安全性评价。通过定量分析可计算出事故发生的概率,并从数量上说明每个基本事件对顶上事件的影响程度,从而制定出最经济、最合理的控制事故方案,实现系统最佳安全的目的。

[实例分析]

某长输管道输气站有6个功能各不同的装置来保障输气站正常运行,分别为装置1~装置6。将输气站不能正常运行的事故记为事件 T,其事故树如图3-3所示,基本事件 X_1~X_5 依次为装置1~装置6发生故障。求输气站故障事故的最小割集和最小径集。

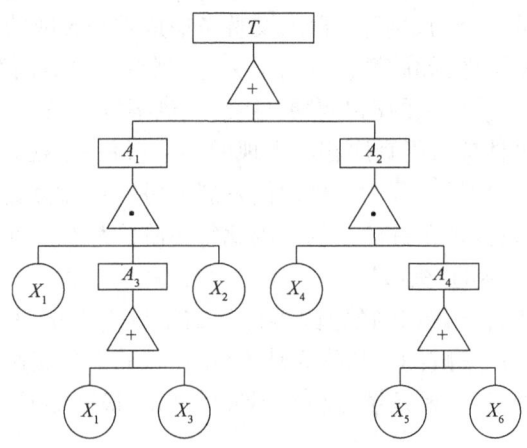

图3-3 输气站故障事故树

最小割集的求解过程为:

事故树的结构函数—描述系统状态的函数如下:

$$T = A_1 + A_2$$
$$= X_1 X_2 A_3 + X_4 A_4$$
$$= X_1 X_2 (X_1 + X_3) + X_4 (X_5 + X_6)$$
$$= X_1 X_2 X_1 + X_1 X_2 X_3 + X_4 X_5 + X_4 X_6$$

根据幂等律:$A \cdot A = A$;$X_1 X_2 X_1 = X_1 X_2$

上式 $= X_1 X_2 + X_1 X_2 X_3 + X_4 X_5 + X_4 X_6$

根据吸收律:$A + A \cdot B = A$,$X_1 X_2 + X_1 X_2 X_3 = X_1 X_2$

上式 $= X_1 X_2 + X_4 X_5 + X_4 X_6$

则本实例中最小割集为:

$E_1 = \{X_1, X_2\}$,$E_2 = \{X_4, X_5\}$,$E_3 = \{X_4, X_6\}$

求最小径集其实就是求最小割集的对立事件,既有:

$$T' = (X_1 X_2 + X_4 X_5 + X_4 X_6)'$$
$$= (X_1 X_2)' \cdot (X_4 X_5)' \cdot (X_4 X_6)'$$
$$= (X_1' + X_2') \cdot (X_4' + X_5') \cdot (X_4' + X_6')$$
$$= [(X_4' + X_5') \cdot (X_4' + X_6')] \cdot (X_1' + X_2')$$
$$= [X_4' \cdot (X_4' + X_6') + X_5' \cdot (X_4' + X_6')] \cdot (X_1' + X_2')$$
$$= [(X_4' X_4' + X_4' \cdot X_6') + (X_5' \cdot X_4' + X_5' \cdot X_6')] \cdot (X_1' + X_2')$$
$$= (X_4' + X_5' \cdot X_4' + X_5' \cdot X_6') \cdot (X_1' + X_2')$$

$$= (X_4' + X_5' \cdot X_6')(X_1' + X_2')$$
$$= X_4'X_1' + X_4'X_2' + X_5' \cdot X_6'X_1' + X_5' \cdot X_6'X_2'$$

六、事件树分析法

(一)事件树概念及应用

事件树分析(Event Tree Analysis,ETA)的理论基础是决策论。它是一种从原因到结果的自上而下的分析方法。从一个初始事件开始,交替考虑成功与失败的两种可能性,然后再以这两种可能性作为新的初始事件,如此继续分析下去,直到找到最后的结果。因此,ETA是一种归纳逻辑树图,能够看到事故发生的动态发展过程,提供事故后果。

事故的发生是若干事件按时间顺序相继出现的结果,每一个初始事件都可能导致灾难性的后果,但不一定是必然的后果。因为事件向前发展的每一步都会受到安全防护措施、操作人员的工作方式、安全管理及其他条件的制约。因此每一阶段都有两种可能性结果,即达到既定目标的"成功"和达不到目标的"失败"。

ETA从事故的初始事件开始,途径原因事件到结果事件为止,每一事件都按成功和失败两种状态进行分析。成功或失败的分叉称为歧点,用树枝的上分支作为成功事件,下分支作为失败事件,按照事件发展顺序不断延续分析直至最后结果,最终形成一个在水平方向横向展开的树形图。

事件树分析法是一种图解形式,层次清楚。可以看作是FTA的补充,可以将严重事故的动态发展过程全部揭示出来。

事件树分析法的优点是:概率可以按照路径为基础分到节点;整个结果的范围可以在整个树中得到改善;事件树从原因到结果,概念上比较容易明白;事件树是依赖于时间的;事件树在检查系统和人的响应造成潜在事故时是理想的。

事件树分析法的缺点是:事件树成长非常快,为了保持合理的大小,往往使分析必须非常粗;缺少像ETA中的数学混合应用。

(二)ETA的分析步骤

1.确定初始事件

初始事件一般指系统故障、设备失效、工艺异常、人的失误等,它们都是由事先设想或估计的。确定初始事件一般依靠分析人员的经验和有关运行、故障、事故统计资料来确定;对于新开发系统或复杂系统,往往先应用其他分析、评价方法从分析的因素中选定,再用事件树分析方法做进一步的重点分析。

2.判定安全功能

在所研究的系统中包含许多能消除、预防、减弱初始事件影响的安全功能。常见的安全功能有自动控制装置、报警系统、安全装置、屏蔽装置和操作人员采取措施等。

3.发展事件树和简化事件树

从初始事件开始,自左向右发展事件树,首先把初始事件一旦发生时起作用的安全功能状态画在上面的分支,不能发挥安全功能的状态画在下面的分支。然后依次考虑每种安全功能分支的两种状态,层层分解直至系统发生事故或故障为止。

4.分析事件树

(1)找出事故连锁和最小割集。事件树每个分支代表初始事件一旦发生后其可能的发展途径,其中导致系统事故的途径即为事故连锁,一般导致系统事故的途径有很多,即有很多事故连锁。

(2)找出预防事故的途径。事件树中最终达到安全的途径指导人们如何采取措施预防事故发生。在达到安全的途径中,安全功能发挥作用的事件构成事件树的最小径集。一般事件树中包含多个最小径集,即可以通过若干途径防止事故发生。

由于事件树表现了事件间的时间顺序,所以应尽可能地从最先发挥作用的安全功能着手。

5.事件树的定量分析

由各事件发生的概率计算系统事故或故障发生的概率。

[实例分析]

某输油管道热泵站中有增压泵 A 与阀门 B 串联,用 ETA 分析该系统。若知 A、B 可靠度分别为 0.98、0.95,求系统运行成功概率和失败概率。

由图可知,油流从增压泵 A 工作进入,经阀门 B 排出,假定管道无故障,则能否顺利地运行将取决于 A 与 B。A 有两种状态,即正常能工作,故障则不能工作。如果 A 正常,则看 B 的情况,B 也是两种状态,故可得到其事件树图如图 3−4 所示。

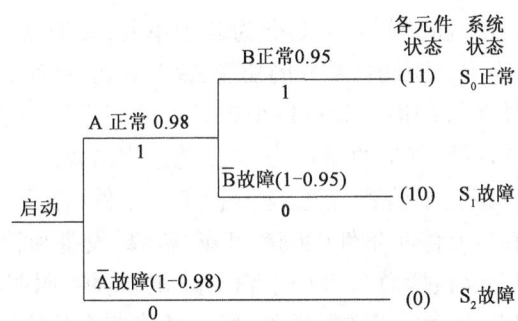

图 3−4　热泵站增压装置故障事件树

解:$P(S) = 0.98 \times 0.95 = 0.931$

$P(S') = 1 - P(S') = 1 - 0.931 = 0.069$

或 $P(S') = P(S_1) + P(S_2)$

$$= 0.98 \times (1 - 0.95) + (1 - 0.98)$$

$$= 0.049 + 0.02$$

$$= 0.069$$

七、危险与可操作性分析法

(一)危险与可操作性分析的概念及应用

危险与可操作性分析(Hazard and Operability Analysis,HAZOP)是以系统工程为基础的一种可用于定性分析或定量评价的危险性评价方法,用于探明生产装置和工艺过程中的危险及其原因,寻求必要对策。通过分析生产运行过程中工艺状态参数的变动,操作控制中可能出现的偏差,以及这些变动与偏差对系统的影响及可能导致的后果,找出出现变动与偏差的原因,明确装置或系统内及生产过程中存在的主要危险、危害因素,并针对变动与偏差的后果提出应采取的措施。

危险和可操作性分析法可按分析的准备、完成分析和编制分析结果报告 3 个步骤来完成。由各种专业人员(如工艺、设备、自控、现场等操作人员)按照规定的方法对偏离设计的工艺条件进行过程危险和可操作性分析。鉴于此,虽然某一个人也可能单独使用危险与可操作性分析,但这绝不能称为危险和可操作性分析。所以,危险和可操作性分析方法与其他安全评价方法的明显不同之处是,其他方法可由某人单独使用,而危险和可操作性分析则必须由一个多方面的、专业的、熟练的人员组成的小组来完成。

(二)HAZOP 的分析过程

HAZOP 是全面考察对象分析,对每一个细节提出问题,如在工艺过程的生产运行中,要了解工艺参数(温度、压力、流量、浓度等)与设计要求不一致的地方(即发生偏差),继而进一步分析偏差出现的原因及其产生的结果,并提出相应的对策。

(1)提出问题。为了对分析的问题能开门见山,单刀直入,所以在提问时,只用 None(否)、More(多)、Less(少)、As well as(以及、而且)、Part of(部分)、Reverse(相反)、Other than(其他)来涵盖所有出现的偏差。

(2)划分单元,明确功能。将分析对象划分为若干单元,在连续过程中单元以管道为主,在间歇过程中单元以设备为主。明确各单元的功能,说明其运行状态和过程。

(3)定义关键词表。按关键词逐一分析每个单元可能产生的偏差,一般从工艺过程的起点、管线、设备等一步步分析可能产生的偏差,直至工艺过程结束。

(4)分析原因及后果。以化工装置为例,应分析工艺条件(温度、压力、流量、浓度、杂质、催化剂、泄漏、爆炸、静电等);开停车条件(实验、开车、检修、设备和管线如标志、反应情况、混合情况、定位情况、工序情况等);紧急处理(气、汽、水、电、物料、照明、报警、联系等非计划停车情况);甚至自然条件(风、雷、雨、霜、雪、雾、地质以及建筑安装等)。分析发生偏差的原因及后果。

(5)制定对策。

(6)填写汇总表。为了按危险性与可操作性研究分析表进行汇总填写,保证分析详尽而不发生遗漏,分析时应按照关键词表逐一进行。关键词表可以根据研究的对象和环境确定。

八、道化学火灾、爆炸危险指数法

(一)道化学火灾、爆炸危险指数法的概念及应用

道化学火灾、爆炸危险指数法以已往的事故统计资料及物质的潜在能量和现行安全措施为依据,定量地对工艺装置及所含物料的实际潜在火灾、爆炸的反应危险性进行分析评价。通过对工艺装置及所含物料的潜在火灾、爆炸和反应性危险性的逐步推算,客观地量化潜在的火灾、爆炸和反应性事故的预期损失,确定可能引发事故发生或事故扩大的装置,再根据所采取

的安全技术措施对降低潜在危险的程度,对计算结果加以修正,得出火灾、爆炸危险度的分级结果。

（二）评价程序

道化学火灾、爆炸危险指数评价的一般程序是:选取工艺单元——确定物质系数——计算工艺单元危险系数——确定火灾、爆炸指数——计算暴露面积——计算补偿系数——修正火灾、爆炸指数——判定危险程度等级。

（三）工艺单元危险度的初步评价

该阶段所得出的评价结果,表示的是不考虑任何预防措施时,工艺单元所固有的危险性。

火灾、爆炸危险指数的计算公式为:

$$(F\&EI) = F_3 \times MF \tag{3-4}$$

其中

$$F_3 = F_1 \times F_2$$

式中　F_1——一般工艺危险系数;

F_2——特殊工艺危险系数;

F_3——工艺单元危险度系数;

MF——物质系数。

（四）工艺单元危险度的最终评价

该阶段是在初步评价的基础上,通过变更工艺、采取减少事故频率和潜在事故规模的安全对策措施和各种预防手段来修正、降低工艺单元的危险性。安全预防措施分工艺控制、物质隔离、防火措施三个方面。

补偿后的火灾、爆炸危险指数（$F\&EI$）按下式计算:

$$(F\&EI) = F\&EI \times C \tag{3-5}$$

其中

$$C = C_1 \times C_2 \times C_3$$

式中　C——安全措施总补偿系数;

C_1——工艺控制补偿系数;

C_2——物质隔离补偿系数;

C_3——防火措施补偿系数。

（五）危险等级的确定

本评价方法的最终目的是得到可靠的评价结论,并根据评价结论提出相应的补偿措施;一般来说,只有工程中所有单元的补偿后的火灾、爆炸危险度均小于"Ⅳ"级,工程装置才可以通过安全设计,从而达到安全生产的基本要求。否则,应对工程装置设计重新加以考虑,改动设计或增加安全防护措施,直到评价时通过为止。危险等级确定表见表3-13。

表3-13　危险等级确定表

$F\&EI$值	1~60	61~96	97~127	128~158	>159
危险等级	最轻	较轻	中等	很大	非常大

九、环境因素多因子评分法

环境因素多因子评分法是对能源、资源、固废、废水、噪声等五个方面异常、紧急状况制定评分标准,该评分标准应尽量使每一项环境影响的量化,采用评价表各因子重要性参数来计算重要性总值,确定重要性指标,根据重要性指标可划分 1 级、2 级、3 级三个等级,得到环境因素控制分级,从而确定重要环境因素。

环境危害因素评价采取各项因素影响分值累加方法。各类环境因素按照评价标准赋予相应分值,累加到合计栏内,即为该环境危害因素的评价分值。

（一）评价标准

资源、能源消耗评价标准见表 3 – 14。

表 3 – 14 资源、能源消耗评价标准

评价内容	评价要求	评分标准
资源名称	水、电、天然气、煤、燃油、木材等	
消耗比较	本年度与前三年规定/计划消耗量平均值超出很大	5
	本年度与前三年规定/计划消耗量平均值超出较大	3
	本年度与前三年规定/计划消耗量平均值基本持平	1
控制效果	目前浪费较大,加强管理可节约,能够达到明显见效效果	5
	改造工艺还有节约潜力,可明显见效	3
	已采取各种节源、节能措施,保持消耗量已在很低水平,较难节约	1

工业固体废弃物评价标准见表 3 – 15。

表 3 – 15 工业固体废弃物评价标准

评价内容	评价要求	评分标准
影响范围	地区	5
	周边社区	4
	场界	3
	班组	2
	操作岗位	1
排放量及浓度	任其固体废弃物产生,其中包括危险废物,从不控制产生量,未经无害化处理	5
	任其固体废弃物产生,但不包含危险废物,从不控制产生量,未经无害化处理	4
	被迫采取措施减少固体废弃物产生,但对产生的固体废弃物未进行控制,产生无未经无害化处理	3
	采取了措施减少固体废弃物产生,但对产生的固体废弃物控制手段有限,产生无未全部进行无害化处理,处理过的固体废弃物部分再(可)利用	2
	采取措施防止,减少固体废弃物产生,对产生的固体废弃物进行控制,产生物经无害化处理全部再(可)利用	1
排放频次	24 小时连续产生	5
	24 小时间隔产生	4
	不足 24 小时昼夜间生产产生	3
	昼间产生	2
	偶然产生	1

评价内容	评价要求	评分标准
法律、法规、标准符合性	对固体废弃物,尤其是危险废物的处理不遵守法律、法规要求,严重违反与环境有关的要求	5
	对固体废弃物的处置均不遵守法律、法规与环境有关的要求	4
	对主要固体废弃物的处置不符合法律、法规和与环境有关的要求	3
	对固体废弃物的处置基本符合法律、法规和与环境有关的要求,个别项目需纠正	2
	对固体废弃物的处置符合法律、法规和与环境有关的要求	1
社会关注程度	社区各方反映强烈	5
	社区某方或某一时期反映强烈	4
	社区各方有反映,多次投诉	3
	反映一般,个别有投诉	2
	未引起关注,未发生投诉	1

工业废气、废液评价标准见表 3 – 16。

表 3 – 16　工业废气、废液评价标准

评价内容	评价要求	评分标准
影响范围	地区	5
	周边社区	4
	场界	3
	班组	2
	操作岗位	1
排放量及浓度	任其污染物产生,从不控制排放量,排放浓度是限定排放浓度的数倍,污染物处于任意排放状态	5
	排放量及排放浓度达到限定排放量和排放浓度的 2 倍,且无序排放	4
	排放量及排放浓度在限定排放量和排放浓度的 2 倍以内,且无序排放	3
	排放量及排放浓度等于或接近限定排放量和排放浓度,有序排放	2
	排放量及排放浓度小于限定排放量和排放浓度,且有序排放,实现零排放	1
排放频次	24 小时连续排放	5
	24 小时间隔排放	4
	不足 24 小时的昼夜排放	3
	昼间排放	2
	偶然排放	1
法律、法规、标准符合性	不遵守法律、法规要求,污染物排放量、排放浓度(所有项目)不符合国家限定标准规定	5
	不遵守法律、法规要求,污染物排放量、排放浓度(主要项目)不符合国家限定标准要求、规定	4
	不遵守法律、法规要求,污染物排放量、排放浓度(个别项目)不符合国家限定标准规定	3

评价内容	评价要求	评分标准
法律、法规、标准符合性	基本符合法律、法规要求,污染物排放量、排放浓度大部分项目符合国家限定标准规定(仅个别项目接近国家标准规定)	2
	符合法律、法规要求,污染物排放量、排放浓度全部符合国家限定标准规定	1
社会关注程度	社区各方反映强烈	5
	社区某方或某一时期反映强烈	4
	社区各方有反映,多次投诉	3
	反映一般,个别有投诉	2
	未引起关注,未发生投诉	1

工业噪声评价标准见表 3 – 17 所示。

表 3 – 17　工业噪声评价标准

评价内容	评价要求	评分标准
影响范围	地区	5
	周边社区	4
	场界	3
	班组	2
	操作岗位	1
排放量及浓度	任其污染物产生,从不控制排放量,排放浓度是限定排放浓度的数倍,污染物处于任意排放状态	5
	排放量及排放浓度达到限定排放量和排放浓度的 2 倍,且无序排放	4
	排放量及排放浓度在限定排放量和排放浓度的 2 倍以内,且无序排放	3
	排放量及排放浓度等于或接近限定排放量和排放浓度,有序排放	2
	排放量及排放浓度小于限定排放量和排放浓度,且有序排放,实现零排放	1
排放频次	24 小时连续排放	5
	24 小时间隔排放	4
	不足 24 小时的昼夜排放	3
	昼间排放	2
	偶然排放	1
法律、法规、标准符合性	不遵守法律、法规要求,污染物排放量、排放浓度(所有项目)不符合国家限定标准规定	5
	不遵守法律、法规要求,污染物排放量、排放浓度(主要项目)不符合国家限定标准要求、规定	4
	不遵守法律、法规要求,污染物排放量、排放浓度(个别项目)不符合国家限定标准规定	3
	基本符合法律、法规要求,污染物排放量、排放浓度大部分项目符合国家限定标准规定(仅个别项目接近国家标准规定)	2
	符合法律、法规要求,污染物排放量、排放浓度全部符合国家限定标准规定	1

续表

评价内容	评价要求	评分标准
社会关注程度	社区各方反映强烈	5
	社区某方或某一时期反映强烈	4
	社区各方有反映,多次投诉	3
	反映一般,个别有投诉	2
	未引起关注,未发生投诉	1
法律、法规、标准符合性	不遵守法律、法规要求,所有噪声源产生的噪声值均不符合国家标准规定	5
	不符合法律、法规要求,主要噪声源产生的噪声值不符合国家标准规定	4
	不符合法律、法规要求,个别噪声源产生的噪声值不符合国家标准规定	3
	基本符合法律、法规要求,大部分噪声源产生的噪声值不符合国家标准规定,个别噪声值接近国家标准规定	2
	符合法律、法规要求,所有噪声源产生的噪声值符合国家标准规定	1
社会关注程度	社区各方反映强烈	5
	社区某方或某一时期反映强烈	4
	社区各方有反映,多次投诉	3
	反映一般,个别有投诉	2
	未引起关注,未发生投诉	1

(二) 环境因素评价等级

环境因素评价等级见表 3 – 18。

表 3 – 18　环境因素评价标准

分值	危险程度	危险程度对策
>10	重大环境因素	需停止污染,采取紧急措施,立即组织整改,直到环境改善
5 < 分数≤10	不可容许因素	需监控生产,严格控制排放,采取措施整改,直到环境改善
5	可容许因素	加强预防措施

十、常见风险评价方法选用原则

为了便于选用适当的风险评价方法,将几种典型的评价方法从评价目标、方法特点、适用范围、适用条件、优缺点等方面进行归纳,见表 3 – 19。

表 3 – 19　几种典型的评价方法

评价方法	评价目标	定性定量	方法特点	适用范围	应用条件	优缺点
直接判断法	危害程度分级	定性	依托合规要求和管理经验快速判断	企业日常风险管理过程的评价	基于企业合规性评价和对标管理之上	简单、直接;不适用于工艺联系紧密、设备复杂的项目
作业条件危险性分析法(LEC)	危险、有害因素分析、风险分级	定性、定量	应用事前设定的事故发生概率进行风险分析和评定	各类操作活动、管理活动、工艺技术和设备风险缝隙	岗位人员全员参与分析,综合评定	简便、直接,受事故事件统计分析和分析和人员因素影响

评价方法	评价目标	定性定量	方法特点	适用范围	应用条件	优缺点
矩阵评价法	危险、有害因素分析、风险分级	定性、定量	应用图标技术,通过简单的事故概率和危害程度评定分级	各类管理、操作、施工等活动	广泛开展企业事故事件统计分析	简便、易行;受事故事件统计结果和人员主观影响
安全检查表法	危险、有害因素分析、风险分级	定性、定量	按事前编制的有标准的检查表逐项核查并赋分,评定安全等级	各类系统设计、验收、运行、管理、事故调查	事前编制安全检查表,评分有细则或标准	简便、记录性强;现场工作强度大
预先危险性分析法(PHA)	危险、有害因素分析、风险分级	定性	讨论分析系统存在的危险有害因素、触发条件、事故类型,评定风险等级	各类系统设计、施工、生产、维修等概略分析和评价	分析评价人员熟悉系统,有丰富的知识和实践经验	简便、易行,受分析评价人员主观因素影响
事件树分析法(ETA)	事故原因、触发条件事故概率	定性、定量	归纳法,由初始事件判断系统事故原因及条件内各事件	各类局部工艺过程、生产设备、装置事故分析	熟悉系统,元素间的因果关系,有各事件发生概率数据	简便、易行,受分析评价人员主观因素影响
事故树分析法(FTA)	事故原因分析、计算事故概率	定性、定量	演绎法,由事故和基本事件逻辑推断事故原因,由基本事件概率计算事故概率	应用于复杂系统事故分析	熟练掌握方法和事故、基本事件间的联系,有基本事件概率数据	复杂、工作量大,但精确;受事故树编制情况影响
危险与可操作性分析(HAZOP)	偏差及其原因、后果对系统的影响	定性	通过讨论,分析系统可能出现的偏差、偏差原因、偏差后果及对整个系统的影响	危害性较高的化工系统、热力系统等安全分析	分析评价人员熟悉系统,技术能力要求高	简便、易行;受分析评价人员主观因素影响
道化学火灾、爆炸危险指数法(DOW)	火灾爆炸危险性分析	定量	由物质、工艺危险性计算火灾爆炸指数判定采取措施前后系统整体危险性,由影响范围、单元破坏系数计算系统整体经济、停产损失	生产、储存、使用危险化学品及有毒有害化学品的工艺过程及系统	熟练掌握方法、熟悉系统,有丰富知识和良好的判断能力,须有各类企业装置经济损失目标值	大量使用图表、简洁;受评价人员技术能力限制,另外只能对系统进行宏观评价

选用风险评价方法或制定评价方案时,主要考虑评价对象的特点、所具备的条件和需要什么样的结果三大因素。

(1)评价对象的特点。对规模大、比较简单和危害性较低的对象,通常都是采用定性的、比较简洁的评价方法。面对规模较大、复杂、危害性较高的对象也往往先用简单定性的评价方法进行筛选,然后再对重点部分(单元)用较严格的定量法进行评价。另外,很多评价方法是针对特定的工艺类型和作业条件的,如 DOW 法、HAZOP 法主要适用于化工类工艺过程和场所。

(2)具备的条件。如果风险评价对象技术资料和统计数据齐全,评价时间和周期充裕,参与评价的技术人员能力较强,可适当增加定量评价法的应用,以期提高风险评价的质量。

习　　题

1.风险评价的含义与目的是什么?

2.如何划分风险评价单元?

3.常见的风险评价方法包括哪些?

4.简述风险矩阵评价法进行风险评价的流程。

5.事件树和事故树分析法各有什么特点?事件树分析的步骤是什么?事故树分析的步骤是什么?

6.求得事故树中的最小割集和最小径集有什么意义?

7.求如图 3 - 5 所示事故树的最小割集、最小径集。

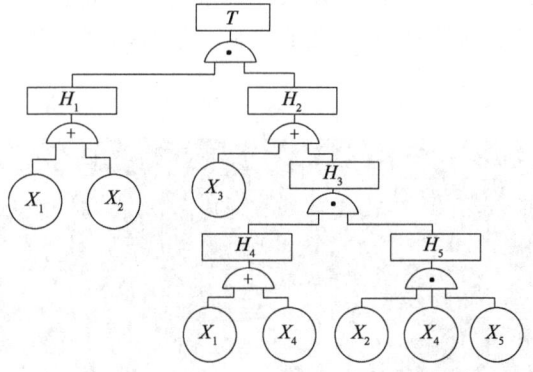

图 3 - 5　事故树

第四章 油气管道安全事故分析

课程导入 "6·30"中石油输油管道爆裂失火事故

大连德泰易高环保能源有限公司在大连金州新区立项,拟在大连经济技术开发区八号路建设一座天然气汽车加气站。2014年6月30日18:40许,施工人员违规作业,致大连输油气分公司运营管理的新大一线输油管道钻漏,大量泄漏的原油进入市政雨水管网和污水管网,导致管道爆裂失火,经扑救于当日22:20将火扑灭,造成直接经济损失553.42万元,无人员伤亡。事故直接原因是施工单位没有按照"施工图"和施工说明要求的深度进行施工作业,将原油管道钻漏,泄漏的原油进入市政雨水管网和污水管网。污水管网的原油流入污水处理厂,雨水管网的原油流入寨子河雨水排水管出口,因石油蒸发气在寨子河与市政桥交叉处的相对密闭空间处聚集,浓度达到燃爆极限,在河边电力线路打火引燃因素的介入下发生火灾。间接原因包括施工单位无资质,盲目、冒险施工;建设单位未办理施工手续、委托无资质单位施工;设计单位提供的设计文件存在缺陷;政府相关职能部门履行职责不到位等诸多方面。事故责任人依法受到刑事处罚。

"6·30"中石油输油管道失火事故照片

第一节　油气管道失效及致因因素

一、油气管道失效模式

油气管道失效模式主要有断裂、变形、表面损伤,其中以表面损伤为多见,包括管道的裂纹、腐蚀坑等。埋地油气管道主要失效模式见表4-1。

表 4 - 1　埋地油气管道主要失效模式

序号	模式类别	具体分类
1	断裂	脆性断裂、低温断裂、应力腐蚀、韧性断裂、疲劳断裂、应力疲劳、应变疲劳、腐蚀疲劳
2	变形	过载引起的膨胀、屈曲、伸长、外力引起的压扁、焊接引起的变形
3	表面损伤	机械损伤:表面划伤、凹坑、裂纹、穿孔、腐蚀:内腐蚀、表面腐蚀、化学腐蚀、电腐蚀

二、引起埋地油气管道失效的主要因素

影响管道安全的主要因素有设计、制造、施工、腐蚀、运行管理维护、第三方破坏。设计因素主要包括管道强度的安全裕度、允许最大操作压力与实际操作压力的裕度、管道应力变化与频率、管道沉降等方面;制造因素包括管材的内部和表面缺陷、焊缝缺陷、制管偏差与质量控制;施工因素包括管道的敷设、焊接、补口、检验、回填、试压、监理、施工队伍资质等;腐蚀因素为与管内介质腐蚀性强弱和防腐措施有关的内腐蚀和与阴极保护、外防腐层质量、土壤腐蚀性、电流干扰、应力腐蚀等因素有关的外腐蚀;运行管理维护因素包括由于管理水平、技术水平、员工素质和监督机制不健全引起的错误操作带来的破坏;第三方破坏即管道附近区域人为活动造成的管道结构或性能的破坏,主要因素有管道最小埋深、人群活动水平、公众教育状况、管道地面设施等。

具体可分为以下几类:
(1)腐蚀,包括内腐蚀、外腐蚀和应力腐蚀开裂(SCC)。
(2)管体缺陷,包括制管缺陷和施工期间造成的缺陷。
(3)第三方破坏。
(4)误操作。
(5)设备缺陷。
(6)自然与地质灾害,包括滑坡、泥石流、崩塌、地表沉陷等。
(7)疲劳。

根据国际管道研究委员会(PRCI)对输气管道事故的划分,管道的危害因素有 22 个根本原因。22 个原因中每一个都代表影响完整性的一种危害因素,应对其进行管理。按其性质和发展特点,划分为 9 种相关事故类型,根据危害的时间因素和事故模式分组,将其分为与时间有关的危害、稳定和固有的危害、与时间无关的危害,各分公司要正确进行风险评估、完整性评价和减缓活动。

(1)与时间有关的危害。①外腐蚀;②内腐蚀;③应力腐蚀开裂。
(2)稳定因素。
①与制管有关的缺陷:a.管体焊缝缺陷;b.管体缺陷。
②与焊接/制造有关的缺陷:a.管体环焊缝缺陷;b.制造焊缝缺陷;c.折皱弯头或壳曲;d.螺纹磨损/管子破损/管接头损坏。
③设备因素:a.O 形垫片损坏;b.控制/泄压设备故障;c.密封/泵填料失效;d.其他。

（3）与时间无关的危害

①第三方/机械损坏：a. 甲方、乙方或第三方造成的损坏（瞬间/立即损坏）；b. 以前损伤的管子（滞后性失效）；c. 故意破坏。

②误操作：操作程序不正确。

③与天气有关的因素和外力因素：a. 天气过冷；b. 雷击；c. 暴雨或洪水；d. 土体移动。

美国 ASMEB 31.8S—2004《输气管道的管理系统完整性》中将管道发生事故原因分成 7 类，主要原因包括腐蚀、材料失效、第三方破坏、人为误操作、自然灾害、其他外力损伤、不明原因等。美国运输部（DOT）与特殊项目委员会（RSPA）将管道失效原因分为五种，即外力、腐蚀、焊接和材料缺陷、设备和操作以及其他。

美国通过 PHMSA 公布的 2010 年至今陆上输油管道泄漏事故（共计 432 起）以及天然气长输管道事故（共计 238 起）原因分析得出美国石油天然气管道失效原因，见表 4-2。

表 4-2 美国石油天然气管道失效原因分类

序号	失效原因		典型失效因素
1	腐蚀	内/外腐蚀	电化学腐蚀、大气腐蚀、杂散电流干扰、微生物腐蚀、焊缝选择性腐蚀、腐蚀性介质、酸性水、内部微生物、内部冲蚀
2	材料/焊缝/设备失效	现场施工	环焊缝缺陷、管体划伤、回填凹坑
		制管缺陷	管体缺陷、制管焊缝缺陷
		环境开裂	应力腐蚀开裂、氢致开裂
3	开挖损坏	运营商开挖损坏	挖掘操作不到位
		承包商开挖损坏	挖掘操作不到位、定位操作不到位
		第三方损坏	One-call 系统使用不当、挖掘操作不到位、第三方私自开挖、定位操作不到位、one-call 系统未覆盖、one-call 系统错误
		之前的开挖活动导致的损坏	未知
4	自然外力损坏	土体移动	地震、冻胀融沉、沉降、滑坡
		暴雨洪水	极端天气造成的暴雨洪水、泥石流
		闪电	闪电直接击中管道或导致周边起火
		温度	热应力、极端天气（过冷）等
5	误操作	—	人为误操作、设备未正确安装、管道或设备超压
6	其他外力	—	车、船、附近工业、周边火灾等的影响

输油管道失效的三大原因为腐蚀、管子/焊缝材料失效和设备失效；输气管道失效的三大原因为管子/焊缝材料失效、开挖损坏和腐蚀，如图 4-1 所示。

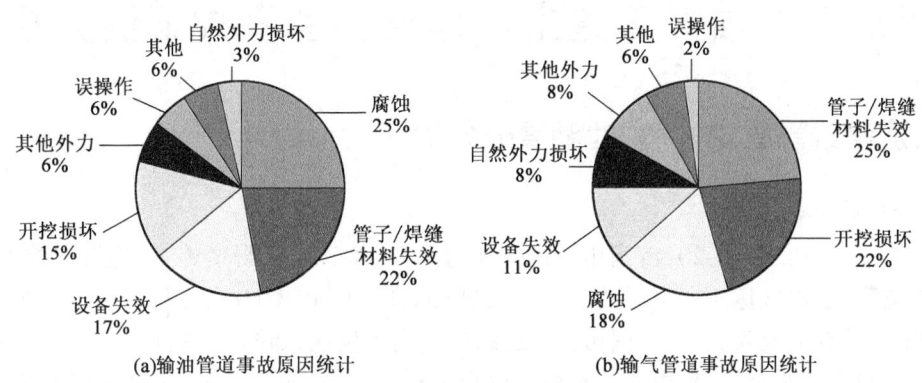

(a)输油管道事故原因统计   (b)输气管道事故原因统计

图4-1 管道事故原因统计

2002年2月CONCAWE公布1971—2000年西欧长输石油管道统计30年运行的管道共发生泄漏事故379起。其中,第三方破坏导致的管道泄漏事故占34.8%;腐蚀(包括内外腐蚀)导致的事故占29.8%;机械损伤导致的事故占24%;误操作导致的事故7.8%;自然灾害导致的事故占3.7%。2007年,EGIG通过对1970—2007年期间内所管辖维护运行的输气管道进行事故调查发现,第三方破坏、施工缺陷、材料缺陷和腐蚀是欧洲天然气管道事故的主要因素。

国内管道对2006—2019年13年间发生的48次造成管道泄漏失效的情况进行分析,统计出造成管道失效的比例是:第三方破坏占31%,腐蚀占25%,制造与施工缺陷占25%,自然与地质灾害占11%,误操作占4%,其他占4%(图4-2)。

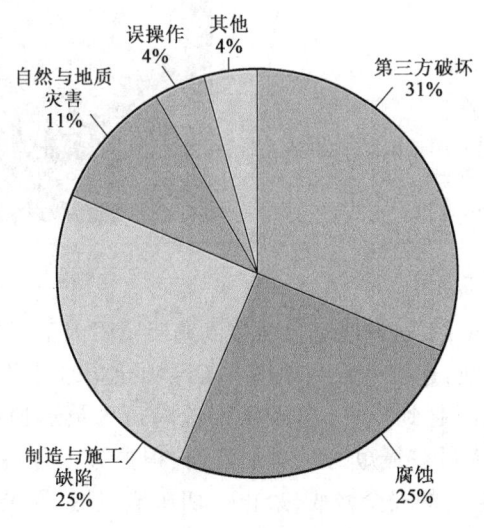

图4-2 管道失效比例

根据对国内外大量的管道事故统计资料分析,影响管道安全的因素在形成的管道事故中所占的比例不同,第三方破坏占管道失效较大的比例。

第二节 油气管道生产作业典型事故案例分析

一、济青线管道"2·18"泄漏事故分析

(一)事故经过

2006 年 2 月 18 日 15:20,济南市某地施工过程中,施工人员野蛮施工,将管道挖破,造成天然气泄漏事故,停气达 4 个小时,管道直径 508mm,压力为 0.87MPa,在抢险放空中损失气量 $2.2 \times 10^4 m^3$,没有造成人员伤亡,创伤在管道的中间向上位置,如图 4-3 所示。

事故经过具体为:施工负责人王某把工程承包给孟某,在施工前期,工区巡线班就对该地段东,西方向 508mm 管道进行了安全警示,并且找了工地负责人,向他们说明管道的走向以及具体方位,管道南侧已留出约 8m 宽未开挖,属于管道保护带。并在施工期间派专人在监护,近 20 多天施工方也做得很好,对管道没有造成险情。

2006 年 2 月 18 日下午,在施工负责人不在现场的情况下,挖土机司机柴某在不清楚有无管道的情况下,试图从管道位置挖一道坡从土坑内把挖掘机开上来,由于管道的土方埋深只有80cm,14:40 将该管道挖破,管道破裂后,强大的气流刺向天空,创伤口长 7cm、宽 0.5cm。管道泄漏口照片如图 4-4 所示。

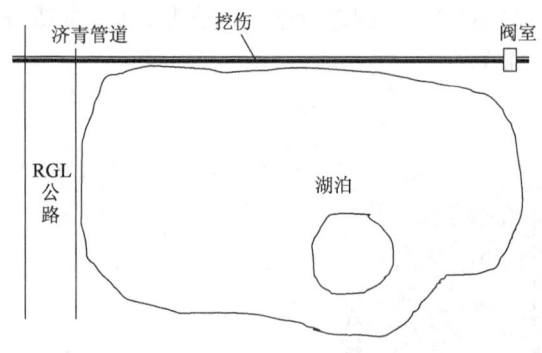

图 4-3 管道走向图

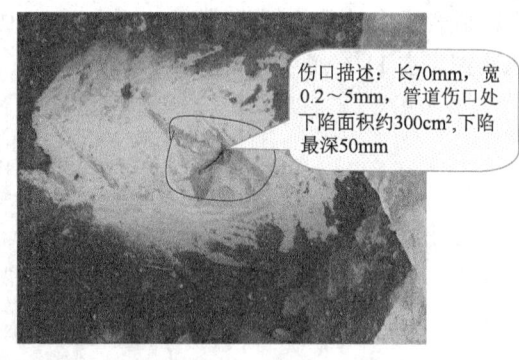

伤口描述:长70mm,宽0.2~5mm,管道伤口处下陷面积约300cm²,下陷最深50mm

图 4-4 管道泄漏口照片

2006 年 2 月 18 日 14:50,工区调度室突然接到施工负责人王某电话汇报施工现场天然气管道被铲破,大量天然气外泄,速派人赶到现场。工区领导立即召集各路负责人并且紧急安排工作,并率先以 40min 的时间赶到现场,由廉某带抢险班人员迅速准备各种应急工具,也在48min 赶到现场,整个抢险人员在最短的时间到位后、根据分工各负其责,迅速展开工作。由三名人员分别负责担任各路口的安全警戒,禁止一切车辆、过路人员通行,工区领导通过查看现场的险情后,果断的作出指令,带领部分抢险人员在上风口对管道进行开挖安全操作坑,并且准备好灭火器,根据 2003 年高唐县工程事故的教训与经验,迅速放空,压力保持在0.3MPa,通知用户虽然压力低,但是不会影响生产,同时向处调度室汇报此事,并且及时通知 DJZ 站16:41 紧急关闭干线阀门,16:40 关闭 SC 阀门,在 SC 阀室放空,要求值班人员做好压力变化

的记录,不能低于 0.3MPa,经过 42min 的紧急开挖,操作坑已经具备安全施工,DJZ 站汇报压力已经降至所通知的压力。

抢险工作开始后现场只留下指挥和抢险人员、其他人员都在最短的时间撤出现场。根据抢险分工,由两个人在穿戴好安全防护服的情况下,紧握堵孔木塞,另外一人用榔头用力敲击木塞,此次堵孔由于压力低、木塞准备得合适,在 3min 内就将孔堵住,但是由于孔不规则还是漏气,于是抢修人员迅速地将准备好的补丁安装好,带压堵漏专用工具如图 4 - 5 所示;工区抢险班人员面对漏气燃烧的火焰,电焊工凭着娴熟的焊接技术,40min 内完全将补丁焊接好,并通过漏气检验,18:25 整个抢险完成。为了不影响安全生产,采取上游先充压开启 SC 阀门的方式恢复生产。此次事故从事故发生到抢险完毕整整用了 4 个小时,损失气量 $2.2 \times 10^4 m^3$。

图 4 - 5 带压堵漏专用工具

2007 年管线整体升压到 3.2MPa,对此次带压堵漏点进行了超声波检漏工作,为提高承压能力,对该处进行了碳纤维补强。

(二)事故原因

(1)肇事司机在反复了解地下情况的条件下,仅凭主观臆断,随意开挖不属于湖面开挖范围的地面,仅为开挖一条方便出湖的便道,是造成管道损伤事故的直接原因。

(2)工程项目指挥部未对司机进行上岗培训和严格的管理,未制定详细的地下隐蔽工程平面图并对司机进行交底,也未制定风险管理措施,造成司机麻痹大意损伤管道。管理不到位是造成事故的主要原因。

(3)管道管理单位未在大型施工现场进行带状的警示标识,未在司机出入处安装重要醒目警示标语。标识不清、提示不明是造成事故的重要原因。

(4)管道管理单位巡线人员未在管道上方 24 小时盯守,不能对事故苗头进行及时有效制止,最终导致了管道挖伤泄漏事故的发生。

(三)事故总结

(1)工区虽然派专门的人员来监护、但是并没有做到 24 小时监护,如果采取轮换坚守措施并保证 24 小时在现场就不会发生此类事故。因此需要从制度上规范大型作业的管理程序,吸取教训,执行大型施工项目必须派出项目组 24 小时盯护的管理制度,对责任人进行奖罚兑现。

(2)加强和地方政府和施工方的沟通,让施工方和管理方了解并知道管道安全的重要性和发生事故的危险性。从法律上保证管道的安全,本着谁施工谁保护的原则,动土前必须签订管道安全合同,并交付风险抵押金,切实引起施工方的高度重视。

(3)在管道运行初期,管道由于自身的管容允许管道停输一段时间,管道满负荷运行后,管道停输不但影响居民用户无气可用的社会稳定,而且造成下游工业用户停产、重大设备损坏等重大经济问题。因此,需要从经济处罚上打击管道伤害行为。只有通过数倍数十倍的罚款,才能遏制管道伤害事件的不停发生。

二、安济线管道"2·7"泄漏事故分析

(一)事故经过

安济线天然气管道西起河北省 AP 首站,东至山东省 JN 末站,是由中国石化鄂尔多斯气田向山东输送天然气的主干线,管道途经河北及山东两省,全线设 13 座截断阀室。安济线天然气管道由中原油田分公司负责承建,2004 年 12 月 20 日开工建设,2006 年 5 月进行了干线氮气置换并投产运行。管道设计压力 6.3MPa,管径 ϕ711.6mm × (8.0 ~ 14.2)mm,管材选用 L415 螺旋缝埋弧焊钢管和直缝埋弧焊钢管,埋地敷设。

2008 年 2 月 7 日,德州市某地天然气管道由于沉降和季节性冻胀力的影响下,管道在缺陷处开裂泄漏扩散,停气 1 天左右。泄漏时间发生在大年初一,泄漏发生后应急抢险工作较为到位,通过实施安全高效的应急抢险,确保了山东天然气春节供气的平稳和社会的稳定。

2 月 6 日下午,德州管理区两名巡线班人员对辖区管段 7# 阀室至 JF 高速段进行徒步巡线,16:30 左右,巡至 DZ 电厂围堰东北角时,恰遇当地祭祖的村民,村民告知今天下午在附近闻到一股气味,不知道是什么气味。巡线人员在附近沿管道反复巡查,并仔细观察麦苗和周围环境,未发现任何异常现象。村民回去后告诉了村委会,村委会不知道管道处的报警电话,将异常情况报告了当地燃气公司。当时天色渐晚,为慎重起见,巡线工于 17:40 回到区部立即向主管巡线的副经理作了汇报,而恰此时,管理区接到地方燃气公司的报警电话,经简短碰头会之后,立即组织机关和维抢班人员,在 18:15 赶到了现场。兵分三路对管道沿线周围进行探查、走访。一路向西、北探查附近工厂,主要查看有无窃气;一路向东探查至河流,主要查看河流穿越和护工是否由于破坏造成泄漏;一路现场查看,试图寻找气味的来源。时近22:00,未发现窃气点,经管理区领导及在场人员研究商量,第二日天亮后再次赶到现场,继续查找(图4-6)。

管理区领导及时将情况汇报到管道管理处,处领导指示 DZ 输气管理区监护好现场并立即启动突发事件应急预案并按预案采取防范措施,连续跟踪事态发展,及时汇报。同时,处领导组织成立了临时机构及分工,初步制定了抢险及施工方案,根据应急预案的要求,处领导还立即以书面的形式通知了分公司生产运行部和安全环

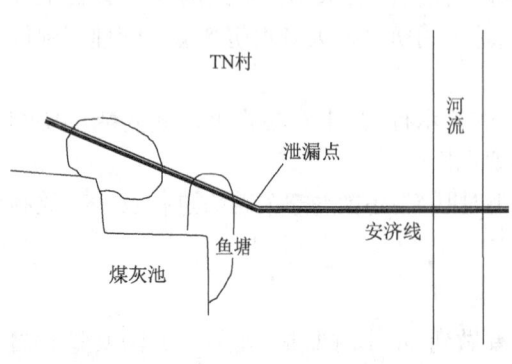

图 4-6 现场示意图

保部,总经理还以电话的形式向分公司领导做了汇报。分公司领导带领机关有关部门人员于 2 月 7 日中午抵达事故现场,组织指挥抢险。

为了统一指挥和协调工作,根据处 HSE 应急预案管理规定,立即成立抢险组织机构,在分公司的领导下进行工作,抢险机构下设现场抢险组、消防警戒组、通讯运输组、后勤保障组四个小组,并明确了各组的职责。

2008 年 2 月 7 日 7:00,张某组织召开紧急会议,对此次抢险工作做了部署和安排,并安排副经理带领生产、安全、技术等机关部门和维抢中心的负责人赶往现场。同时,通知 JN 输气管理区、ZY 输气管理区抢险中队做好抢险准备工作,待命出发。并立即给分公司领导及相关部室进行了汇报。

2 月 7 日 9:10,副经理等人赶到现场。此时,DZ 输气管理区领导和抢险中队已在现场监护待命。10:20 副经理等与前来现场视察情况的 DZ 市开发区管委会、武警消防支队等部门领导进行了工作接洽及汇报。14:30 挖掘机、消防车等相继到位,并立即展开工作。由于土壤冻结,挖土机的挖掘过程十分缓慢,在靠近管道上方和下方全部采用人工方式敲掉冻结在一起的冰坨。

2 月 8 日 2:15 安平站停止供气,凌晨 2:20 找到泄漏点,漏点长度约 15cm,确为定向钻与管道连接处焊缝出现 3 处漏点。2:45 7#阀室关闭干线阀门,2:48 8#阀室关闭干线阀门;2:50 在抢险领导小组安排下进行了 7#、8#阀室放空,6:00 压力从放空前的 4.16MPa 下降到 0.4MPa,停止放空。2 月 8 日 10:00,操作坑已经挖好,等待焊接处理。

14:35 7#、8#阀室进行了重新放空,至 16:10 停止放空,此时压力下降到压力表上显示为 0.05MPa,同时中原建工焊接人员于 15:00 到达现场,并于 16:10 做好了作业坑,开始进行漏点打磨,于 17:25 开始了焊接操作,以漏点为中心,焊缝向两边延伸,施焊长度为管径的 1/4(1.1m),共施焊 3 遍,18:10 施焊完毕。焊接后经过验漏确认没有问题后于 18:20 开始送气。2 月 9 日 2:30,光缆接通,SCADA 系统恢复正常工作。目前,山东管网的各项运行参数正常,到 2 月 9 日 0:00,安平进站压力为 3.29MPa。

现场焊口拍片探伤合格后,采用碳纤维补强方式提高管道补焊处的承压能力,管线重新防腐,作业坑回填,恢复正常运行。

另外,在抢险施工的过程中,经过精心的准备和计算,在上游停止接收安平中石油的进气后,各施工环节有条不紊,环环相扣,没有一家用户的供气受到此次事故的影响,也没有产生任何人身伤害,顺利地完成了抢险任务。同时,依靠管道里的库存,不间断的向下游用户供气,累计动用库存 $177 \times 10^4 m^3$,保证了山东市场的稳定供气。

(二)事故原因

(1)问题焊口位于煤灰场定向钻 $\phi711mm \times 18mm$ 管线出土端和 $\phi711mm \times 14mm$ 冷弯管相接的第一道焊口,连接处管段具有一定坡度,在多种外力作用下,焊口处管子顶部和底部受力不均。

(2)管线穿越定向钻地段为水塘、沼泽地,土质松软、管线沉降相对较快,另一侧管线铺设在农田,管线沉降相对较慢。

(3)定向钻扩孔孔径约为 1m,比管径大,泥浆填充不均匀,有空隙,易造成沉降不均匀。

(4)定向钻管线为 $\phi711mm \times 18mm$,回拖形成的弯曲段始终存在一个回弹力,随着定向钻泥浆的渗出,回弹力逐渐增大,这个力在泄漏焊口附近向下作用。

(5)管线施工成型时气温在 35℃ 左右,运行时的温度在 15℃ 左右,热胀冷缩引起管线收缩对泄漏焊口的作用力为拉力和向下的剪切力。

(6)定向钻管子规格为 $\phi711mm \times 18mm$ 为消除定向钻管线回弹力和过渡到平直段的冷

弯管的规格为 $\phi711mm \times 14mm$，厚度为 14mm 和 18mm 的管线相接的焊口和同为 18mm 厚的管线焊口相比相对较弱，为应力集中点(图 4-7)。

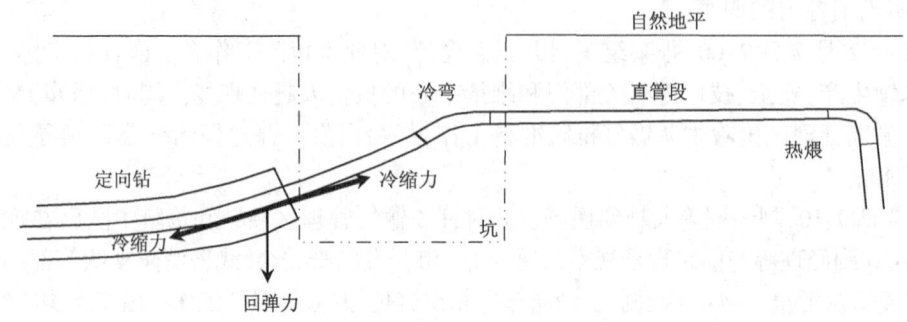

图 4-7　泄漏管段受力分析

(7)煤灰厂原来盛装煤灰，现建工厂，经常有大型设备在其上施工，可能引起定向钻出土管线部分地层结构的变化，扰动管线引起管线应力增加。

(三)事故总结

造成高压输气管道破裂泄漏的主要潜在危险因素包括：

(1)第三方施工造成管道破裂，主要有打桩、挖掘、打地质探测井、定向钻、大开挖等机械施工，这是高压输气管道面临的最主要的威胁；

(2)施工质量问题，主要有施工技术水平、强力组装、焊接缺陷、补口补伤质量、检验控制；

(3)腐蚀失效，主要有电化学腐蚀、化学腐蚀、微生物腐蚀、应力腐蚀、电流干扰腐蚀；

(4)疲劳失效，主要在跨越河道时管线受河堤两岸基础位移、管道支墩沉降、昼夜温差等因素影响；

(5)地质运动和自然灾害，如山体滑坡或泥石流将管线拉断。

线路施工中焊接质量的检验与试验应严格按照 SY 0401—1998《输油输气管道线路工程施工及验收规范》的有关规定进行。SY 0401—1998《输油输气管道线路工程施工及验收规范》第 7.3.1 条规定："焊缝应先进行外观检查，外观检查合格后方可进行无损检测。焊缝外观检查应符合 SY/T4103—1995 第 6.4 条的规定……"；SY/T 4103—2006《钢质管道焊接及验收》第 6.4 条"……外观检查"中规定："焊缝应整齐均匀，……"，根据初步审核现场底片，该焊缝外观存在一定缺陷。

长输管线在施工完成以后，因各种原因都存在一定的应力集中问题。但是根据以往施工经验，在平原地段管线应力一般不会对管线有太大影响。因此根据现有的材料分析，焊缝质量和具体焊接工艺的选择可能是造成焊缝开裂的主要原因。如果焊缝本身存在质量缺陷，在各种外界因素的影响下，如工作压力波动、高速流体冲击、温度变化、管道形变等，就可能造成局部应力集中而发生开裂。

建议在施工中依照设计要求和有关施工验收规范的要求，从以下几个方面杜绝出现泄漏问题：

(1)管材严格按照设计要求选用，并具备相关证明文件，必要时可以进行取样分析。

(2)必须进行了相应的焊接工艺评定，按照评定方法进行焊接施工(本工程原设计没有18mm 壁厚的管材；而施工时因管材采购困难，最终局部采用了 18mm 壁厚的管材。而开工前所做几种焊接工艺评定中不包含 18mm 壁厚的管材。因此此处焊接可能会存在不能满足管线焊接程序的操作过程,造成焊接质量隐患)。

（3）按照施工验收规范要求对管道端部打坡口,坡口必须满足规范要求。

（4）按照规范要求进行无损检测,应核对现场底片后重新请相关专家对底片进行认定。

三、天然气管道试压断裂事故分析

(一) 事故经过

2005 年 12 月某日,某公司所属天然气管道环焊缝发生断裂,事故地点的地面形成一个面积约 10m²、深约 4m 的大坑。由于地处偏僻,未造成人员伤亡。但是,本次事故却使这一重点工程的送气计划受到了重大的影响。

该管道的主要技术参数见表 4 - 3。

表 4 - 3　事故管道的主要技术参数

管道材质	X70(螺旋焊管)	管道规格	φ1016mm×14.3mm
三通材质	X70	三通规格	φ1016mm×28mm
设计压力	4.0MPa	气压试验	5.0MPa
打底焊条	E6010,φ4mm	填充和盖面焊丝	E71T8-Ni1J,φ2.0mm

该管道于 2005 年 9 月开始施工,气压试验(试验压力为 5.0MPa)和严密性试验合格(试验压力为 4.0MPa)后进行了氮气置换和天然气置换管内氮气。在试运行的第三天即发生破裂,破裂时上游天然气入口处的压力显示为 1.8MPa、温度为 9.0℃。

(二) 事故原因

事故发生后,对该事故进行了调查、取证、试验和分析,主要工作包括如下几个方面。

1. 断口情况

断裂沿主管与三通连接的焊缝裂开(图 4 - 8)。通过观察断裂部分的管道损坏情况,确定了对该管道断裂成因分析所需的试验项目,并在管体上标明了提供试验的样品部位(图 4 - 9)。图 4 - 9 中,1# 件为整圈带裂口的事故管段。为了增加试验和分析的对比性,另取得两部分试件:2# 件为半圈带焊缝管段,3# 件为三通母材。

图 4 - 8　断裂宏观形貌

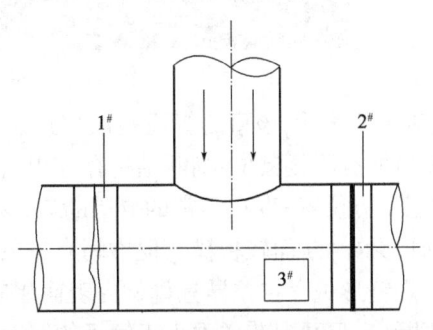

图 4 - 9　试验样品部位

2.施工资料

查阅了施工单位有关管线施工的资料和该事故断口环焊缝施工的相关文件。调查表明:该事故焊口焊接当日,该地区最低气温为零下10℃。图4-9中,2#件所处焊口施焊当日,该地区最低气温为零下8℃。调查当日的文件和资料中缺少该事故环缝的焊接记录;未见回填记录。

按照设计说明的要求:所有焊缝均应进行全周长超声波检查,然后用射线照相对每个焊工当天完成的全部焊缝中任意选取不少于20%的焊缝进行复验,且不得少于一个焊口。也可以进行100%射线照相检查。施工单位现场采用100%射线照相检查。事故分析过程中,对射线底片和报告审查未发现异常,但是无损探伤实施时机无相关证明资料。

3.主要试验结果

(1)宏观检查:该事故管段破裂形状如图4-8所示。裂口完全处在三通与螺旋焊管连接的组装环焊缝上。肉眼观察发现:裂口处没有明显鼓胀和变形的区域。整个环焊缝只剩下约400mm长的焊缝长度未彻底断开。断裂区域绝大多数为正断口、局部有小区域的斜断口,宏观上为脆性断裂特征。断口两侧断面有明显错位,如图中箭头所指位置。

(2)图4-8中,位置1显示三通侧断口向外错动约30mm,位置2显示螺旋焊管一侧断口向外错动约23mm。整个裂口的最大张开宽度为30mm。从宏观裂口的形态可见:该对接组装环焊缝两侧钢管存在错位。通过对2#环焊缝的宏观检查发现,管道外侧上表面的错边:4~5mm(三通处低而管段处高)、两侧错边:4~5mm(三通处高而管段处低)。

(3)将破裂钢管割开观察断口,如图4-10所示。裂口断面全部处在焊缝内,局部沿着焊趾线开裂,断面以垂直表面的正断口为主,两侧边缘的剪切唇宽度很窄。对断口进行初步清理后,在正断口上可以看到放射状的裂纹扩展花样,从放射花样的形态可以判断开裂的起裂位置和裂纹的扩展方向。起裂位置的断口由内表面向外发散,呈放射花样。裂纹扩展区域为人字形花样,人字头指向起裂方向。

图4-10 断口宏观形貌

(4)宏观分析表明,该事故管段是沿着组装环焊缝开裂的;断面为正断口,属宏观脆性断裂。对接断口面有明显错位,判断结构存在很大的焊接组装应力。观察还发现,在裂口的中间段(管道的正下方位置)存在异常的分层断口,该区域完全为平断口,没有剪切唇,两边缘与其他焊缝平断口无异,断面较粗糙。但中间有一条宽度4mm、长度320mm的精细平断口区,该区域的形貌与焊缝形貌存在差异且母材内表面相应的区域存在异于其他部位的焊接飞溅现象。该区域为正断口,且开裂花样垂直于钢板的厚度方向并处于裂口的中间部位。

（5）金相结果。

分别在开裂环焊缝和未开裂环缝做焊缝横剖面,观察材料基体组织、焊缝组织和断裂面两侧的组织,其中金相结果显示:断口中间的平坦精细断口区与中间等轴状铁素体组织区相对应,从该区域的组织形态来看,该区域为非焊接组织。在异常断口区域,有4mm的精细平断口区的金相组织为等轴铁素体(图4-11),而不是焊缝组织。

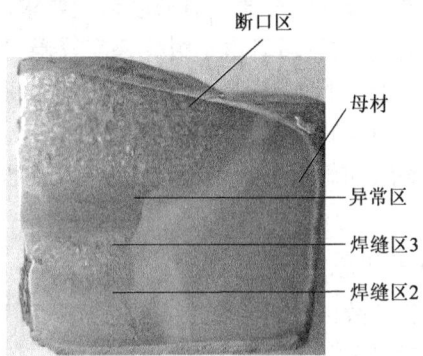

图4-11　异常断口区与低倍组织的关系

图4-12是裂口中部断口两侧的剖面金相形貌。从图中可以观察到:断口附近组织中观察到有一定长度呈短、粗状的断续穿晶微裂纹。这是一种典型的氢致脆性裂纹的形态特征。

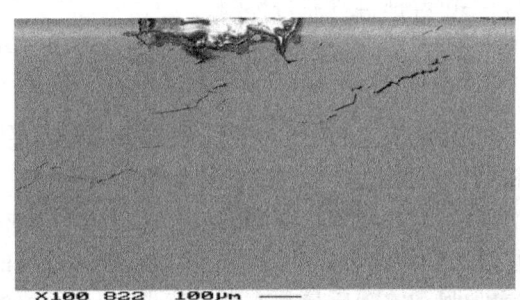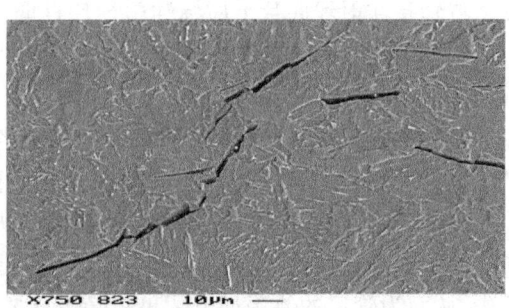

图4-12　断口剖面金相及组织中的断续解理裂纹和穿晶裂纹

开裂环焊缝未断裂部分的剖面低倍组织显示:焊趾凹陷处出现表面裂纹缺陷;金相试验显示:三通母材组织为针状铁素体和珠光体组织;螺旋焊管母材基体组织为带状分布的铁素体和珠光体组织;焊缝区组织主要为铁素体和贝氏体组织为主;在熔合线上有未熔合类缺陷。

（6）微观断口。

分别在宏观检查所见到的起裂源、断口异常区、裂纹扩展区取样,对断口进行清理和超声波清洗后,观察断口微观形态表明:环焊缝整个断面皆以脆性的解理断裂为主(图4-12)、起裂区也是以解理断裂为主,并伴有不同程度的焊接缺陷,如焊趾凹陷、气孔和夹渣等。

X70管线钢的材料中除了含 Nb、V、Ti 外,还加入了少量的 Ni、Cr、Cu 和 Mo,使铁素体的形成推迟到更低的温度,有利于形成针状铁素体和下贝氏体。因此 X70 管线钢本质上是一种针状铁素体型的高强、高韧性管线钢。但随着强度级别的提高、板厚的加大,冷裂纹倾向也在随之加大。

为使纤维素焊条 E6010 在焊接时能形成大量的 CO 和 H_2 等还原性气体而在药皮中加入了大量的纤维素、木粉、石棉等有机物,焊接时这些有机物在电弧区分解产生大量的气体以保护熔敷金属;渣系采用 30% ~50% 的有机物进行造渣、造气及加入了适量铁合金还原剂与合金作用等,形成了稳定的电弧吹力,熔深好,效率高,利于管道环形焊。特别是对于大量的野外施工作业,这些特点具有明显的优势。也正因为如此,这种方法在气候条件比较恶劣、输送酸性气体及高含硫油气介质且对低温韧性要求高的场合或厚壁管的焊接方面不如低氢型立下向焊接的方法。但是,后者由于根焊速度较慢、效率低,很难被施工单位作为首选的焊接方法。

综合以上试验结果和分析表明:该事故断口系由于局部存在较大的组装应力条件下、焊缝内存在金属填充物等以及未采取有效措施控制施焊条件而导致焊缝中产生氢致延迟裂纹。

这种裂纹在管道进行气压试验时,即已迅速扩展,从而造成在较低的运行压力下焊缝周向脆性断裂。

(三)事故总结

由这起事故以及目前管道安装的现状可知,要保证管道安装过程中的焊接质量,在施工管理上必须对以下几个方面引起高度重视:

(1)针对高强钢在油气管线上的大量应用,设计部门应加大超声波检测要求的比重。从本次断裂事故的金相分析结果可以看到,起裂处存在大量细小的裂纹。对这些细小裂纹,采用超声波探伤时更容易检出。

(2)对高强钢和裂纹敏感性材料应特别明确和严格执行无损检测的时机并进行相关记录。特别是在射线底片上应标注出拍片日期,以利于更好地进行质量控制。

(3)对于特殊的或重要的管段,可以采用"纤维素根焊 + 低氢型填充盖面"的混合方法进行焊接。

(4)加强安装施工的全过程管理。规范各级、各类施工文件,做好各工序的相关记录,要严禁施工后"编制"施工记录的现象以及充分重视回填的质量并作好相关记录等。

由于对压力管道的全面规范工作正处于开始阶段,有些规定不够明确、相关法规和一些标准正处于逐步完善的过程。而很多单位从事这方面工作的人员仍然习惯于粗放安装和管理的做法,从而为管道的使用埋下了事故隐患。要切实加强和完善质量和安全的意识,通过严格的质量责任追究和严格自检、互检、专检和监检制度来达到保障安全的目的。我们不但要从技术角度进行研究和分析事故产生的规律和可能性,更多地要从管理上杜绝遗留下安全方面的隐患。

第三节 油气管道施工典型事故案例分析

一、西二线项目"8·20"机械伤亡事故

(一)事故经过

2010 年 8 月 20 日 5:10,西二线东段项目一机组副机组长张某带领技术员郭某、质检员佟某、HSE 监督员郭某及 6 名焊工、4 名操作手、4 名力工到达 SHID146 + 695m 施工现场,

5:30 HSE监督员郭某进行现场风险识别、安全讲话后,到一机组另一个作业面SHIE016桩施工现场检查,走之前指派力工刘某在沟上进行安全监护。随后张某领着1名力工苏某到沟下做组对准备工作,技术员和质检员到离施工点西400m位置检查石方管沟开挖情况,其他人员在作业带外通勤车内待命;大概5:40,70t吊管机操作手焦某和起重工胡某准备将距离固定管端13m左右的JL101247防腐管吊到距离JL101345防腐管(固定管端)西侧约5m位置放置,为打磨坡口和组对做准备;吊管机行走区间为斜坡,行走方向为下行,行车方式是带刹车倒车。当吊管机行走至预定位置(两管口间距约5m),吊管机操作手进行停车操作时,感觉吊管机刹车失效,吊管机和所吊管子整体沿斜坡逐步加快下滑,操作手焦某采取脚刹及断油断电自动刹车两种停车方式无明显效果;此时沟上监护人员刘某也发现吊管机异常下滑,立即大声警示沟下人员躲避,随后自己及时躲避;苏某听到监护人员警示后及时躲闪未受损伤,张某没反应过来被随吊管机下滑的管子撞击挤在两管口之间,头部严重受创,吊管机与下游焊车相撞后才停止。事故发生后现场机组人员及时对伤者组织了常规性抢救,同时拨打120,并派出人员在岔路口接应救护车。6:50,曹宅镇卫生院120救护车到达现场,随车医生现场组织对张某进行急救,但因伤势太重抢救无效宣布死亡。事故发生地段属丘陵地貌,地势起伏较大,地质为砂质泥岩,根据设计及规范要求石方段采用先开沟后沟下组焊的施工顺序。该区段为斜坡,斜坡总长45m;降坡后,设备行走侧(即吊管机滑移侧)上段13m纵向坡度为7°24′,下段32m纵向坡度11°36′,面层为开挖后铺垫的碎石层,由于前一天下午降雨,地面较湿,事故现场如图4-13所示。

图4-13 事故现场全景和局部放大展示

(二)事故原因

(1)吊管机在预定位置停车未果,造成吊管管口与固定管管口相撞,致使张某头部挤压死亡。

(2)吊管机行走区间为复合斜坡地段,吊管机吊管作业下行至变坡点时,瞬间产生较大向下冲力,操作手不易控制,存在较大安全隐患。

(3)设备行走侧作业带为开挖出的砂质泥岩铺垫,较为松动;加之近两天雷阵雨频繁,地面较为湿滑。

(4)作业机组安全风险识别不到位,对作业过程中潜在的危险未能进行辨识并采取有效的管控措施。

(5)事故机组HSE监督员配备不足,当大机组分成两个小机组进行施工作业时,事故现场沟下组对作业时临时由普通力工做安全监护人员,没有选择有经验的安全监管人员负责现场安全监护工作。

(6)现场发生紧急情况时,报警信号不能有效传递,监护人员发现紧急情况时只能发出紧急喊叫,不能及时有效地将紧急报警信号传递给所有相关人员。

(7)对特种设备的使用和管理不严。事故吊管机出厂后没有及时进行过国家安监部门规定的年检,一直在违规使用。

(三)事故总结

(1)当机组作业点较多,专职安全人员不能满足监护要求时,应提前对施工经验丰富的人员进行有针对的培训,以便在施工时进行安全监护。

(2)加强现场设备管理,存在机械故障、安全隐患的设备一律不得入场使用。特种设备要定期年检,不得违规使用。

(3)加强安全管理培训教育,提高人员风险辨识能力,强化自我安全意识。

(4)作业前要结合现场周边环境及影响因素,进行充分的风险辨识,并采取有效的防范措施后,再进行施工作业。

二、武威支线"11·19"管沟坍塌伤亡事故

(一)事故经过

2010 年 11 月 19 日 9:00 左右,施工单位某机组长带领 4 名职工、6 名零工,共 11 人,到连霍高速穿越出口端顶管作业坑北侧 4~6m 进行沟下连头作业。连头处沟深约 3.8m,沟上口宽约 1.6m,沟底宽 1.8m;管沟顺气流方向右侧堆放有顶管作业坑开挖及顶管渣土约 100m³,距沟边 0.5m,形成长 16.2m、宽 7.8~11m、高 4m 的渣土堆。作业开始前,安全员检查了管沟情况,没有发现沟壁裂缝;即开始沟下连头作业。杜某、杨某、郭某 3 人在沟底进行管线组对、对口间隙检查和施焊准备,其他 6 人配合扶正管线和辅助作业,朱某在地面进行安全监护。在完成管线调整、组对焊接一道口后,继续进行调整连头口的工作,10:40 左右,武威支线监理标段负责人谢某巡视检查到达 WWBE009 桩连霍高速顶管穿越处,发现施工五机组在进行沟下连头作业。鉴于施工单位没有按规定提前向监理告知沟下连头作业位置及时间(沟下连头作业为旁站监理工序)且穿越段管道尚未进行单独试压(施工规范要求穿越段管道完成单独试压后才能与主管线连头);于是,谢某对机组长杜某下达口头监理指令,要求停止连头作业(杜某不承认接到该指令)。11:00 左右,谢某离开该施工作业现场。12:55 左右,顺气流方向右侧沟壁突然发生坍塌,正在调整对口的焊工郭某被全部埋在塌方中,杨某、杜某被埋至腿部。杜某和杨某一边从泥土中拔腿,一边呼喊现场人员立即开展施救。杜某脱困后,回到沟上,赶紧打电话,叫人拨打 120,并向项目部汇报现场情况。杨某脱困后同沟下其他人员对郭某进行抢救。很快,郭某头部周围的土被扒开,郭某的头露了出来。郭某说:"没关系,不要紧,把身后的土挖掉,我就出来了。"大家继续挖土。挖土约 5min,管沟发生了第二次塌方,现场施救人员李某、朱某、刘某及未脱困的郭某 4 人,全部被埋在塌方中,杨某被土推开,赵某、吴某被埋至腿部。现场其他人员见状,立即继续抢救。杨某等人自救、互救脱险后,与附近村民一起继续抢救被埋的其他 4 人。经过约半小时的全力抢救,刘某、李某、朱某、郭某 4 人被先后从管沟中挖出。现场人员对他们进行了人工呼吸。13:40,救护车赶到。虽经全力抢救,终因伤势过重、

压埋时间长,郭某、李某、朱某确认当场死亡;刘某经抢救无效死亡。事故现场如图4-14所示。

图4-14　事故现场展示

（二）事故原因

（1）管沟开挖没有按要求放坡,现场实际情况显示,沟底宽略大于沟上口宽,埋下较大的塌方隐患。

（2）弃土弃渣堆放距管沟边过近,极大加重了沟壁的静载荷,易诱发沟壁坍塌。

（3）违规施工,违章指挥。施工现场根本不具备沟下作业安全条件的情况下,机组长违章指挥作业人员下沟作业。

（4）安全管理不规范。进行安全高风险的沟下连头作业,机组专职 HSE 监督员没有到现场进行安全交底、安全风险识别、安全措施落实情况检查和过程安全监护。

（5）违反安全作业许可管理程序。沟下连头作业前,没有按要求办理安全作业许可票,施工单位的安全管理人员没有到现场对安全风险削减措施(放坡、安全防护、逃生梯设置等)的落实情况进行核实。

（6）沟下作业安全防护措施不到位。在沟壁放坡不满足安全要求的情况下,进行沟下作业时没有采取沟壁支护、设置防护笼(箱)等措施,也没有按要求设置逃生用的逃生梯。

（7）施工人员安全意识低。施工现场存在诸多明显的安全隐患,且安全防护措施极度缺乏,盲目下沟作业。

（8）违反施工管理程序。沟下连头属于旁站监理工序,施工单位没有按要求提前向监理书面告知,即擅自进行沟下连头作业。

（9）应急救援考虑不周,造成人员事故扩大。第一次塌方后,多人齐聚在一个狭窄的空间进行救援,没有对二次塌方的风险做出判断和制定合理的救援预案;且一次塌方的施救过程中,沟上未进行安全监控,盲目施救,造成事故扩大;现场没有救援通道和有效的救援手段。

（10）现场监理在巡视过程中发现该情况,虽发出了口头停工指令,但是没有完全制止该项违规作业,即离开了该作业面。现场监理没有及时识别该处存在重大塌方安全隐患,更没有发出书面监理指令,提出整改措施。

(三)事故总结

(1)管沟开挖应按要求放坡,弃土弃渣堆放距管沟1m以外。

(2)加强组织管理,杜绝违规施工,违章指挥。

(3)加强员工安全培训教育,提高自身风险识别能力及安全意识,施工人员有权拒绝违章指挥作业。

(4)坚决执行作业安全监护制度,作业前要进行风险识别并落实相关的风险削减措施,采取有效的安全防护措施,保证施工人员安全。

(5)落实安全许可管理要求,作业前对施工现场各项安全措施进行逐一检查。

(6)加强施工管理,严格执行施工管理程序。沟下连头作业应提前24小时监理人员。

(7)加强应急预案管理,针对各种突发险情开展有针对性的培训及应急演练,杜绝盲目施救,避免出现二次险情,造成事故扩大。

(8)监理人员在发现安全隐患后,应要求现场人员立即停止施工,撤离施工现场,保证人员安全的前提下进行整改,整改完成后进行验收,验收合格方可继续施工作业。

三、涩宁兰复线项目"10·5"管沟塌方伤亡事故

(一)事故经过

2009年10月5日,某公司301-2机组在SNL复线工程项目第八标段AJ022+80米桩附近(位于青海省LD县DXG)从事沟下焊接作业时,发生了管沟塌方事故,造成该机组电焊工贾某、管工齐某抢救无效死亡。10月5日7:30左右,机组长贾某带领电焊工贾某、解某、火焊工李某和管工齐某、挖掘机手王某、机械手喻某及两名民工共计9人到达八标段AJ022+80m桩施工位置。开工前现场安全员杨某对机组人员进行了班前安全喊话,之后机组长贾某布置工作,12:30之前,进行了沟上管段预制,午饭后,进行了午间休息。14:00开始沟下焊接准备工作,机组长安排兼职安全员李某在沟边进行安全监护,18:10,进行沟下第二道口组对焊接,沟下有机组长贾某、管工齐某、电焊工贾某、解某。18:30进行沟下焊接立焊时,沟边监护人员李某大喊"塌方危险! 快闪开!"但由于塌方突然,管工齐某和电焊工贾某被埋在管沟中。(管沟塌方一侧断面长度约14m,高度约8m,上部最宽点约1m,塌方量约70m³)机组长立即通知项目部启动紧急预案,由于沟下埋有人员,不能采取挖掘机挖土施救,组织现场人员进行人力挖土抢救,并召集附近人员迅速赶来参加营救,同时大客车司机朱某打120急救电话求救,19:30左右,贾某和齐某被救出,经过平安县急救中心的医生现场急救后,立即将伤者送到平安县急救中心抢救,贾某和齐某经抢救无效死亡。该施工区域地处SNL复线第八标段,地貌为大峡山冲沟陡坡地段,土质为湿陷性黄土,部分地段兼有沙泥夹层,事故地段,属山地、湟水河谷地带,冲沟、陡坎地貌,揭露地层主要为第四系风积黄土,主要由粉土组成,褐黄色、稍湿、稍密。坡长42m,平均坡度31°。事故现场如图4-15所示。

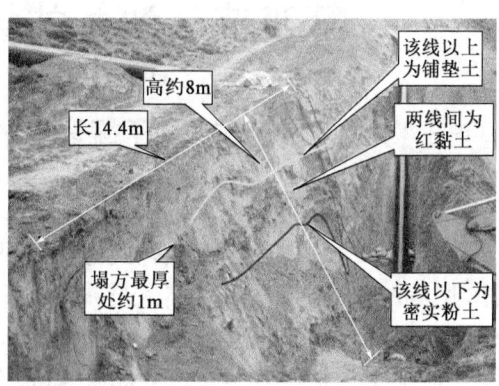

图 4 – 15　事故现场展示

（二）事故原因

（1）管道放坡不够，该施工段设计坡度为 1∶0.5，现场实际开挖后发现边坡局部有细沙层，所以局部坡度应为 1∶1，而现场测量的实际坡度为 1∶0.23。

（2）沟下作业风险识别及控制措施不到位，在沟壁放坡不满足要求的情况下，应采取沟壁支护或防护铁笼等安全防护措施。

（3）事故地段为山地横坡，下为冲沟河道，地势较复杂，管沟开挖较深（5.0～5.9m）；冲沟河道中不允许堆土，大量开挖土方铺垫在施工便道上（厚达 2m，另一侧无法堆土），且 9 月19 日至 29 日连续降雨，10 月 3 日再次降雨，边坡静载大增，诱发了边坡的不稳定性。

（4）现场安全监管力量投入不足、管理不到位。事故机组刚从大机组（301 机组）中拆分出来，人员年轻、安全风险管理经验不够。（事故机组刚成立 10 天，员工最大年龄 31 岁，当天负责安全监护的人员参加工作才 3 年，缺乏安全监护经验）

（5）未执行安全作业许可管理程序。沟下作业属于安全作业许可管理范围，沟下作业前应进行作业许可申请，经相关人员检查，现场安全措施合格后才能施工，该机组在进行沟下焊接作业前没有执行安全作业许可管理程序。

（三）事故总结

（1）沟下作业前必须进行施工现场动态风险识别及控制，严格执行安全作业许可管理程序，现场安全措施检查合格后，方可进行沟下作业。

（2）强化施工现场安全监管力度，当大机组拆分为小机组时，必须增配有经验的安全监管人员。

（3）加大对现场员工的安全培训教育力度，增强现场员工的安全风险识别及预防技能，提高员工自我安全保护意识。

（4）施工单位项目部、EPC 项目部和监理应加大对施工现场安全检查的深度，及时发现和监督整改施工现场的安全隐患。

（5）加强安全管理绩效考核管理，对安全管理绩效较差的承包商，在后续项目招投标评分过程中，进行相应扣分，提高承包商领导层对安全管理的重视程度。

第四节 油气站场典型事故案例分析

一、"9·21"分输站试压爆燃事故

(一)事故经过

9月21日上午,某公司特种作业处进行榆中分输站气密性试压准备。16:00左右,现场2名作业人员进行试压作业,3名人员在现场进行法兰螺栓紧固,2名人员在现场进行仪表作业。由于当天没有购买到试压用氮气,临时改为购买30瓶氧气进行试压。20:00,在使用6瓶氧气对3101#计量设备、调压橇试压完成后,特种作业处人员开始手动开启3201#计量设备前球阀,准备将3101#计量设备、调压橇内的气体倒入3201#计量设备、调压橇,对3201#计量设备、调压橇进行气密性试压。20:01,3201#计量设备前球阀发生爆燃,将正在进行球阀开启作业、螺栓紧固作业的5名人员和1名仪表作业人员烧伤。事故发生后,现场人员立即拨打120急救电话,并将伤员转送到甘肃省人民医院救治。经诊断,6人中4人严重烧伤,其中3人烧伤面积90%,1人烧面积80%,另外2人烧伤面积40%左右。9月24日7:45,1名重伤人员经抢救无效死亡9月26日17:20,又1名重伤人员经抢救无效死亡。事故现场如图4-16所示。

图4-16 事故现场展示

(二)事故原因

(1)违规使用氧气进行气密性试压是造成这起爆燃的直接原因。由于现场使用高压纯氧代替氮气作为试压介质,高纯度氧气与油脂发生强氧化反应发生爆燃。

(2)使用氧气试压,违反集团公司"六条禁令"、工程建设标准和施工技术规范 GB 50369—2014《油气长输管道工程施工及验收规范》,属于典型的违章指挥和违规操作。

(3)项目部未按照管理程序,将试压方案报送局 EPC 项目部审批。同时在本次试压之前,并未按规定办理作业许可证便擅自进场作业,施工管理极不规范。

(4)《集团公司强化安全生产应急处置五项规定》第三条规定:"危险作业必须同时落实应急措施,应急准备进入临战状态",但此次试压作业没有同时预警,没有同时落实必要的安全措施,无任何应急准备——如灭火器等,导致事故发生后贻误了救援时机,加剧了后果的严重性。

（5）对于使用氧气进行试压这种严重违规违章和极度危险的做法，现场无一人意识到作业风险和后果的严重性；高危作业现场人员密集，未能与试压现场保持安全距离，也充分反映出员工安全知识的欠缺、风险防范意识和能力的低下，更反映出各级安全培训不深入，不全面，缺乏针对性，忽视了培训质量和实际效果。

（6）试压现场未配置专职或兼职安全监督人员，EPC 和三公司项目部也没有管理人员到现场对试压作业进行监督，现场存在的安全风险未能及时得到识别和防控。

（三）事故总结

（1）特种作业前要加强全体人员安全培训教育，依据施工作业要求，有针对性地开展相关培训，提高人员安全意识，对作业中潜在的风险进行充分的辨识并采取相关的控制措施。

（2）加强管理，落实特种作业许可制度，严禁管理人员违章指挥作业。

（3）特种作业加强过程管理，落实安全监护职责，配备齐全安全消防设备，保证现场安全。

二、"1·20"天然气输气站爆炸着火事故案例

（一）事故经过

2006 年 1 月 20 日 12:17，某油气田分公司输气管理处仁寿运销部富加输气站发生天然气管道爆炸着火事故，造成 10 人死亡、3 人重伤、47 人轻伤。

具体事故经过为：富加站位于四川省眉山市仁寿县富加镇马鞍村 4 组，是集过滤分离、调压、计量、配气等为一体的综合性输气站场。输气管理处两条干线威青线和威成线通过富加站，设计日输气量 $950 \times 10^4 m^3$，设计压力 4.0MPa，其中威青线（管线直径 $\phi720mm$）建成投产于 1976 年，威成线（管线直径 $\phi630mm$）建成投产于 1967 年。事故前威青线的日输气量为 $50 \times 10^4 m^3$，运行压力为 1.5～2.5MPa。事故发生时，该管段的日输气量为 $26 \times 10^4 m^3$、压力 1.07MPa，气流方向为文宫至汪洋。

威青、威成线建成投产 30 多年来，由于城乡经济建设发展，该地区已由一、二类地区上升为三、四类地区，管道两侧 5m 范围内形成了大量违章建筑物等安全隐患。2005 年该油气田分公司组织实施威成线三、四类地区（钢铁—汪洋段）安全隐患整改和威青、威成线场站适应性大修改造。工程由某工程公司设计、某输气分公司承建、某监理公司负责监理。于 2005 年 9 月 1 日正式动工，原计划 12 月 15 日主体工程结束。因从意大利进口的球阀推迟到货（原计划 2005 年 11 月 30 日到货，实际到货时间为 2006 年 1 月 10 日），变更计划为 2006 年 1 月 19 日进行威青线的碰口作业。

1 月 19 日 7:30，开始施工，18:30 施工完毕；

1 月 20 日 8:30，组织从富加至文官方向置换空气；

1 月 20 日 10:30，完成置换空气作业，开始缓慢升压；

1 月 20 日 10:40、11:40，作业人员两次巡检无异常。压力缓慢升至 1.07MPa，恢复正常流程。

12:17，富加站至文宫站方向距工艺装置区约 60m 处，因 $\phi720mm$ 输气管线泄漏的天然气携带硫化亚铁粉末从裂缝中喷射出来遇空气氧化自燃，引发泄漏天然气管外爆炸（第一爆

炸),因第一次爆炸后的猛烈燃烧,使管内天然气产生相对负压,造成部分高热空气迅速回流管内与天然气混合,引发第二次爆炸。当班工人立即向输气处调度室报告了事故情况,同时向富加镇政府和派出所报告;12:20 左右,富加站至汪洋站段方向距工艺装置区约 63m 处,又发生了与第二次爆炸机理相同的第三次爆炸。当第一次爆炸发生后,富加集输站值班宿舍内的员工和家属,在逃生过程中恰遇第三爆炸点爆炸,导致多人伤亡。

输气管理处在接到报告后,输气调度室立即通知文宫、汪洋两站紧急关断干线截断球阀并进行放空。13:11,文宫站至汪洋站段放空完毕。13:30,事故现场大火扑灭。17:40,邻近建构筑物余火被扑灭。

此次事故共造成 10 人死亡、3 人重伤,损坏房屋 21 户计 3040m²,输气管道爆炸段长 69.05m,直接经济损失 995 万元。

事故发生后,该油气田分公司、输气管理处立即启动应急预案,有关领导和人员先后赶到事故现场,与当地政府一道组织伤员救治、事故抢险和生产恢复工作。分公司 7 名领导,除留下 2 人在家组织生产经营等工作外,其余 5 名领导也全部赶到现场,分工负责组织事故处理的相关工作。集团公司、股份公司高度重视和关心事故的抢险、救援、善后处理和恢复生产、保障供气等工作。21 日凌晨,股份公司领导率工作组抵达事故现场,对事故抢险恢复、善后处理、事故调查等多方面工作给予了指导。

事故发生后,国务院、国家安监总局以及四川省委、省政府领导高度重视,有关领导分别做出了重要批示。国家安监总局监管一司副司长于 21 日凌晨赶到事故现场,指导事故调查处理工作。同时四川省安监局组织有关部门人员和专家立即赶到富加镇,察看事故现场、看望伤员,布置抢险、恢复供气和善后处理工作,并成立了"1·20"事故调查组,开展事故调查工作。

事故发生后,该油气田分公司立即采取了多项措施:一是事故当天紧急调集有关方面的技术力量和工程力量,连夜开展富加站 φ630mm 系统清理场地、技术检测和恢复生产工作,在不到一天的时间里,陆续地保障了民用气的供应和部分工业用户的供应。二是全力以赴抢救和医治受伤人员,积极配合地方政府开展受伤人员调查,建立了伤员档案,分公司专门从重庆市、成都市邀请了权威烧伤专家赴仁寿指导医疗抢救工作。三是积极组织善后处理,春节前就组织完成了对死亡人员家属、事故现场受损民房赔付工作,使事故受灾居民得到了妥善安置。四是事故发生后的第三天,对输气处领导班子及时进行了调整和充实,加强和保障了输气处领导班子的力量,确保了输气处员工队伍稳定和安全生产。五是积极做好威青线管线恢复工作,通过对 5 套复产方案的比选,选定了原位原管径换管的方案。2 月 7 日,经过四川省安监局书面同意进入事故现场施工。

(二) 事故原因

事故调查组通过现场勘察、询问有关当事人及查阅大量资料,并按照国家、石油行业有关技术规范和标准,经过反复核实、研究、分析,认为富加站输气站天然气管道"1·20"特大爆炸事故的原因如下。

1. 直接原因

φ720mm 管材螺旋焊缝存在缺陷,在一定内压作用下管道出现裂纹,导致天然气大量泄漏。泄漏点上方刚好有一棵白杨树(树干直径 400mm,约高 17m,主根部径向展开直径 1.8m

左右），由于根系发育使土质变得较为疏松，泄漏的天然气在根系发育的树兜下聚集，加之泄漏的天然气携带硫化亚铁粉末从裂缝中喷射出来遇空气氧化自燃，引发泄漏天然气爆炸（系管外爆炸），同时造成管道撕裂。因第一次爆炸后的猛烈燃烧，使管内天然气产生相对负压，造成部分高热空气迅速回流管内与天然气混合，引发第二次爆炸，约 3min 后引发第三次爆炸（爆炸机理与第二次爆炸相同）。

2. 间接原因

（1）管道运行时间长，管材疲劳受损。威远—青白江输气管线（威青线）建于 1975 年，1976 年投产，由于管材生产和抬运布管时产生的缺陷以及当时检测技术手段落后等条件的限制，管线先天存在较大缺陷。加之该管道已建成投运 30 年，运行时间较长，且 20 世纪 90 年代流向调配、管输压力频繁变化，导致管道局部产生金属疲劳。

（2）管道建设时期，防腐工艺落后。因为当时防腐绝缘材料及防腐绝缘手段、施工工艺的限制，管道未能得到有效保护，管道外层腐蚀严重。

（3）管道内壁也受到腐蚀。该管道投产以来，曾在相当长时期内输送低含硫湿气，管线处于较强内腐蚀环境，导致管内发生腐蚀，伴有硫化亚铁粉末产生。

（4）第一爆点上方白杨树根系发育使土质变得较为疏松，为天然气泄漏并在管外聚集爆炸提供了条件。同时管道附近还有其他根深植物。

（5）富加输气站场及进、出管道两侧存在较多建构筑物，且场站周围建构筑物过密，以致逃生通道狭窄，人员不能及时安全撤离。

（6）员工、家属和附近居民在逃生过程中恰遇第三爆炸点爆炸。

（7）油气田分公司对基层单位的安全生产管理工作存在不足，特别是输气管理处对役龄较长的输气管线存在的安全隐患重视不够，管道巡查保护不力，对仁寿富加输气站周围建筑密集的问题未能及时发现并予以整改。

（8）仁寿县人民政府没有充分认识到天然气管线周围民用建构筑物过多已经对管线的安全运行造成隐患，对小集镇规划、建设审批的指导和督促检查不力，仁寿县规划和建设局对小城镇建设管理工作重视不够，对有关规划和建设项目的审批把关不严，致使富加输气站周边民用建构筑物过多。

3. 管理原因

集团公司事故分析会经过认真分析认为，除报告分析的事故原因外，也暴露出管理上存在问题：

（1）本次威青线大修工程投产方案采用天然气直接置换空气方式，严重违反了 SY/T 5922—2012《天然气管道运行规范》的规定，并且没有按规定在置换结束后对排放口排出气体进行检测。

（2）施工组织方案不落实。虽然按照威青线施工组织方案成立了由输气管理处及运销部两级领导和技术人员组成的现场领导组、技术组、保镖组、后勤保障组等组织，但是在投产作业过程中，没有到现场对工程技术质量和安全环保检查把关。

（3）油气田公司修建富加站值班宿舍时，未严格执行《石油天然气管道保护条例》及有关规范的规定，在管线、场站的安全距离内建房，并将场站逃生通道选择在管道上方，而且违反有关规定允许员工家属住在场站值班宿舍。

(4)管道巡护责任不落实,管理人员对巡线工执行管道巡护操作规程的情况监督检查不力,致使管道上方和管道附近深根植物长期存在,没有及时处置。

(三)事故总结

(1)事故性质。

经过调查、分析,事故调查组认定:"1·20"天然气管道爆炸着火事故是一起特大责任事故。

(2)责任追究。

根据四川省政府"1·20"事故调查组处理建议,经集团公司讨论决定,对该油气田分公司13人共计17人次提出了党纪和政纪处分建议。行政处分12人,其中3人给予行政撤职,3人给予行政降级,3人给予行政记大过,2人给予行政记过,1人给予行政警告;党纪处分5人,受到党内撤职3人,党内严重警告2人(其中2人同时给予行政降级处分)。上述受到处理的局级干部3人,处级干部4人,科级干部5人。

①各级领导"安全第一"的意识还不强,科学发展观的树立还不牢固。

贯彻落实党中央、国务院和集团公司有关做好安全生产工作重要指示不够。在平时的工作中,讲发展的时候多一些,提倡加快节奏、完成任务的时候多一些,尽管也反复强调"安全第一",但在衡量单位的发展时,在设计单位的考核指标时,往往还是看产量的多,看效益的多,对单位安全业绩和安全基础工作着眼相对较少,致使安全生产在各级领导的思想根源上还未引起真正重视。

②基层领导班子建设存在薄弱环节。

基层建设水平总体上发展不平衡,执行力在一些单位层层衰减,安全生产责任制不落实,有令不行、有禁不止的现象时有发生。

③一些基层单位领导对现场不熟悉,作风飘浮,心浮气躁。

把开会当落实,把文件当效果,用说代替做,用虚代替实,存在对一些工程项目遥控指挥、管理或技术人员不到现场等现象。

④员工队伍技术素质较差、工作责任心不强。

岗位"应知应会"掌握较差,"习惯性违章"行为时有发生,发现和处理问题的能力不能满足安全生产和快速发展的需要。

(3)为避免类似事故以及其他事故发生,管理公司应该做到:

①以提高执行力为重点,切实加强领导班子和干部队伍建设。

努力提高干部队伍的综合素质,加强能力建设,下大力气解决好该作为而不作为的问题,解决好不该作为而乱作为的问题;强化责任意识,建立责任体系和责任追究体系,大力加强干部队伍作风建设,大力倡导求真务实、埋头苦干,力戒心浮气躁,努力提高执行力。

②以强"三基"为重点,切实加强基层建设和员工队伍建设。

要针对目前基层建设工作中存在的薄弱环节,采取有力措施切实加强。对操作员工要抓好以增强责任心、提高执行力和操作技能为主要内容的基层队伍建设。要抓好专业培训基地的建设,进一步提高一线操作员工的专业知识和业务技能。要充分发挥思想政治工作的优势,不断创新方式方法,既坚持正面教育为主,又注意发挥纪律、制度的约束作用,推进基层建设上新水平。

③严格执行管道运行管理的标准规范。

在天然气管道运行管理方面,要把推荐性行业标准 SY/T 5922《天然气管道运行管理规范》当作强制性标准来执行,对所有停气碰头置换作业实行标准化和格式化管理,无论管径大小的置换作业必须使用氮气置换。加快基地建设步伐,对达不到安全要求的房屋、值班室及逃生通道进行全面排查,并组织认真整改。

④举一反三,查找问题,堵塞漏洞,严格隐患整改。

a. 认真组织开展地面集输系统全面评估工作。从本质安全、隐患和违章占压、适应能力、操作规程和制度、安全风险评估五个方面,对从气井井口至天然气销售门站的整个地面集输工程系统进行全面清理、分析和评估。对通过智能清管检测和常规检测中发现的本质安全隐患以及 4646 处现存管道违章占压隐患,按照"3 年完成安全隐患整改"的要求完成管网安全隐患整改项目规划,并统一纳入管网调整改造规划,确保管线的本质安全运行。

b. 积极推广以在役集输管线的检测与评价技术为代表的新技术,提高决策的科学性。2006 年,除继续对天然气管线进行常规检测外,还应不断引入和采用管线智能检测技术、国外管道安全评估技术、场站及进出站工艺管线检测等技术,摸清管线及场站设施现状,指导管线运行与维修。

c. 加强管线测绘,推进管线保护工作。要对现有集输气管线两侧各 100m 范围内的地形、地貌、建构筑物等进行测绘,摸清管线沿线现状,将管线及沿线两侧 100m 范围内的重要信息植入数据管理系统。同时,为地方规划提供以当地坐标系为基准的管道走向图纸,供地方规划、建设时考虑,以推进管道保护工作。

⑤加强管道安全保护工作的监督和管理。

各单位及所属防腐办公室和巡线工必须切实有效履行巡线职责,严格按照操作规程定时、定线、定点巡检。加强与地方政府之间的联系,建立警企及地企联建、联治、联防的天然气管道合作长效保护机制。

⑥狠抓安全环保基础工作,努力提升安全环保基础管理水平。

基础不牢,地动山摇。一是要做好各级应急预案的修订工作,完善四级应急预案体系,扎实做好预案的演练工作。二是结合岗位特点,对现有操作规程和技术规范进行清理、修订和完善,抓好生产一线员工岗位应知应会培训,严格执行操作规程。三是要认真吸取事故教训,进一步查找工作和管理上的薄弱环节,制订有针对性的整改措施。

习　题

1. 引起油气管道失效的主要因素包括哪些?
2. 济青线管道"2·18"泄漏事故的主要原因是什么?
3. 武威支线"11·19"管沟坍塌伤亡事故的主要原因是什么?
4. 收集一起油气管道事故,总结事故经过和原因。

第五章　油气管道完整性管理

课程导入 千钧一发,看管道人力挽狂澜!

　　《汉书·枚乘传》有云:"以一缕之任,系千钧之重,上悬无极之高,下垂不测之渊,虽甚愚之人,犹知哀其将绝也。"2018年7月11—15日,西南管道公司的管道人们就遭遇了这千钧系于一发的危险局面,但却凭借自身精湛的技术力挽狂澜,最终化险为夷。

　　11日早晨,西南管道兰成渝分公司接报,受上游持续强降雨和泄洪影响,江油市九岭镇中河村涪江溃堤,洪水致使大量泥土流失,造成兰成渝输油管道涪江南阀室受损,阀室下游管线200多米管线露管,部分管线悬空,而管段内还有近千立方米的油品,一旦发生断管后果不堪设想。情况紧急,兰成渝分公司第一时间启动抢险预案,管道停输,分公司经理、副经理先后赶赴现场处理险情。闻知此事的西南管道公司总经理、副总经理也先后赶赴现场指挥抢险工作。而就在此时,受灾最重的涪江南阀室正逐渐被洪水淹没,愈发湍急的江水,漫天飘摇的风雨,不断上涨的水位,如铁锤般敲打着现场每个人的神经,考验着他们的意志。13日凌晨2:00,封堵作业完成,成品油无泄漏,当日12:00左右,原暴露和悬空的管段已全部加固覆盖,15日10:45,因洪水停输的兰成渝成品油管道成功启输。至此,经过三天三夜的艰苦鏖战,"川渝能源大动脉"再次恢复畅通。据悉,本次抢险总计参与人数达670余人、参与大型机械设备135台,调运钢材、编织袋等应急物资百余吨。

管线悬空现场图

　　油气长输管道在我国能源行业中是尤为重要的环节,近年来管道事故频频发生,且事故发生的概率有逐年增长的趋势,因此对管道安全管理的研究刻不容缓。管道完整性管理是一种新的管理方式,目前已在我国油气长输管道路线全面推广和应用,相比较于以前的风险管理,完整性管理核心思想在于预防,即在发生事故之前采取措施,防止事故发生,保障油气长输管道的安全运行。

第一节 油气管道完整性管理发展与法律法规

管道完整性管理是以管道安全、设施完整、可靠性为目标并持续改进的系统管理体系,其内容涉及管道的勘查、设计、施工、运行、监控、维护的全过程,并贯穿管道整个生命周期。根据不确定的管道因素,运用监测、检测、检验、试压等有效方法,对油气管道运行中面临的危险进行识别和分析。管道完整性管理的核心内容包括数据收集与整合、高后果区识别、风险评估、完整性评估、维修与应急、效能评估6步循环。油气管道完整性管理循环图如图5-1所示。

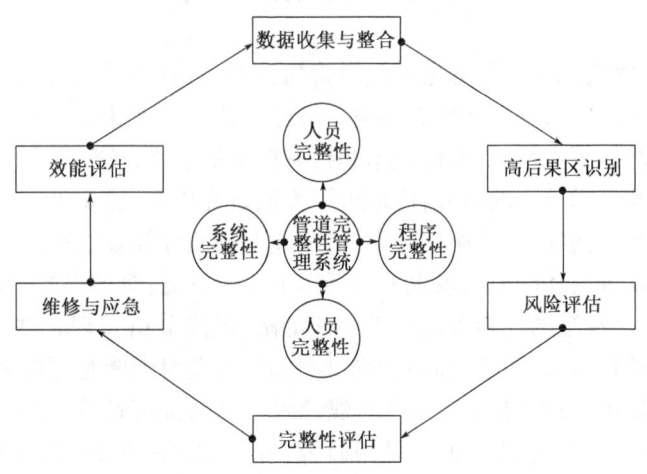

图5-1 油气管道完整性管理循环图

一、管道完整性管理的发展进程

油气管道的完整性评价与管理技术源于20世纪70年代。当时发达国家在第二次世界大战以后兴建的大量油气管道已逐渐老化,各种事故频繁发生,造成了巨大的经济损失和人员伤亡;而且随着经济的发展,对能源需求的不断增长,需要建设大量的新管道。如何继续合理利用存在问题和带有缺陷的老管道,同时又管理好新建设的管道,避免和减少管道事故给公众和环境带来的危害,改善管道与环境的相容性,成为政府和管道运营公司关注的问题。1968年,美国国会颁布了《管道安全法》,同时一些大的管道公司和科研机构也开始了以安全检测与风险管理为主要内容的管道的完整性评价技术的研究。但当时的完整性管理基本局限于管道检测与维修方面,还没有形成一个系统的管理体系。进入20世纪90年代后,管道完整性管理技术得到了进一步发展。一些重大的管道事故也促使人们更加清醒地认识到管道完整性管理的重要性。例如,1996年6月26日,美国科罗尼尔管道公司的一条直径36in的成品油管道破裂,成百万加仑的柴油一下子倾泻到南卡罗来纳州的里德河中,对环境产生了极为严重的破坏。2000 年 3 月 9 日,美国开拓者管道公司的一条直径 28in 的输油管道在达拉斯东北 45km 的格林维尔破裂,导致 56 万多加仑的汽油泄漏,也造成了较为严重的后果。这些管道事故不仅给公众和环境带来极大的危害,大大降低了各管道公司的盈利水平,而且也严重影响和制约着上游油(气)田的正常生产。因此,一些大的管道公司开始将管理重点放在管道的安全和可靠性上,提出了制订和实施管道完整性管理计划的要求,制订了改进管道完整性计划,使其成为对环境问题和管道系统的扩大更具约束力的管理计划,并逐渐形成了一套较为完整的管道完整性管理体系。同时美国等一些西方发达国家的政府和议会也积极参与管道完整性管理计划,制订和出台了一系列的法律法规。石油公司、政府和科研机构通力合作,共同促使了管道完整性管理技术的发展。

油气管道的完整性管理技术是继可靠性管理技术、风险管理技术之后更高层次的、更全面的管理技术。它包含较多系统工程含义,反映当前管道安全管理从单一安全目标发展到优化、增效、提高综合经济效益的多目标趋向,是石油与天然气等设施生产管理技术的发展方向。

目前,国际上的管道完整性管理主要强调管内检测,以保持管道完好为目的,预防对人身安全和财产造成重大威胁乃至破坏生态环境。管道完整性管理计划一般涉及内在和外在两方面的诸多问题。随着计算机技术、通信技术和检测技术的进步,油气管道的完整性管理技术日趋成熟。管道完整性管理技术的研究,已取得了大量研究成果,建立了一系列诸如管道剩余强度、剩余寿命、裂纹张开面积、介质腐蚀速率、泄漏速率等的计算方法和评价标准。目前有关管道完整性评价的最新进展和研究重点主要包括以下几个方面:管道失效的评定方法研究;数值计算法、基于断裂力学理论的评定方法和工程评定法;风险分析管理软件、数据管理系统及管道地理信息系统的开发与应用;开发高精度的检测器,以期对管壁有更精确的了解。国外近几年根据实际中发现使用 ASME B31G—2012《腐蚀管道剩余强度计算》评价体积型腐蚀缺陷过于保守的情况,在此方面重点进行了大量的研究,并取得了一些成果,一是基于失效评估图(FAD)的概率失效分析,该方法全面考虑了从脆性断裂到塑性崩溃的所有可能的断裂行为,利用失效评估图可以很容易区分断裂失效和塑性失稳失效这两种管道可能的失效模式;基于失效评估图的概率失效分析是目前国际上比较流行的一种方法,美国西南研究院(SWRI)在这一领域做了大量的研究工作,处于世界领先地位。二是有限元数值计算方法,英国天然气集团减少了 BS7910—2013《Guide to methods for assessing the acceptability of flaws in metallic structures》等评价标准的过分保守性,利用弹塑性三维有限元对各种缺陷及其不同组合进行数值分析计算,并用实物实验进行验证,目前正处于研制阶段。另外,API 和 MPC(材料性能委员会)联合 28 家公司开发了"石油化工设备适用性评价程序",其研究的重点和创新之处就在于体积型缺陷的完整性评价方法。当前,国际上有关管道完整性管理的研究工作尽管已取得了长足进展,但仍然方兴未艾,这主要是因为管道完整性管理技术是一个系统的工程管理技术,内容涉及管道设计、施工、运行、监控、维修、更换、质量控制和通信系统等全过程,并贯穿管道整个运行期,其相关的技术相当复杂,有关框架系统也十分庞杂。目前国际上对于管道完整性管理还没有一种完全统一的认识,也没有任何一个管道完整性管理系统可以适合国际上的所有油气管线的运行管理。各个大的管道公司主要根据自身的实际情况,开发出适合各自管道系统需要的完整性管理技术。

目前,国内油气管道完整性管理技术刚刚起步,许多研究领域尚处于初始阶段,有很多工作有待进一步开展。管道的可靠性(安全性)评价是管道完整性管理的重要内容。对于现役管道的评价与管理,国内主要采用漏磁内检测技术及外腐蚀直接评价等检测技术,即在检测的基础上确定各种缺陷的位置、形状与尺寸,并在此基础上进行管道的剩余强度分析,剩余寿命预测(即管道安全性评价)。

风险评价是完整性管理的关键内容。油气管道风险评价的重点工作在于,选择合适的评价方法、合理的评价模型;资料数据完整、准确可靠、不断更新完善;进行风险排序等。企业可以根据风险评价的结果,实施风险管理,其目的在于优化资源配置,使管道系统达到可以接受的风险水平。

完整性管理过程涉及的风险评价、检测、维护、减轻风险的措施、数据收集、整合等活动,需要一系列管理规程及技术标准、规范的支持。应该积极开展管道的检测技术、可靠性(适用性)评价、风险评估、管道数据管理系统及地理信息系统等技术的研究,尽可能地将这几项技术有机结合起来,形成一整套管道完整性评价方法与技术,为管道运行管理、检测、维修和更换提供全面、可行的科学依据和措施,提高现役管道运行的安全性和经济性。

二、管道完整性管理法律法规与标准

经过近40年的发展,管道完整性管理技术已经在管道企业得到比较广泛的应用,国外管道完整性管理在标准规范、评价方法及管理措施等方面都趋于成熟,国内通过引进、消化、再创新也取得了较大成果,对管道风险管控的指导作用也越来越强,在法规标准、方法模型、实际应用等方面也逐步完善。

(一)法律法规

当前,与管道风险评价业务密切相关的法律法规共计15项,不同法律对管道风险评价工作进行了要求,包括评价依据、评价周期、报告备案等方面,相关的法律法规主要条文及分析见表5-1。

表5-1　法律法规条文情况

序号	法律法规名称	涉及规定内容	关键性要求
1	《中华人民共和国石油天然气管道保护法》	第二十三条管道企业应当定期对管道进行检测、维修,确保其处于良好状态	对管道安全风险较大的区段和场所应当进行重点监测,采取有效措施防止管道事故的发生管道企业应对风险较大区段进行重点监测
2	《危险化学品安全管理条例》	第二十二条生产、储存危险化学品的企业,应当委托具备国家规定的资质条件的机构,对本企业的安全生产条件每3年进行一次安全评价,提出安全评价报告。安全评价报告的内容应当包括对安全生产条件存在的问题进行整改的方案	管道企业应对本企业的安全生产条件每3年进行一次安全评价

序号	法律法规名称	涉及规定内容	关键性要求
3	《压力管道使用登记管理规则(试行)》在 6 年内完成全面检验或者安全评定,核定安全状况等级,换发使用登记证明确了将安全评定或者风险评估结论作为压力管道安全使用的依据	第十三条安全状况等级达不到 3 级的在用压力管道,可由有资格的单位进行安全评定或者风险评估,并将其评级结论作为压力管道能否安全使用的依据。 第十八条在用压力管道应当进行定期检验,并且安全状况等级达到 1 级、2 级或者 3 级。对安全状况等级未达到 3 级的在用压力管道,可以进行安全评定或者风险评估,其结论应当符合压力管道安全使用要求。 第三十七条在本规则实施前已经使用的压力管道,使用单位应当在本规则施行后 1 年内,按照国家有关规定进行在线检验,提交第二十二条(一)项要求的资料和在线检验报告,安全监察机构按照本规则程序办理登记注册。在 6 年内完成全面检验或者安全评定,核定安全状况等级,换发使用登记证	明确了将安全评定或者风险评估结论作为压力管道安全使用的依据
4	关于贯彻落实国务院安委会工作要求全面推行油气输送管道完整性管理的通知(发改能源〔2016〕2197号)	(二)各管道企业要将完整性管理工作和生产活动紧密结合,建立相应技术框架和管理构架。按《油气输送管道完整性管理规范》要求,开展高后果区识别、风险评价和完整性评价,制定风险管理方案,采取安全保护措施和风险削减措施,开展针对性维修维护工作,加强管道日常管理与巡护,依法开展管道检验检测工作,有效落实管道全生命周期完整性管理,确保管道本体安全	要求开展高后果区识别、风险评价和完整性评价
		(三)各管道企业要加强应急管理,充分发挥完整性管理的应急支持作用,将高后果区识别、风险评价和完整性评价结论提出的高风险段、高风险因素和缺陷情况作为应急预案编制过程中的重点预控对象,加强应急数据准备,健全应急措施,做好应急资源准备,最大限度地预防和减少突发事件对周边人民群众生命财产和管道造成的危害	要求管道企业要将完整性管理工作和生产活动紧密结合,发挥完整性管理的应急支持作用
5	国务院办公厅关于《全面加强危险化学品安全生产工作》的意见(厅字〔2020〕3号)	加强全国油气管道发展规划与国土空间、交通运输等其他专项规划衔接。督促企业大力推进油气输送管道完整性管理,加快完善油气输送管道地理信息系统,强化油气输送管道高后果区管控。严格落实油气管道法定检验制度,提升油气管道法定检验覆盖率	管道企业应大力推进油气输送管道完整性管理
6	应急管理部办公厅关于印发《2019 年危险化学品油气管道烟花爆竹安全监管和非药品类易制毒化学品监管重点工作安排》的通知(应急厅〔2019〕20号)	油气管道完整性管理各要素深入有机融合;会同有关部门深化危险化学品领域打非违治行动和油气管道环焊缝质量排查整治	管道企业应大力推进油气输送管道完整性管理

续表

序号	法律法规名称	涉及规定内容	关键性要求
7	国务院安全生产委员会关于印发《油气输送管道保护和安全监管职责分工》和《2015年油气输送管道隐患整治攻坚战工作要点》的通知(安委〔2015〕4号)	17.全面推进油气输送管道检验检测和风险评估,完成使用20年以上(含20年)油气输送管道检测周期内的检测评估工作,力争2015年实现油气输送管道检测周期内的检测评估覆盖率达60%以上	重点推动管道检测与风险评价工作
8	质检总局关于印发《质检系统开展油气输送管道隐患整治攻坚战工作方案》的通知(国质检特〔2015〕130号)	对于在役油气输送管道,使用单位应制订并落实定期检验计划,约请具有相应资质的检验机构开展油气输送管道的定期检验和风险评估。油气输送管道的定期检验,应执行GB/T 27512—2011《埋地钢质管道风险评估方法》、TSGD 7003—2010《压力管道定期检验规则——长输(油气)管道》、GB/T 27699—2011《钢质管道内检测技术规范》、GB/T 19285—2014《埋地钢质管道腐蚀防护工程检验》和GB/T 30582—2014《埋地钢质管道外损伤检验评价》等有关安全技术规范和标准。对无法完全按照特种设备安全技术规范、标准实施定期检验的管道,检验机构可与使用单位协商,根据合理使用原则,开展管道风险评估和安全评定工作,按照风险评估和安全评定结果做出报废、更换、监控使用、实施完整性管理等分类处理	定期开展法定检验和风险评估
9	《全国安全生产专项整治三年行动计划》(安委〔2020〕3号)	(二)落实企业安全生产主体责任专题二是推动企业定期开展安全风险评估和危害辨识,针对高危工艺、设备、物品、场所和岗位等,加强动态分级管理,落实风险防控措施,实现可控可防,2021年底前各类企业建立完善的安全风险防控体系	定期开展安全风险评估和危害辨识
10	《危险化学品生产、储存装置个人可接受风险标准和社会可接受风险标准(试行)》(国家安全生产监督管理总局公告2014年第13号)	《危险化学品生产、储存装置个人可接受风险标准和社会可接受风险标准(试行)》用于确定陆上危险化学企业新建、改建、扩建和在役生产、存储装置的外部安全防范距离	根据风险可接受标准确定安全防范距离
11	关于加强油气管道途经人员密集场所高后果区安全管理工作的通知(安监总管三〔2017〕138号)	一、及时准确掌握人口密集型高后果区状况全面开展人口密集型高后果区识别和风险评价工作,编制人口密集型高后果区风险评价报告,并按照各省级人民政府相关要求做好报送工作	要求编制高后果区风险评价报告,并报送地方人民政府

(二)标准规范

与管道完整性管理有关的现行国家标准5项、行业标准6项,详见表5-2。标准规范大致分为技术要求类标准和方法导则类标准两类。技术要求类标准一般涵盖了对管道完整性管理工作的典型流程。

表 5 - 2　标准情况

序号	关键技术点	相关标准规定
1	高后果区识别准则	GB 32167—2015《油气输送管道完整性管理规范》第六章给出了输油管道和输气管道高后果区识别准则。TSGD 7003—2010《压力管道定期检验规则——长输(油气)管道》附录 A 给出了输油管道和输气管道事故后果严重区确定原则
2	高后果区识别周期	GB 32167—2015 规定"在建设期开展高后果区识别,优化路由选择""管道运营期周期性开展高后果区识别,识别时间间隔最长不超过 18 个月,当管道及周边环境发生变化,及时进行高后果区更新";关于加强油气输送管道途经人员密集场所高后果区安全管理工作的通知(安监总管三〔2017〕138 号)规定"人口密集型高后果区识别最长时间间隔不超过 18 个月"
3	高后果区风险评价	GB 32167—2015 第 4.6 条规定"对高后果区进行风险评价"(强制条款)。安监总管三〔2017〕138 号规定"全面开展人口密集型高后果区识别和风险评价工作,编制人口密集型高后果区风险评价报告,并按照各省级人民政府相关要求做好报送工作"
4	风险评价方法选用	GB 32167—2015 规定可采用一种或多种管道风险评价方法来实现评价目标,列举了常见的风险矩阵法和指标体系法。 GB/T 27512—2011《埋地钢质管道风险评估方法》和 SY/T 6891.1—2012《油气管道风险评价方法第 1 部分:半定量评价法》规定了半定量风险评价方法。 管道定量风险评价方法目前尚无
5	管道威胁因素	SY/T 6621—2016《输气管道系统完整性管理规范》中列出了输气管道威胁因素的种类;SY/T 6648—2016《输油管道完整性管理规范》列出了输油管道威胁因素的种类;SY/T 6891.1—2012 罗列了不同的失效因素及其影响因子和评价采用的分值
6	管段划分方法	GB/T 27512—2011,6.1—6.11 按管道压力、管道规格、使用年数、输送介质腐蚀性、人口密度、土壤腐蚀性、杂散电流、外覆盖层、阴极保护、土壤工程地质条件、沿线建筑物密集程度和重要程度 11 个属性划分。SY/T 6891.1—2012,5.3.1 管道风险计算以管段为单元进行。可采用关键属性分段或全部属性分段两种方式。管段划分方式应优先选用全部属性分段。全部属性分段指收集所有管道属性数据后,当任何一个管道属性沿管道里程发生变化时,插入一个分段点,将管道划分为多个管段,针对每个管段进行风险计算
7	半定量评价指标体系	GB/T 27512—2011,附录 D 埋地钢质管道在用阶段失效可能性评分基本模型;SY/T 6891.1—2012,附录 A 半定量评价法指标体系
8	评价周期	GB 32167—2015 规定管道投产后 1 年内开展风险评价,评估间隔根据上一次评估结论确定,且最长不超过 3 年;SY/T 6891.1—2012 规定当管道运行工况、周边环境发生较大变化时,应再次进行风险评价
9	定量风险评价	SY/T 6891.2—2020《油气管道风险评价方法　第 2 部分:定量评价法》规定了管道定量风险评价的工作流程与技术要求;GB/T 34346—2017《基于风险的油气管道安全隐患分级导则》附录 C 规定了隐患二级评估方法

序号	关键技术点	相关标准规定
10	风险接受准则	定性和半定量风险评价,采用风险矩阵的形式规定了风险的水平,如 SY/T 6891.1—2012、GB 32167—2015 附录 E。定量风险评价,GB 36894—2018《危险化学品生产装置和储存设施风险基准》和安监总局 2014 年第 13 号规定了危险化学品生产装置和储存设施的风险接受准则,二者内容一致。SY/T 6859—2020《油气输送管道风险评价导则》推荐了油气输送管道风险评价人员风险可接受准则,GB/T 34346—2017 附录 C 规定了油气管道的风险可接受准则
11	风险后果类型和统计方法	定性/半定量类标准依据介质和经过区域类型属性定义风险后果,着重对人员生命损失、环境和财产损失进行定性评价,如 SY/T 6891.1—2012。定量类标准着重对人员生命损失进行定量评价,如 SY/T 6891.2—2020。从现在国内标准来看,定量风险评价中后果部分主要是考虑人身安全,还没有具体涉及环境、财产损失和企业形象等后果的评价。GB/T 38076—2019《输油管道环境风险评估与防控技术指南》适用于陆上在役原油、成品油长输管道环境风险评估与防控

在实际应用过程中,管道高后果区识别准则、识别周期一般按照 GB 32167—2015 执行,高后果区风险评价和评价报告报送按照 GB 32167—2015 和安监总管三〔2017〕138 号执行。管道风险评价方面,定性风险评价一般采用 GB 32167—2015 附录 E 的规定,半定量风险评价采用 SY/T 6891.1—2012、GB/T 27512—2011,风险评价周期采用 GB 32167—2015 的规定。定量风险评价可参照 SY/T 6891.2—2020、GB/T 34346—2017 附录 C,当前定量风险评价工作中,风险可接受准则在一定条件下参考 GB 36894—2018。

第二节　油气管道高后果区识别

高后果区(HCAs)是指如果管道发生泄漏或断裂等事故,而对公众生命安全及其财产、周边环境、社会等造成很大影响或损失的区域。黄岛"11·22"事故中,管道在人口密集类的高后果区发生了泄漏爆炸,造成了重大人员伤亡,是管道工业有史以来最严重的事故之一。管道高后果区事故使管道公司开始意识到高后果区对管道管理的重要性,各大管道公司也已相继开始对高后果区开展识别、管理工作。国外已经出台了明确相关法律法规,而且提出了与之对应的准则和评价、管理方案,国内虽然起步晚,但对高后果区的研究也得到了一些成果。

一、高后果区评价标准

(1)输油管道经过区域符合表 5-3 识别项中任何一条的应为高后果区。

表 5-3　输油管道高后果区识别准则

管道类型	识别项	分级
输油管道	a)管道中心线两侧各 200m 范围内,任意划分成长度 2km 并能包括最大聚居户数的若干段,四层及四层以上楼房(不计地下室层数)普遍集中、交通频繁、地下设施多的区段	Ⅲ级
	b)管道中心线两侧各 200m 范围内任意划分 2km 长度并能包括最大聚居户数的若干地段,户数在 100 户以上的区段,包括市郊居民住宅、商业区、工业区、发展区以及不够四级地区条件的人口稠密区	Ⅱ级

续表

管道类型	识别项	分级
输油管道	c)管道两侧各200m内有聚居户数在50户或以上的村庄、乡镇等	Ⅱ级
	d)管道两侧各50m内有高速公路、国道、省道、铁路及易燃易爆场所等	Ⅰ级
	e)管道两侧各200m内有湿地、森林、河口等国家自然保护区	Ⅱ级
	f)管道两侧各200m内有水源、河流、大中型水库	Ⅲ级

(2)输气管道经过区域符合表5-4任何一条的应为高后果区。

表5-4　输气管道高后果区识别准则

管道类型	识别项	分级
输油管道	a)管道中心线两侧各200m范围内,任意划分成长度2km并能包括最大聚居户数的若干段,四层及四层以上楼房(不计地下室层数)普遍集中、交通频繁、地下设施多的区段	Ⅲ级
	b)管道中心线两侧各200m范围内任意划分2km长度并能包括最大聚居户数的若干地段,户数在100户以上的区段,包括市郊居住区、商业区、工业区、发展区以及不够四级地区条件的人口稠密区	Ⅱ级
	c)如管径大于762mm,并且最大允许操作压力大于6.9MPa,其天然气管道潜在影响区域内有特定场所的区域[潜在影响半径按照式GB 32167—2015公式(1)计算]	Ⅱ级
	d)如管径小于273mm,并且最大允许操作压力小于1.6MPa,其天然气管道潜在影响区域内有特定场所的区域[潜在影响半径按照式GB 32167—2015公式(1)计算]	Ⅰ级
	e)其他管道两侧各200m内有特定场所的区域	Ⅰ级
	f)除三、四级地区外,管道两侧各200m内有加油站、油库等易燃易爆场所	Ⅱ级

(3)根据识别结果,高后果区分为三级,Ⅰ级表示最小的严重程度,Ⅲ级表示最大的严重程度。

(4)识别高后果区时,高后果区边界设定为距离最近一幢建筑物外边缘200m。

(5)当识别出高后果区的区段相互重叠或相隔不超过50m时,作为一个高后果区段管理。并行管道的高后果区应进行单独识别和记录,并对并行管段情况进行备注说明。

(6)当输油管道附近地形起伏较大时,可依据地形地貌条件,包括可能存在的地上地下沟渠判断泄漏油品可能的流动方向,根据是否可能影响受体情况,对高后果区识别表中的距离进行调整。如油品受地形或人工构筑物阻碍无法流入环境受体,可不识别为高后果区;如地形存在较大起伏,应在低点方向扩大识别距离。

(7)特定场所指除三、四级地区外,由于天然气管道泄漏可能造成人员伤亡的潜在影响区域。包括以下地区:

①特定场所Ⅰ:医院、学校、托儿所、幼儿园、养老院、监狱、商场等人群疏散困难的建筑区域。

②特定场所Ⅱ:在一年之内至少有50天(时间计算不需连贯)聚集30人或更多人的区域。例如集贸市场、寺庙、运动场、广场、娱乐休闲地、剧院、露营地等。

注1:"四层及四层以上楼房(不计地下室层数)普遍集中"理解为在满足住户超过100户的基础上,四层及四层以上多层住宅楼3幢及以上,且每个住宅楼含2个及以上单元(部分地

区家庭自建的四层及四层以上楼房,只住一户家庭的楼房除外)。对于管道穿越交通频繁和地下设施多的区域,但没有人员居住的建构筑物,不作为四级地区。输油管道可参照输气管道的地区等级标准执行。

注2:易燃易爆场所不仅包括加油站、油库,还包括储存易燃易爆物品的仓库。大型的棉花厂、面粉加工厂(存储场所)应识别为易燃易爆场所。对于周边的油气管道设施,其中的地下管道等不受爆炸燃烧影响的,不宜识别为易燃易爆场所。同一单位管理或者签订有安全协议的上下游单位的油气管道设施,可不识别为易燃易爆场所。

注3:同沟敷设的输气管道识别高后果区时,以潜在影响半径最大的管道为识别主体。

二、高后果区识别步骤

(一)识别流程

油气管道高后果区识别流程应包含以下步骤,详细流程宜按照图5-2执行。

(1)数据收集与整合;

(2)高后果区预识别;

(3)高后果区现场识别。

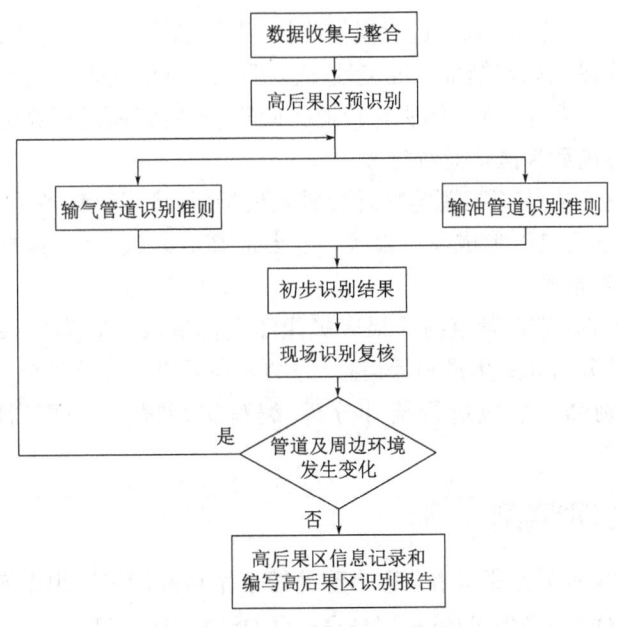

图5-2　高后果区识别流程

(二)数据收集与整合

(1)收集高后果区识别可能需要的相关资料表单,例如:

①管道管径、壁厚、管材、管道测绘图、建设期管道中线坐标等原始资料;

②管道最大允许操作压力等运行参数;管道三桩及路由数据;

③管道周边卫星地图、管道周边航拍影像图等基础地理数据;

④管道周围建构筑物、特定场所、加油站、油库、公路、铁路、高速公路等信息;

⑤以往高后果区基础信息(起始点、长度、行政区域、类型、建筑物、特定场所等描述)等数据;

⑥输油管道周边自然保护区、河流、大中型水库、水源保护区、灌溉干渠等信息。

(2)当上述数据存在缺失时,在现场识别中进行确认。

(三)高后果区预识别

(1)宜通过数字地图或影像图,进行预识别。

(2)存在性质不明的厂房、特定场所与油气管道距离不明、影像图中难以准确判断的三级地区及特定场所类型时,应标注并开展现场调查,在高后果区现场识别过程中重点关注。

(四)高后果区现场识别

(1)对预识别出的高后果区逐个进行现场核实,核实内容包括但不限于:起点位置、终点位置和长度;居民户数、特定场所数及距离管道中心线的垂直距离、高后果区所处地区等级等;重点对标注出的有疑问的地区进行现场确认。

(2)可通过测量进一步确认建构筑物与管道的间距。确定地区等级时,对于农村住户相对集中建房居住的情况,可将村庄当作一个整体,将离管道最近的一户住房间距认为是该村庄距管道的距离。

(3)所有的高后果区识别结果应进行现场确认,现场确认时包括但不限于以下内容:高后果区的起止点、特征描述及识别结果的准确性、现场照片(典型代表区域)、管道两侧200m(或潜在影响区)范围内人员数量、特定场所与管道的间距、特定场所的联系方式等。识别结果现场确认完成后,应填写高后果区信息统计表。

(4)油气管道周边存在施工工棚等临时聚居人员场所,应对该场所人员情况进行调查,并按高后果区识别准则确定是否形成高后果区。若形成高后果区,应按照高后果区管理相关要求制定和落实风险管控措施。

(5)高后果区识别时,应在管道高后果区影像图上标注或更新高后果区管段周边潜在影响半径内建筑物、人员分布和逃生通道等信息,并纳入高后果区风险管控方案。

(6)高后果区识别结束后应进行统计分析,编写识别报告,分析高后果区变化情况及原因。

三、高后果区识别实例

西气东输一线干线河南省郑州市荥阳市豫龙镇焦寨村高后果区识别实例。

高后果区编号:XQDS – ZZSQFGS – ZZZYQ – XQDS1XZGX0170

高后果区起点:GX083 – 200m(FE024 + 800m/GX083 – 385m)

高后果区终点:GX086 + 200m(FE029 + 300m/GX086 + 200m)

识别时间:2022 年 3 月

识别项:a)项:管道经过的四层及四层以上楼房(不计地下室)普遍集中、交通频繁、地下设施多的区段。c)项:如果管径大于 762mm,并且最大允许操作压力大于 6.9MPa,其天然气管道潜在影响区域内有特定场所的区域。

经现场识别,该高后果区位于郑州市荥阳市豫龙镇焦寨村,管道穿越建设路、荥泽大道、索河路,此段管道埋深1.3~2.5m,光缆埋深1.1~2.2m,沿线有晏曲村集市、西雅图总部湾(一栋10层楼、31栋4层楼)、爱玛家母婴月子会所(4层)、祥和瑞乐养老院(4层)、金惠装饰材料厂(2层)、服装厂(2层)、党建主题公园、碧桂园龙城华府(7栋32层住宅,8栋7层洋楼)、金地小区(在建),最近建筑物距离管道约10m。晏曲村集市:常住人口50人,流动人口300~500人不等;西雅图总部湾(工业园区):员工120人,流动人口20~30人/天;爱玛家母婴月子会所:员工30人,流动人口10人/天、祥和瑞乐养老院:员工30人,流动人口130~150人/天;金惠装饰材料厂:员工24人,流动人口20~30人不等;荥阳市党建主题公园,流动人口300~400人/天,碧桂园龙城华府,7栋32层住宅,8栋7层洋楼,管道200m范围内居民有650户,常住人口约1880人,管道潜在影响半径318m范围内居民有1025户,常住人口约4800人(表5-5)。

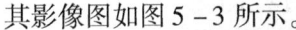
表5-5　潜在影响半径范围内各种建构筑物内的人口分布情况

建筑物情况	位置	距离管道最近距离/m	距离管道最远距离/m	人口分布	
				白天	晚上
晏曲村集市	管道东北侧	165	190	550	300
西雅图总部湾(小区)	管道东北侧	0	330	120	3
祥和瑞乐养老院	管道西南侧	10	185	150	100
金惠装饰材料厂	管道东北侧	10	115	50	2
爱玛家月子会所	管道东北侧	150	200	40	10
碧桂园龙城华府	管道西南侧	90	500	100	300
党建主题公园	管道东北侧	110	550	300	6

其影像图如图5-3所示。

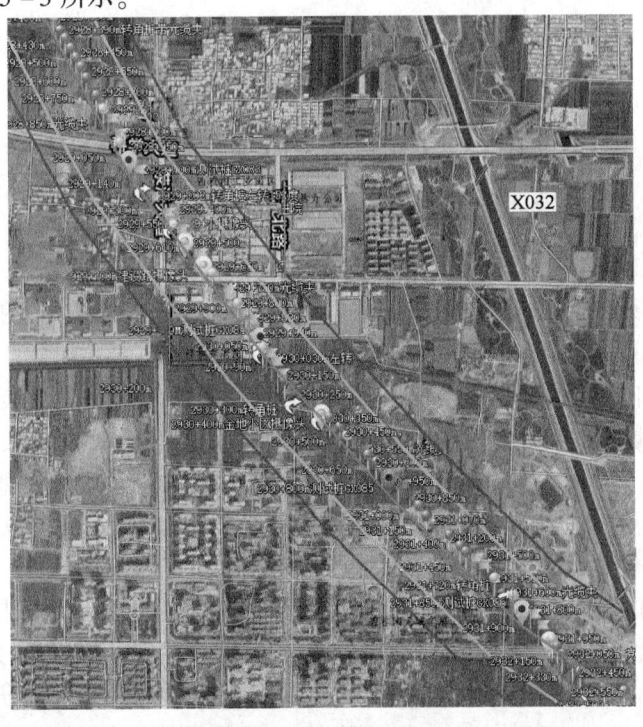

图5-3　高后果区影像图

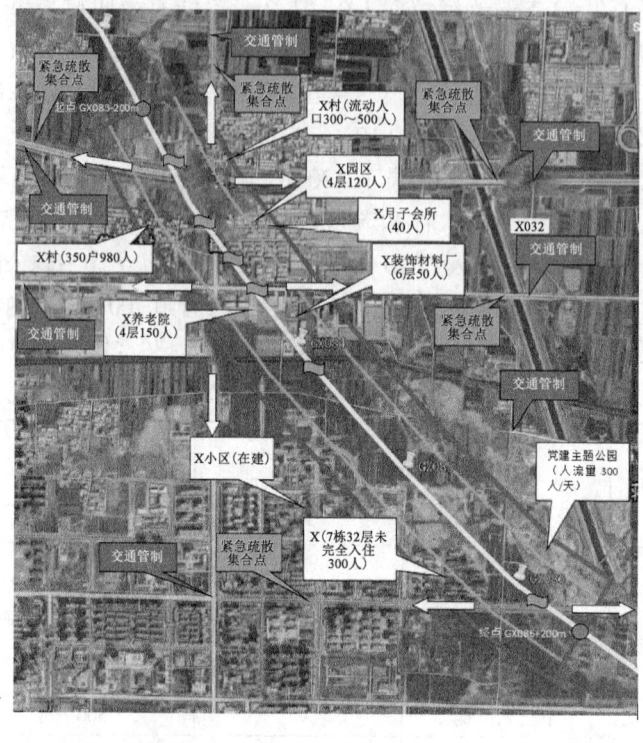

交通管制

疏散方向　交通管制点　管道走向　潜在影响边界　200m边界　风向标

图 5 - 3　高后果区影像图(续)

第三节　油气管道风险评价

一、风险评价发展历程

　　风险评价是以实现工程、系统安全为目的,应用安全系统工程的原理和方法,对工程、系统中存在的危险、有害因素进行识别与分析,判断工程、系统发生事故和急性职业危害的可能性及其严重程度,提出安全对策,从而为工程、系统制定防范措施和管理决策提供科学依据。管道风险评价则是指识别对管道安全运行有不利影响的危害因素,评价事故发生的可能性和后果大小,综合得到管道风险大小,并提出相应风险控制措施的分析过程。管道风险评价是管道完整性管理的核心环节之一,是管道运营企业全面掌握管道风险水平的重要手段。开展管道风险评价不仅是国家法律法规、标准规范的合规性要求,更是企业辨识、评估潜在危害,制定经济合理的风险减缓措施的内在需要。目前管道风险评价使用的技术手段按结果的量化程度,通常划分为定性评价、半定量评价和定量评价 3 类,涉及的方法有安全检查表法(SCL)、预先危险性分析法(PHA)、故障类型和影响分析法(FMEA)、危险与可操作性研究法(HAZOP)、故障假设分析法(What – If)、事故树法、肯特评分法、量化风险评价法(QRA)等。无论哪类方法,风险评价的基本思想均是考查管道的失效可能性与失效后果,最终确定管道的相对风险等级或绝对风险大小[4]。

(1)国外风险评价技术发展。国外在管道管理方面有较为完善的系列标准,如 API、NACE、ASME 等,各系列标准自成体系、内容覆盖全面且不互相重复;还有类似加拿大标准 CSAZ 662,标准正文和附录包含了完整性管理的各项内容和流程,要求全面且清晰明确。各管道运营公司都编制了更为详细的体系文件,用以规范和固化完整性管理工作。这些完整性管理标准都对管道风险评价提出了要求。美国交通运输部联邦法规 49CFR 192《天然气及其他气体输送管道:联邦最低安全标准》及 49CFR 195《危险液体输送管道》明确要求管道运营企业要对其所辖管道开展风险评价。加拿大阿尔伯塔省能源局(AER)、卑诗省油气委员会(BCOGC)、能源管道协会(CEPA)等部门或机构同样要求管道运营企业在确定管道失效后果为严重时,应开展管道风险评估及风险削减。英国《管道安全条例》规定重大危险管道在完成设计前应确保识别到可能造成重大事故的所有风险并进行风险评估,且英国健康安全执行局(HSE)作为专业机构提供风险技术咨询。澳大利亚维多利亚州《管道规程 2017》(S. R. No. 9—2017)规定,管道在立项及规划时,应根据沿线周围土地现有用途及未来合理可预见的发展,确定拟建管道建设和运营后产生的环境、社会和安全影响,使用管道输送许可以外的物质需开展安全和环境风险评价,管道在投产运行前应向维多利亚州能源安全局提交安全管理计划(计划应包含管道概述、安全评价、应急响应方案等)进行审查,并且每 5 年进行 1 次复审。大型管道公司如美国威廉姆斯公司、加拿大恩桥天然气公司、加拿大横加管道公司每年开展一次管道风险评价,从而确定管道风险水平,同时安排检测评价及维护维修计划。国外将风险分析应用到管道维修和管理过程中已经取得了巨大的经济效益和社会效益。1985 年美国 BattelleColumbus 研究院发表了《风险调查指南》,在管道风险评价方面运用了评分法。美国阿莫科(Amoco)管道公司(APL)从 1987 年开始采用专家评分法风险评价技术管理所属的油气管道和储罐,到 1994 年,已使年泄漏量由原来的工业平均数的 2.5 倍降到 1.5 倍,同时使公司每次发生泄漏的支出降低 50%。阿莫科管道公司多年的实践应用表明,完善的风险管理手段可降低泄漏修理和环境保护的费用,对腐蚀管道采用合理使用原则可明显降低维修费用成本。1992 年,美国的肯特(W. Kent. Muhlbauer)撰写了《管道风险管理手册》,该书详细叙述了管道风险评价模型和各种评价方法,它是对美国前 20 年开展油气管道风险评价技术研究工作的成果总结,并为世界各国管道风险评价研究人员所接受,作为开发风险评价软件的重要参考依据。1996 年该书再版时作者增加了约 1/3 篇幅内容介绍不同条件下的管道风险评价修正模型,并在风险管理部分补充了成本与风险关系的内容,使该书更具有实际指导意义。2006 年该书修订到第四版,风险评价方法从定性、半定量的打分法发展到更加精确的定量风险评价方法——肯特加强指数量化风险评价模型。继美国研究出风险评价技术之后,世界其他工业发达国家从 20 世纪 80 年代中后期也开始了管道风险评价和风险管理技术的研究开发工作。加拿大从 20 世纪 90 年代初期开始了油气管道风险评价和风险管理技术方面的研究工作,在 1993 年召开的管道寿命专题研讨会上,就"开发管道风险评价准则""开发管道数据库""建立可接受的风险水平""开发评价工具包"和"开展风险评价教育"等课题展开了讨论,并达成共识,并在 1994 年召开的管道完整性专题研讨会上,成立了以加拿大能源管道协会(CEPA)、国家能源委员会(NEB)等 7 个团体组成的管道风险评价指导委员会,明确该委员会的工作目标是促进风险评价和风险管理技术在加拿大管道运输工业中更好地应用,负责本国管道风险管理技术开发的实施方案。加拿大努发(NOVA)管道公司开发出了第一代管道风险评价软件。加拿大诺瓦天然气输送有限公司(NGTL)采用故障树分析法来评估管道的故障风险和优化应采取的预防性维护措施,同时利用故障类型和影响分析法来识别引起管道破坏的各种原因,并开发出相应软件。加拿大 C - FER 公司研制的 Piramid 是一个管道风险完整性评价和维护计划软件工具。Piramid 采用定量研究的方法来评估财务、环境和安全风险,通过采用先进的验证模型计算主要威胁对管道完整性造成的失效概率、失效后果和风险等级来实现完整性管理的实效性。加拿大 NeoCorr 工程有限公司自 1994 年起开展油气管道的腐蚀和风险咨询业务,成功地开发了 CMI 腐蚀管理软件,为全球十几家油气公司实施了详细的风险评价,受到了大家的一致好评。英国健康与安全委员会在管道风险管理项目研究中,研制出 Mishap 软件包,用于计算管道的失效风险,并取得了实际应用。另外,英国煤气公司为其管道系统风险评价开发了 Transpipe 软件包,在输入数据后,评价出该地区的个人风险和社会风险等,并以 F—N 曲线输出。1984 年,该公司将运用此软件包做出的评价报告提交给国家健康与安全部,有效地解决了英国工程学会制定的 TD/1 标准与健康与安全部所定标准之间的条款冲突。该软件包代表了风险评价当时的水平,目前已在更新数据模式和扩大计算范围方面得到完善。

(2)国内风险评价发展概况。我国有关油气输送管道风险评价的研究工作起步较晚。1995 年,管道风险评价技术经著名油气储运专家潘家华教授在《油气储运》杂志上介绍后,引起科研人员和管道管理者的注意。四川石油管理局在同年 12 月出版了《管道风险管理》一书,并对其公司油气管道进行了实例应用,得到了风险评价结果。由于我国油气管道现状和条件与国外有较大差异,国外油气管道风险管理的成果不完全适用于我国管道,因此应该根据我国管道的实际情况,有针对性地进行相关修正。众多专家学者展开了对管道风险评价等内容的探讨并取得了建设性的研究成果。

2005 年,中国石油与天然气集团有限公司(简称中国石油)与挪威船级社合作,对秦京线的 5 段管段进行了定量风险评价,通过分析找出了高风险管段,合理优化资源分配,降低了管道运行风险。国家石油天然气管网集团有限公司科学技术研究总院分公司(原中石油管道科技研究中心,现简称国家管网研究总院)于 2009 年建立了管道风险评价的指标体系,研发了一套半定量风险评价方法及软件 RiskScore,在国家石油天然气管网集团有限公司进行了推广应用。我国在管道的风险评价研究方面也制定了一系列的标准规范,如 SY/T 6891.1—2012《油气管道风险评价方法 第 1 部分:半定量评价法》、GB/T 27512—2011《埋地钢质管道风险评估方法》。2016 年 3 月,GB 32167—2015《油气输送管道完整性管理规范》正式发布实施,标准中第 7 章对管道风险评价的评价目标、评价方法、评价流程、风险可接受性、风险再评价、报告等内容进行了详细介绍,规定管道投产后 1 年内应进行风险评价,且再评价周期不宜超过 3年,并强制性规定对管道高后果区开展风险评价。这些规范标准的制定为我国管道管理企业开展风险评价提供指导。

二、风险评价实施步骤

管道风险评价是在基础资料收集和现场勘察的基础上,将油气管道根据管道自身特性和风险因素分为若干评价单元(管段),进而采用风险评价方法计算风险值,并进一步进行风险分级。

管道风险评价主要由数据收集与整理、管道分段、风险计算、结果分析与报告编写 4 个阶段组成。其中风险计算环节包括失效可能性分析、失效后果分析、管段风险计算和全线管道风险计算。评价的主要内容及流程如图 5-4 所示。

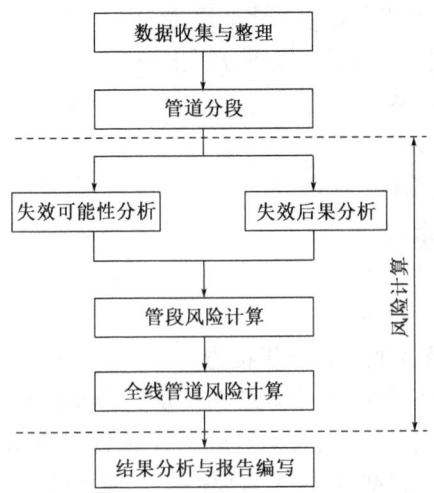

图 5-4　管道风险评价流程

图 5-4 为开展风险评价工作的通用流程,采用不同评价方法实施风险评价工作时都可按照该流程逐步开展,本节以管道行业广泛应用的半定量风险评价方法为例,说明每个步骤的具体工作内容。

(一)数据收集与整理

油气管道风险评价数据收集与整理是风险评价的基础工作,收集的数据应当尽量全面,以有效反映管道的风险水平。数据收集与整理的主要工作内容包括基础资料收集、现场风险勘查、数据资料整理三个方面。

1.基础资料收集

基础资料收集是室内资料搜集工作,通过与管道管理单位沟通,收集管道基本信息、历史评价记录、历史维修维护记录等资料,收集的资料应包括管道设计、建设、投产、运行等各个阶段,以全面掌握评价对象的基本情况。根据管道风险评价工作需要,一般需要收集如下数据资料:

(1)管道基本参数,如管道的运行年限、管径、壁厚、管材等级及执行标准、输送介质、设计压力、防腐层类型、补口形式、管段敷设方式、里程桩及管道里程等。

(2)管道穿跨越、阀室等设施。

(3)管道通行带的遥感或航拍影像图和线路竣工图。

(4)施工情况,如施工单位、监理单位、施工季节、工期等。

(5)管道内外检测报告,内容应包括内、外检测工作及结果情况。

(6)管道泄漏事故历史资料,含打孔盗油。

(7)管道高后果区、关键段统计,管道周围人口分布。

（8）管道输送量、管道运行压力报表。

（9）阴保电位报表以及每年的通/断电位测试结果。

（10）管道更新改造工程资料,含管道改线、管体缺陷修复、防腐层大修、站场大的改造等。

（11）第三方交叉施工信息表及相关规章制度,如开挖响应制度。

（12）管道地质灾害调查/识别、危险性评估报告。

（13）管输介质的来源和性质、油品/气质分析报告。

（14）管道清管杂质分析报告。

（15）管道初步设计报告及竣工资料。

（16）管道安全隐患识别清单。

（17）管道环境影响评价报告。

（18）管道安全评价报告。

（19）管道维抢修情况及应急预案。

（20）站场 HAZOP 分析及其他危害分析报告。

（21）是否安装有泄漏监测系统、安全预警系统及运行等情况。

（22）其他相关信息。通过基础资料的收集,对于拟评价管道有了整体的认识,初步掌握其面临的主要风险因素和风险类型,确定了需要进一步现场勘查的内容,通过现场风险勘查进一步补充数据资料。

2. 现场风险勘查

现场风险勘查主要包括两个方面的工作内容:现场访谈和现场风险点勘查。通过现场访谈可以从管道一线管理人员手中获取风险评价所需的重要信息。现场访谈是指针对管道管理人员访谈管道日常管理风险,一般需要访谈的人员分为管道科、管道班、工艺班,不同人员访谈内容不同,可从下面的常见问题中选择关心的内容进行访谈。访谈可在会议室正式开展,也可在现场勘查过程中的车上开展。访谈中针对管道科访谈常提出问题如下:(1)管道科人员配备情况、个人的职责分配情况。(2)管道建造年份。建设施工质量如何? 有没有当初设计施工带来的质量问题?(3)管道周边主要是什么地形? 土地主要做什么用途?(4)管道目前主要的危害是什么? 目前最担心的问题是什么? 已经采取了哪些控制措施?(5)目前管道管理还有什么难处?(6)管道腐蚀情况、第三方损坏情况大体如何?(7)对站队巡线人员如何进行质量考核、控制和管理?

访谈中针对管道班访谈常提出问题如下:(1)站内、站外阴极保护情况如何? 可以的话应去阴极保护间看看保护电位和阴极保护电流及恒电位仪运行情况,是否发生过故障等。(2)本站所管辖的管道多长? 有哪些重点段?(3)是否发现管道埋深较浅情况,最浅是多少?(4)是否有专业巡护队,巡线频率是多少? 必要时查看巡线记录。(5)有农民巡线工吗? 农民工是哪些人员,工资如何,积极性如何,培训过吗,知道如何反映发现的情况吗?(6)本段管道的第三方损坏形式主要有哪些? 有什么明显的特点?(7)是否发生过打孔盗油现象? 地方公安如何处理? 是否有打孔盗油重点防护区及相关具体信息。(8)与地方政府有联通机制吗,协助巡线吗?(9)交叉施工活动多吗,主要分布在哪些地方? 交叉施工都是如何发现的? 巡线工还是管道旁居民上报? 如何处理?(10)是否有占压情况,处理过程中存在的问题是什么?(11)是否有裸管或管道悬空现象,周边环境如何?(12)沿线经过哪些河流?河流性质是什么?穿跨越方式是什么?有灌溉水渠吗,深度如何?(13)防汛工作如何?今年汛后进行哪些水工保护维护措施?(14)管道沿线土地主要做何用途?如果是农田,主要种植作物类型是什么?是否有深根作物(香樟、黄桷树、泡桐等木本植物)?(15)进行过地质灾害调查吗?目前地质灾害主要是哪些?分布在哪些区域?(16)是否发现防腐层质量问题?发现途径是什么,已有的措施是什么?(17)是否有交叉或并行电气化铁路?进行过电流检测吗,有排流措施吗?(18)阴极保护系统类型、阴极保护电位情况如何?开机率、保护率情况如何?是否存在问题?(19)管道进行过修复吗?修复方式是什么?实施单位是哪里?现场监督情况如何?(20)你认为目前管道线路上最大的风险隐患是什么?管理难点是什么?有哪些急需解决的问题?有什么比较好的建议吗?

访谈中针对工艺班访谈常提出问题如下:(1)油品的来源是哪里,油品腐蚀性如何,含硫量多高?(输油管道)(2)气的来源是哪里,气的成分是什么,气源压力情况如何?(输气管道)(3)本段管道的允许停输时间为多少小时?(4)如果发生泄漏,一般泄漏多长时间能发现并关阀?泄漏出多少油品/天然气?(输油管道)(5)如果发生泄漏,一般泄漏多长时间能发现?关阀需要多久?总共需要多长时间?(输气管道)(6)管道运行压力是多少,最大允许操作压力是多少?(7)有多少泵/压缩机?开机情况、运行状况如何?(8)有没有超压情况?最大操作压力一般是多少?(9)是否有超压保护装置?是什么类型的装置?(10)管道泵/压缩机启停次数、停输情况、停输原因是什么?(11)日常工作中流程切换频率是多少?是否有较多操作?(12)设备是远程控制,还是现场手动控制?(13)管道是否进行过清管,清管杂质情况如何?(14)管道是否装有安全预警系统,准确率如何,有记录吗?(15)管道是否装有泄漏监测系统?使用如何?(输油管道)(16)目前最大的工作困难是什么?哪些困难急需解决?现场风险点勘查是在前期工作的基础上,选取需要进一步通过现场勘查来采集详细信息的风险点,现场勘查的风险点一般由评价项目组和管道管理单位共同确定。针对具体的风险点采集详细信息,现场勘查需要的设备或资料见表5-6,现场勘查重点管段类型见表5-7。

表5-6　现场勘查需要的设备或资料

序号	类别	用途
1	遥感影像图	查看周边环境
2	测距仪或卷尺	测量距离
3	GPS或手机安装GPS软件	风险点定位
4	数码相机	拍照
5	管道探测仪(雷迪)	测量管线位置
6	万用表与参比电极	测量阴极保护电位

表5-7　现场勘查重点管段类型

序号	类型	详细内容	重点勘查内容
1	人口密集区	城镇、乡村,重点是城市区域、城乡结合部	人口与管道距离、第三方施工频繁程度、是否有占压
2	河流穿跨越情况	大中型河流、常年有水河流、与大河相连的小型河流	穿越方式、埋深、是否发生过洪水、冲刷情况、水工工程、是否有挖砂采砂

序号	类型	详细内容	重点勘查内容
3	河沟沟渠	自然冲沟、灌溉渠等	河沟沟渠性质、埋深、机械清淤、硬覆盖情况
4	交叉施工区域	开挖施工、定向钻施工、钻探勘探、爆破等	施工类型、交叉长度、现场管理情况
5	打孔盗油易发区	容易发生打孔盗油区域或者夜巡点	交通情况、隐蔽程度、土质、地下水位
6	高压线、电气化铁路交叉	管道与 110kV 以上高压线、电气化铁路、变电站、直流输电系统等	交叉杂散电流情况、电位情况、是否有排流装置,建议测试最近测试桩电位
7	地质灾害点	滑坡、崩塌、泥石流、河沟道水毁、坡面水毁、黄土湿陷等	如有牢固的水工则不用查看。查看地质灾害点规模、发育程度、与管道距离、敷设方式等
8	碾压	重车碾压、土路区域	埋设、管涵、盖板、车辆吨位及繁忙程度
9	站场及阀室	站场及阀室	周边活动水平、警示标志、防护措施、人员看护

3. 数据资料整理

完成基础数据采集和现场风险勘查后,开展数据资料整理工作,将与管道风险评价相关的工作整理成表格形式,以便于风险数据对应到具体管道里程。常见的表格形式见表 5 – 8 和表 5 – 9。

表 5 – 8　管段数据格式示例

属性编号	属性名称	起始里程,km	终止里程,km	属性值	备注
1	设计系数	20.0	35.0	0.5	三级地区

表 5 – 9　管道单点属性数据格式示例

属性编号	属性名称	里程,km	属性值	备注
1	截断阀	31.5	RTU	×××阀室

(二) 管道分段

管道是线性工程,在开展风险评价时应对管道分段,将管道全线分为若干管段,每个管段为一个评价单元。管道分段可采用关键属性分段或全部属性分段两种方式。关键属性分段是指考虑高后果区、地区等级、管材、管径、压力、壁厚、防腐层类型、地形地貌、站场位置等管道的关键属性数据,比较一致时划分为一个管段。以各管段为单元收集整理管道属性数据,进行风险计算。全部属性分段是指采用全部评价指标进行分段,收集所有管道属性数据后,当任何一个管道属性沿管道里程发生变化时,插入一个分段点,将管道划分为多个管段,针对每个管段进行风险计算。半定量风险评价方法宜采用全部属性分段方式。管道分段示意图如图 5 – 5 所示。

由于管道沿线所处的各种条件不同,整条管道各段的风险程度差异很大,需要进行分段评估。分段越细,评估越精确,但成本也随之增加。评价者在进行分段时,要综合考虑评价结果的精确度与数据采集的成本。分段数过少,虽然减少了数据采集的成本,但同时也降低了评价结果的精确度;分段数过多,提高了各管段的评价精度,但会导致数据采集、处理和维护等成本的增加。最佳的分段原则是在管道上有重要变化处插入分段点,一般应根据几类环境状况变化的优先级来确定管道分段的插入点,它们的顺序是沿管道人口密度、土壤状况、管道的防腐层状况、管龄,也即沿管道走向最重要的变化是人口密度,其次是土壤状况、防腐层状况和管龄。

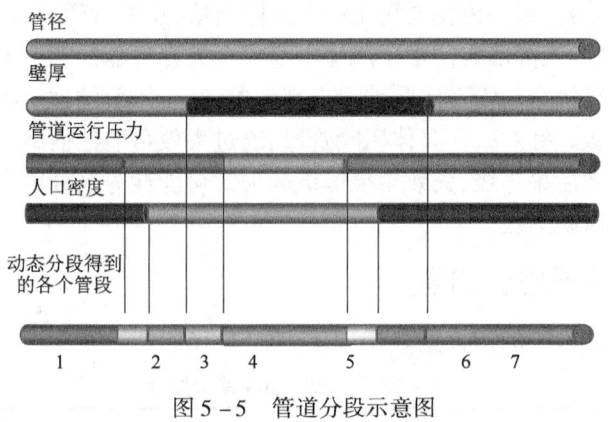

图 5 - 5　管道分段示意图

(三) 风险计算

管道风险计算一般可以细分为失效可能性分析、失效后果分析、管段风险计算和全线管道风险计算。失效可能性分析是指通过前期收集的数据分析各个管段的失效可能性,一般需根据常见风险因素类型分别分析第三方损坏、内外腐蚀、地质灾害、制造与施工缺陷等多个类型的失效可能性,并根据分项失效可能性确定综合失效可能性,失效可能性分析结果以分值或等级形式表现。详细的失效可能性分析指标见本章第三节。失效后果分析是指计算管道泄漏扩散系数以及火灾爆炸事故时可能造成的人员伤亡、环境影响、财产损失和停输影响等情况。管段风险计算是按照管段划分结果,先计算每个管道的风险值,再计算整条管道的风险值。管段的风险值计算采用如下公式:

$$R_j = R_{j,p}/R_{j,s} \tag{5-1}$$

式中　R_j——管道 j 的风险值;

　　　j——管段编号, $j = 1, 2, \cdots, J$;

　　　$R_{j,p}$——管段 j 的失效可能性分值;

　　　$R_{j,s}$——管段 j 的失效后果分值。

管道总体风险情况从两个角度进行说明。根据木桶理论,管道整体风险由风险最大的管段决定,取最大管段风险值为管道全线风险极值,反映管道整体风险情况。同时计算管道全线风险均值,采用里程加权平均的方式计算管道风险均值,计算公式如下:

$$R = \sum_{j=1}^{J} (R_j l_j)/L \tag{5-2}$$

式中　R——管道的风险均值;

　　　R_j——管段 j 的风险值;

　　　l_j——管段 j 的长度;

　　　L——管道总长度。

(四) 评价结果分析

管道风险计算结果会给出管道风险值,风险值是反映不同管段风险水平的重要指标。在风险值分析中,既要对总风险值进行分析,也要对各个分项的风险值进行分析,针对特定的管道,不同分项之间风险对比分析可以反映管段的主导风险因素。管道风险评价结果从风险值和风险等级两个角度分析:风险值主要用于绘制风险折线,反映管道风险随着管理里程的变化规律;风险等级通过风险矩阵确定。由于风险本身包含失效可能性和失效后果两个维度,直接通过风险值确定风险等级会与管道实际情况出现偏差,基于风险的这一特点,通过风险矩阵确定每个管段的风险等级。针对某一具体风险管段,通过失效可能性值确定失效可能性等级,通过失效后果值确定失效后果等级,失效后果等级和失效可能性等级分别为矩阵的横轴和纵轴,两者的交叉点为管道风险等级。

三、相对风险值风险评价法

相对风险值风险评价法的指标见表 5–10 ~ 表 5–16。

表 5–10 第三方损坏评价指标

一级指标	二级指标	三级指标	指标选项	各项评分	备注
第三方损坏	发生的可能性	地表开挖	可能性高	0	根据管道周围或上方开挖施工活动的频繁程度
			可能性中	8	
			可能性低	12	
			基本无可能性	15	
		打孔盗油(气)	可能性高	0	根据发生历史、当地社会治安状况和周边环境等因素
			可能性中	8	
			可能性低	15	
		管道地面设施	无	8	主要考虑阀室、管道跨越段等地面设施遭受破坏的情况
			有效防护	5	
			直接暴露	0	
	防护措施	巡线频率	24 小时监控	15	
			每日 4 次	12	
			每日 3 次	10	
			每日 2 次	8	
			每日 1 次	6	
			每月少于 4 次,而多于 1 次	4	
			每月少于 1 次	2	
			从不	0	
		巡线效果	优	1	
			良	0.8	
			中	0.5	
			差	0	

续表

一级指标	二级指标	三级指标	指标选项	各项评分	备注
第三方损坏	防护措施	警示带	优	5	
			良	3	
			中	2	
			差	0	
		地面标识	优	5	
			良	3	
			中	2	
			差	0	
		视频监控与预警系统	安装了安全预警系统	2	
			管道准确定位	3	
			开挖响应	5	
			有地图和信息系统	4	
			有经证实的有效记录	2	
			无	0	
		公众保护态度	积极保护	5	
			无所谓	2	
			抵触	0	
		政府态度	积极保护	5	
			无所谓	2	
			抵触	0	
		管道保护公众宣传	按期组织公众宣传	2	
			与地方沟通	2	
			走访附近居民	2	
			无	0	

表 5-11 外腐蚀评价指标

一级指标	二级指标	三级指标	指标选项	各项评分	备注
外腐蚀		土壤腐蚀性	高腐蚀性	0	土壤电阻率 < 20Ω·m,综合考虑 pH 值、含水率、微生物腐蚀等指标,一般为盐碱地、湿地等
			中等腐蚀性	8	20Ω·m < 土壤电阻率 < 50Ω·m,一般为平原庄稼地
			低腐蚀性	12	土壤电阻率 > 50Ω·m,一般为山区、干旱、沙漠戈壁

一级指标	二级指标	三级指标	指标选项	各项评分	备注
外腐蚀	防腐层	防腐层质量	好	15	防腐层施工质量好,完整,或已按照标准进行修复
			一般	10	防腐层质量未知时,或者防腐层缺陷为低并且未修复,或外检测缺陷未达到修复标准
			差	5	有迹象表明差,则选择差,如开挖时发现存在破损、剥离等情况,防腐层缺陷为严重或中的地方,尚未修复
			无防腐层	0	大面积破损、剥离,对管道防护效果很差
		防腐层检漏	按期进行	4	
			没有按期进行	2	
			没有进行	0	
	阴极保护	阴保电位	−0.85～−1.2V	8	
			−1.2～−1.5V	6	
			不在规定范围	2	
			无	0	
		阴保电位检测	按期进行检测	6	
			每月1次通电电位检测	4	
			每月1次断电电位检测	3	
			都没有检测	0	
		杂散电流干扰	无	10	
			交流干扰已防护	10	
			直流干扰已防护	8	
			屏蔽	1	
			交流干扰未防护	4	
			直流干扰防护	0	

表 5−12 内腐蚀评价指标

一级指标	二级指标	三级指标	指标选项	各项	备注
内腐蚀		介质腐蚀性	无腐蚀性	12	管输产品基本不存在对管道造成腐蚀的可能性
			中等腐蚀性	5	管输产品腐蚀性不明可归为此类
			强腐蚀性	0	管输产品含有大量的杂质,如水、盐溶液、硫化氢等杂质,对管道会造成严重的腐蚀

一级指标	二级指标	三级指标	指标选项	各项	备注
内腐蚀		介质腐蚀性	特定情况下具有腐蚀性	8	产品没有腐蚀性,但其中有可能引入腐蚀性组分,如甲烷中的二氧化碳和水等
		内腐蚀防护	本质安全	8	
			处理措施	4	
			内涂层	4	
			内腐蚀监测	3	
			清管	2.5	
			注入缓蚀剂	2	
			无防护	0	

表 5－13　管道本体缺陷评价指标

一级指标	二级指标	三级指标	指标选项	选项评分	备注
管道本体缺陷	缺陷严重程度	环焊缝缺陷	无	20	
			环向焊缝缺陷	15	
			严重环向焊缝缺陷	0	
		轴向焊缝缺陷	无	20	
			轴向焊缝缺陷	15	
			严重轴向焊缝缺陷	0	
		管体缺陷修复	及时修复	10	
			不需要修复	10	
			未及时修复	0	
	诱发因素	疲劳	≤1 次/周	10	
			>1 次/周且≤13 次/周	8	
			>13 次/周且≤26 次/周	6	
			>26 次/周且≤52 次/周	4	
			>52 次/周	0	
		水击与超压	不可能	10	
			可能性小	5	
			可能性大	0	
		运行安全	运行安全评分 =（设计压力/最大正常运行压力 －1）×30	最大分值为15	
		压力试验系数	大于 1.40	5	指水压试验/打压的压力与设计压力的比值
			1.25 ~ 1.40	3	
			1.11 ~ 1.25	2	

表 5-14 地质灾害评价指标

一级指标	二级指标	三级指标	指标选项	选项评分	备注
地质灾害		地形地貌	高山	10	
			黄土区、台田地	15	
			中低山、丘陵	15	
			沙漠、戈壁	20	
			平原	25	
		土体类型	完整基岩	20	
			薄覆盖层	18	土层厚度大于或等于 2m
			薄覆盖层	12	土层厚度小于 2m
			破碎基岩	10	
	典型灾害点	管道防护措施	有覆盖、稳管等保护措施	5	
			无额外保护措施	0	

表 5-15 误操作评价指标

一级指标	二级指标	三级指标	指标选项	选项评分	备注
误操作		达到 MAOP❶ 的可能性	不可能	15	
			极小可能	12	
			可能性小	5	
			可能性大	0	
		机械失误的防护	关键操作的计算机远程控制	10	
			联锁旁通阀	6	
			锁定装置	5	
			关键操作的硬件逻辑控制	5	
			关键设备操作的醒目标志	4	
			无	0	
		安全保护系统	本质安全	10	
			两级或两级以上就地保护	8	
			远程监控	7	
			仅有单级就地保护	6	
			远程监测或超压报警	5	
			他方拥有，证明有效	3	
			他方拥有，无联系	1	
			无	0	

❶MAOP 为最大允许操作压力。

续表

一级指标	二级指标	三级指标	指标选项	选项评分	备注
误操作	规程与作业指导		受控	15	工艺规程保持最新,执行良好
			未受控	6	有工艺规程,但没有及时更新,或多版本共存,或没有认真执行
			无相关记录	0	
	SCADA 通信与控制		有沟通核对	5	
			无沟通核对	0	
	数据与资料管理		完善	12	
			有	6	
			无	0	
	员工培训		通用科目——产品特性	3	
			通用科目——维修维护	1	
			岗位操作规程	2	
			应急演练	1	
			通用科目——控制和操作	1	
			通用科目——管道腐蚀	1	
			通用科目——管材应力	1	
			定期再培训	1	
			测验考核	2	
			无	0	
	健康检查		有	2	
			无	0	
	维修(护)计划执行情况		好	10	
			一般	5	
			差	0	

表 5-16　失效后果评价指标

一级指标	二级指标	三级指标	指标选项	选项评分	备注
泄漏扩散系数		泄漏值	24370	6	泄漏值计算见式(5-3)
			13357	5.5	
			12412	5.1	
			12143	5	
			11746	4.8	
			11349	4.7	
			10747	4.4	

一级指标	二级指标	三级指标	指标选项	选项评分	备注
泄漏扩散系数	泄漏值	泄漏值	10018	4.1	泄漏值计算见式(5-3)
			8966	3.7	
			7762	3.2	
			7257	2.9	
			6756	2.8	
			5431	2.2	
			4789	2	
			4481	1.8	
			1288	0.5	
			949	0.4	

相对风险值风险评价法是基于以上半定量风险评价指标体系,根据待评价管道的实际情况,对照指标项进行相应评分,根据失效可能性分值和失效后果分值计算管段及管道的风险值,具体参见式(5-1)和式(5-2)。表5-16中泄漏量的计算见式(5-3)和式(5-4)。

$$气体泄漏分值 = \sqrt{d^2 p} \times MW \times 0.474 \tag{5-3}$$

$$液体泄漏分值 = \frac{\lg(m \times 1.1023)}{\sqrt{T \times 9/5 + 32}} \times 2000 \tag{5-4}$$

式中 d——管径,mm;

       p——运行压力,MPa;

       MW——介质分子量;

       m——最大泄漏量的液体质量,kg;

       T——沸点,℃。

四、风险评价实例

××管道北起河北省衡水市××站,南至山东省枣庄市××站管辖段与苏北交界处,2006年建成投产。线路全长495.473km,从北到南分别设有7座工艺站场和19座线路阀室。管道设计压力10MPa,年设计输量 $100 \times 10^8 m^3$,管径分为1016mm和711mm两种,其中××输气站以北280.3km管径为1016mm,××输气站以南215.173km管径为711mm。管道采用X70钢管(壁厚分为12.3mm、14.7mm、17.5mm、18.4mm、21mm、23.8mm、26.2mm),其中××县境内有7.71km(L815~L823)管道使用了X80钢管(壁厚分为15.3mm、18.4mm两种)。管道采用三层PE外防腐层和内壁减阻覆盖层,全线采用强制电流阴极保护。

为全面识别管道运行面临的风险因素,评价管道风险水平,指导管道维护维修,特开展此次管道风险评价工作。风险评价的工作流程见图5-6。

采用相对风险值法获得××管道的所有失效可能性和失效后果指标对应数据,计算每根管段的风险值,将风险值映射到0~1之间,绘制如图5-7所示的管道沿程风险值折线。可以识别出相对风险值高的管段,给予相应的风险削减措施。

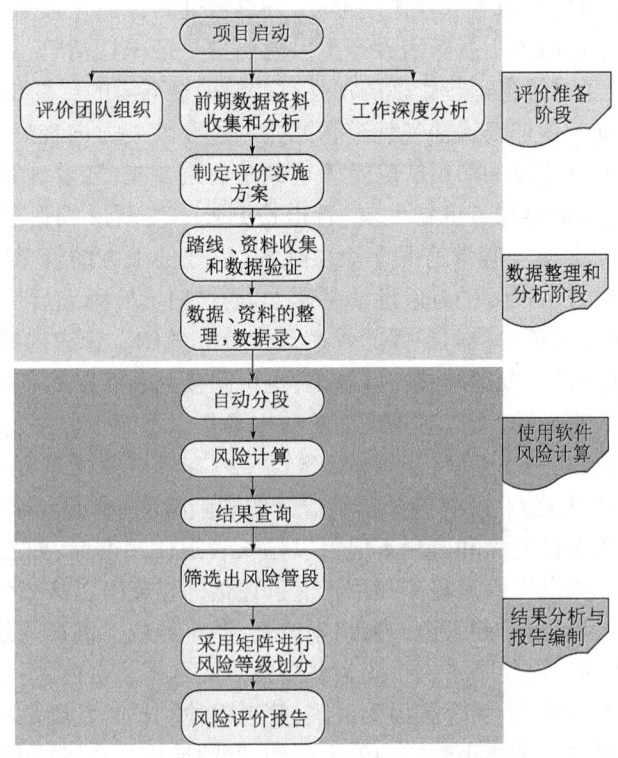

图5-6 管道风险评价流程

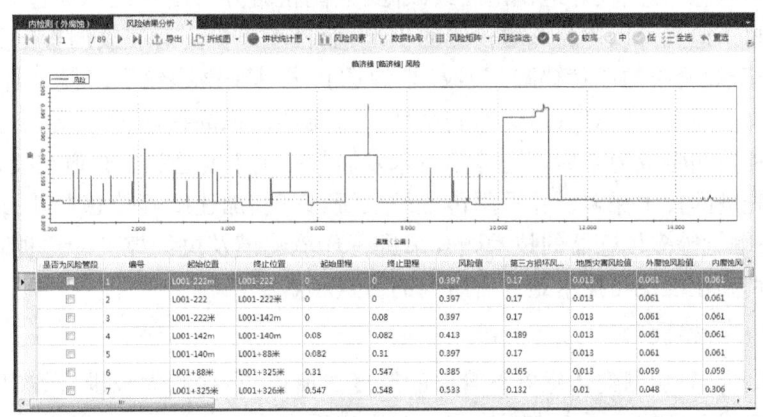

图5-7 ××管道风险评价软件计算结果界面

第四节 油气管道完整性评价

一、完整性评价发展进程

(一) 管道的内、外检测技术

长输油气管道运行过程中通常受到来自内、外两个环境的腐蚀,内腐蚀主要由输送介质、管内积液、污物以及管道内应力等联合作用形成;外腐蚀通常因施工质量、外力造成的涂层破坏,阴极保护前保护、杂散电流干扰等因素产生。内腐蚀一般采用清管、加缓蚀剂等手段来处理,近年来随着管道业主对管道运行管理的加强以及对输送介质的严格要求,内腐蚀在很大程度上得到了控制。目前国内外长输油气管道腐蚀控制主要发展方向在外防腐方面,因而管道检测也重点针对因外腐蚀造成的涂层缺陷及管道缺陷。近年来,随着计算机技术的广泛普及和应用,国内外检测技术都得到了迅猛发展,管道检测技术逐渐形成管道内、外检测技术(涂层检测、智能检测)两个分支。通常情况下涂层破损、失效处下方的管道同样受到腐蚀,管道外检测技术在检测涂层及阴极保护有效性的基础上,通过挖坑检测,达到检测管体腐蚀缺陷的目的,对于目前大多数不具备内检测条件的管道是十分有效的。管道内检测技术主要用于发现管道内外腐蚀、局部变形以及焊缝裂纹等缺陷,也可间接判断涂层的完好性。管道投入运行的早期和后期是事故的高发期,所以对管道的检测主要是以下两个方面:(1)在管道敷设过程中的检测,主要是对焊接质量、防腐层质量的检测。(2)在管道使用过程中的检测,主要是对管道本体(管壁)金属损失检测、环焊缝及螺旋焊缝的缺陷检测、裂纹或输送介质泄漏的检测。以主动维护为目的的周期性检测和监测不但可以延长管道使用寿命,而且可以提高管道运输的安全性和经济效益。周期性管道检测和用于专家评估的投资可以从减少管道事故的损失中得以补偿。目前,一些发达国家的管道检测水平较高,基本形成了成熟的系列技术。从某种意义上说,管道检测技术的发展代表了一个国家科技发展的水平。目前,主流的内检测技术是漏磁检测技术,主要用于检测管道的金属损失缺陷,管道内检测技术发展是超声检测技术。虽然漏磁内检测技术可以精确的检测出管道的外力损伤、腐蚀造成的金属损失缺陷,但漏磁检测技术对裂纹缺陷不敏感,无法较好地检出裂纹缺陷,只能粗略分析出管道环焊缝异常,裂纹检出率极低。应用超声检测可以避免漏磁检测的不足,而且超声检测对裂纹的检出灵敏度比射线检测高得多,对于焊缝中的危险缺陷(裂纹、未焊透),尤其是微裂纹和轻微未焊透,用超声波检测方法更容易。随着各国对管道运输安全性和重要性认识的提高,以主动维护为目的的管道周期性检测和监测将成为今后管道检测技术发展的一个重要趋势。管道在役检测需要多学科知识和各种先进的技术保障。除采用传统的位置、速度、加速度等传感器外,还需要采用视觉、声觉、力觉、触觉等多传感器的技术融合来进行环境建模及决策控制。这种基于多传感器的管道环境识别和在役检测技术是今后研究的重点和难点[6]。

(二)超声波导检测

如壁厚的测量,只能测到传感器下管壁的厚度。所以,在检测大范围管线时速度很慢,且常常需要找出有代表性的特征点进行检测。对于进行大面积的测量,则需要进行许多次的接近被测试的试件表面。如果难以接近或接近费用昂贵,进行全面的检验将是不经济的,导致测试结果也仅仅局限于所测试的位置。同样,也限制了壁厚的其他测试方法,如射线、涡流等方法,这种类型的局部检测不可能有效地减少产生泄漏和破坏缺陷的数量,因为对于未检测的区域,检出缺陷的概率为零。但当遇到埋地管道或绝缘管道时,传统超声方式就不能奏效了。人们渴望使用单一的传感器来进行大范围的测量,这使得导波的使用变为可能。通过研究形成的超声导波设备在传感器环的两侧均可检测数十米。长距离超声波用于检测管道的金属损失,是一种无损检测技术(NDT)。超声导波技术特别适合于炼场、站场,以及不能实施内检测的长输管段。与传统的超声波检测相比,超声导波技术有两个主要优点:检测距离长(最长达

200m);超声导波声场遍及整个管壁,对壁厚进行100%的检测。通过该项技术的运用,结合其他无损检测方法,能够对这些难以内检测的管道进行检测,确保修复的针对性,保证了管道运营的安全(图5-8)。

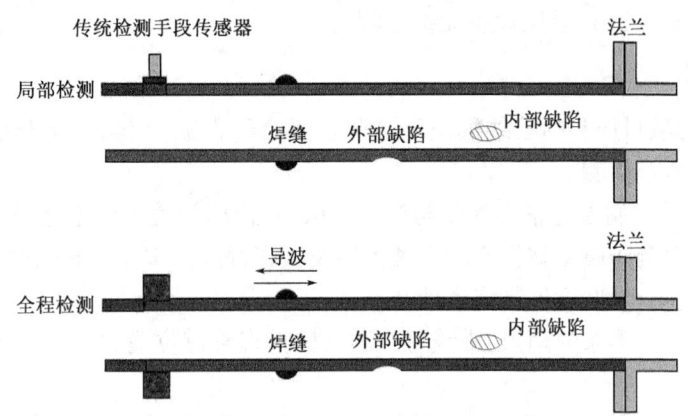

图5-8　传统检测手段与超声导波检测的比较

(三)相控阵超声检测

自1992年以来,自动化超声波检测系统的发展势头强劲,检测方法的改进以及聚焦探头的应用提高了自动化超声检测的准确性,使得该技术越来越成熟。目前,以相控阵超声检测技术为代表的新型管道全自动超声检测技术,代表了管道焊缝检测技术的发展方向。

相控阵超声检测系统是通过电子技术来实现声束的扫查方向和聚焦深度的控制,可以以同一个探头来实现不同壁厚、不同材质管道焊缝的检测任务,克服了常规多探头自动超声检测系统调整难度大和探头适应范围较窄以及设备沉重的缺点。与传统超声波检测不同的是,相控阵超声波检测技术是多声束扫描成像技术。超声波检测探头是由多个晶片组成的换能器阵列,阵列单元在激发电路激励下以可控的相位激发出超声波,并使超声波声束在确定的声场处聚焦,相控阵超声波各声束相位可控,由电子控制聚焦焦点,使超声波检测的灵敏度和缺陷分辨力更高、检测图像更清晰、检测速度更快,可高质量完成对焊缝的线性扫查、实时显示及结果评价。

二、完整性评价标准

(一)外腐蚀检测

1.评价标准

执行的国家和地方有关质量标准及HSE法律法规如下(不仅限于以下所列标准):

①GB/T 21447—2018《钢质管道外腐蚀控制规范》;

②SY/T 0087.1—2006《埋地钢制管道外腐蚀直接评价》;

③SY/T 6151—2009《钢质管道管体腐蚀损伤评价方法》;

④SY/T 0063—1999《管道防腐层检漏试验方法》;

⑤NACE SP 0502—2008《管道外防腐直接评价方法》;

⑥NACE SP 0169—2007《埋地或水下金属管道系统的外腐蚀控制》;

⑦GB 50251—2015《输气管道工程设计规范》;

⑧GB 50369—2014《油气长输管道工程施工及验收规范》;

⑨NB/T 47013—2015《承压设备无损检测》。

2. 检测内容

外腐蚀检测的项目应包括管线敷设环境调查、防腐(保温)层状况不开挖检测、阴极保护有效性检测、杂散电流检测。

(1)埋地管道外防腐层完整性检测与评价。包括:检测管道中的电流损失;对管道破损点进行检测及定位;检测防腐层破损点的腐蚀活性及破损程度。按涂层缺陷严重程度分类,确定涂层缺陷的修复优先级别,评价其完整性情况。

沿线检测时,要求测录缺陷点、沿线每个测试桩垂直管道位置的管顶 GPS 定位坐标,管顶埋深。

(2)阴极保护系统运行状况的有效性检测与评价。包括:管道测试桩处通/断电电位、全线 CIPS 检测、站场区域阴极保护电位测试、阴极保护站阴保系统测试(站场恒电位仪运行状况,阴极、阳极电缆完好性,长效参比电极有效性,站场、阀室绝缘接头绝缘性能,阳极地床接地电阻)。对其保护水平(阴极保护电位是否满足标准要求,是否存在欠保护及过保护情况)给予评价,提出阴极保护系统运行参数调整建议。

(3)杂散电流检测。包括:对管道沿线杂散电流的干扰情况进行普查;对有明显干扰源的区域进行重点测试;经初步判断存在杂散电流的管段的重点检(监)测(杂散电流干扰源、管道中杂散电流的流动方向、干扰强度等信息),评价其对管道外腐蚀控制的影响;制定防护方案,实施排流措施。

3. 检测方法

(1)开挖直接检测。包括土壤腐蚀性检测;防腐层检查和探坑处管地电位检测;管道状况检测(包括金属腐蚀部位外观检查、腐蚀产物分析、管道壁厚测定、腐蚀区域的描述,以及凹陷、变形等损失检查);管道焊缝及损伤部位无损检测;应力腐蚀开裂检查;直接开挖点防腐层修复。

(2)间接检测。间接检测技术是指不开挖的地面检测技术,这些检测技术往往都是通过专用的仪器设备,给埋地管道施加电信号,再由专业的技术人员,在埋地管道的上方,通过接收设备或测量仪器接收从管道中反馈出的电信号,从而了解和评价埋地管道的外防腐层的缺陷和质量,以及对阴极保护的状况进行评价。用于管道防腐层检漏的检测技术有:皮尔逊音频信号检漏技术(Pearson 检测技术)、交流电流衰减法(PCM)、电流电位梯度法(DCVG/ACVG)。

4. 检测报告与适用性评价

(1)检测报告包括:管道检测评价总体报告(含维修及监控管理方案);管道外防腐层完整性评价报告;管道阴极保护有效性评价报告(含整改建议);杂散电流干扰情况检测结果及防护建议方案报告;直接开挖检测报告(含环境腐蚀性检测评价、防腐层状况检测、管道外壁腐蚀情况、无损检测报告等);防腐层修复报告。

（2）适用性评价包括对含缺陷的管道进行剩余强度评估,对与时间相关的缺陷进行剩余寿命预测,对管道应力分析计算,对可能存在材质变化的管道开展材料适用性评价,确定管道许用参数与下次全面检验日期。

5. 防腐层等级评价

（1）防腐层整体性能评价。评价标准按 SQ/SH 0314—2009《埋地钢质管道腐蚀与防护检测技术规程》执行(表 5-17)。

表 5-17　防腐层绝缘电阻率的技术等级划分

技术等级	优	良	可	差	劣
绝缘电阻,$\Omega \cdot m^2$	>10000	10000~5000	5000~3000	3000~1000	<1000
视电容率,$E\mu F/m^2$	<100	100~200	200~500	500~1000	≥1000
损坏或老化程度	基本无损坏或老化	损坏或老化轻微	损坏或老化较轻	损坏较重或局部严重	损坏或老化严重
对防腐层采取措施	暂不维修和补漏	每3年为1个周期进行检漏修补作业	每年进行检漏和修补	加密测点进行小区段测试;对加密测点测出的<1000$\Omega \cdot m^2$段进行维修	大修

（2）管道防腐层破损点评价。

① 根据 ON/OFF 电位差,所导出的 IR% 降,确定管道防腐层破损的严重程度。

1%~15% IR——这类漏损点常被认为不重要,不须修复。

16%~35% IR——一般不是严重的威胁,适当的阴保条件可以提供足够的保护。

36%~60% IR——这类漏损点一般认为值得修复。

61%~100% IR——这类漏损点一般要立即修复。

② 按腐蚀状态分为:阴极/阴极(C/C)、阴极/中性(C/N)、阴极/阳极(C/A)和阳极/阳极(A/A)四种类型。

③ 管道防腐层缺陷等级的划分,见表5-18。

表 5-18　防腐层破损点分类表

检测方法	轻(三类)	中(二类)	严重(一类)
DCVG	IR 降 1%~15%,CP 电位在通/断均为阴极状态[阴极/阴极(C/C)]	IR 降 16%~35%,CP 电位在开/关均为中性状态或[阴极/中性(C/N)]	IR 降 36%~100%,CP 电位在开/关均为阳极(A/A)状态或阴极/阳极(C/A)
CIPS	通/断电位轻微负于 CP 标准。	断电位轻微偏离并正于 CP 标准	通/断电位中等或大幅度偏离并正于 CP 标准
ACVG,dB	<50	50~70	>70
交流电衰减法	单位长度的管道,衰减较小	单位长度的管道,衰减中等	单位长度的管道,衰减较大

a.分类说明:严重——腐蚀可能性最高;中等——有可能发生腐蚀;轻微——腐蚀不活跃,或可能性较小。

b.管道防腐层分类主要依据 DCVG、CIPS 测试结果分类,ACVG(dB)、交流电衰减法只做参考。

c.分类标准应考虑使用工具的检测性能以及独特的管道情境。

d.初次使用 ECDA 法,分类标准应尽可能严格。当管理者不能确定某一标示腐蚀是否活跃时,归入"严重"等级。

e.如果两个或者两个以上的地面间接检测工具测出的腐蚀地点明显不同,而且又不能从仪器的内在性能和管道的特点来解释,则要进行另外的地面间接检测或进行初步的开挖检验。

对于严重类的,应立即开挖维修。

6.阴极保护有效性检测与评价

阴极保护系统有效性检测与评价,对其保护水平(阴极保护电位是否满足标准要求,是否存在欠保护及过保护情况)给予评价,提出阴极保护系统运行参数调整建议。

1)检测方法与技术要求

(1)检测方法。

①线路全线实施 CIPS 密间隔电位测试。检测管道全线及测试桩处通电位、断电位。

②站场阴极保护设施测试,主要检测恒电位仪;测量阴极、阳极电缆、零位接阴电缆完好性;检测长效参比电极有效性;检测站场、阀室绝缘接头绝缘性能;检测阳极地床接地电阻;检测阳极地床地面电位梯度;站内阴保电位测试及异常原因判断等。

(2)技术要求。

①判断防腐层的状况和阴极保护是否有效;确定防腐层破损处管体的腐蚀活性。用 CIPS/DCVG 方法时,测点间隔 $2\sim3m$,每个点采集数据 8 个,包括开电位、关电位、开电压梯度、关电压梯度、距离、采样时间、经度、纬度。测量过程中,如受杂散电流的干扰,应过滤掉 $90\%\sim95\%$ 杂散电流的干扰。

②分析强制电流阴极保护运行参数,包括给定电位、通电点电位、输出电流、输出电压、辅助阳极接地电阻及保护电位测试月报表,评价阴极保护系统工况,并提出改进建议。

③查明管道保端与非保端搭接短路异常情况,判断局部保护电位异常原因,提出问题整改建议及管道防腐涂层维修及监控管理方案。

2)阴极保护有效性评价

(1)管道测试桩处阴极保护有效性评价标准:管道保护电位(断电电位)应为 -850mV 或更负;阴极保护状态下的(断电电位)不能比 -1200mV 更负。存在硫酸盐还原菌的环境,被保护管道的电位(断电电位)负移至 950mV(CSE)或更负。

(2)CIPS 检测判定标准:管道沿线断电电位测量结果均满足上述阴极保护准则评价。

3)杂散电流干扰评价

(1)直流杂散电流评价。

直流杂散电流的判定按两个指标评定:

①管地电位较自然电位的正向偏移(表 5-19)。

②土壤电位梯度(表5－20)。

表5－19　直流干扰程度判定指标

直流干扰程度	弱	中	强
管地电位正向偏移值,mV	<20	20～200	>200

表5－20　杂散电流强弱程度判定指标

杂散电流强弱程度	弱	中	强
土壤电位梯度,mV/m	<0.5	0.5～5	>5

因管道自然电位不能准确测定,要求在参考表5－19的基础上,按管道直流干扰检测要求进行检测,按表5－20标准判断管道杂散电流干扰强度,并作为制定排流方案的依据。

(2)交流杂散电流评价。

交流杂散电流评价标准见表5－21和表5－22。

表5－21　交流干扰电位判定指标(U)　　　　　　　　V

土壤类别	严重性程度		
	弱	中	强
碱性土壤	<10	10～<20	≥20
中性土壤	<8	8～<15	≥15
酸性土壤	<6	6～<10	≥10

表5－22　交流干扰程度的判断指标

交流干扰程度	弱	中	强
交流电流密度,A/m²	<30	30～100	>100

4)干扰源查找与排流措施

(1)检测。

利用杂散电流检测仪,对管道沿线直流和交流杂散电流的干扰情况进行测试,主要针对有明显干扰源的区域,如变压器入地点、穿跨铁路与重要公路附近、高压线跨越处、有管道交叉的区域、管地电位波动大的区域等进行动态监测。应用数据分析软件,分析不同管段上杂散电流衰减情况以及相关性,进而得出管道中杂散电流的流动方向、电流大小,配合外防腐层测试结果,确定杂散电流的流入与流出点。根据上述检测结果,查找杂散电流的干扰源。

(2)排流措施。

检测完成后,检测单位要根据检测及评价结果制定相应的排流方案,提出排流措施。排流措施依据标准SY/T 0017《埋地钢质管道直流排流保护技术标准》和GB/T 50698—2011《埋地钢质管道交流干扰防护技术标准》或SY/T 0032《埋地钢质管道交流排流保护技术标准》制定。

5)管道直接检测评价指标

(1)土壤电阻率评价指标见表5-23。

表 5 – 23 土壤电阻率评价指标

等级	强	中	弱
土壤电阻率，Ω·m	<20	20~50	>50

（2）土壤电流密度评价指标见表 5-24。

表 5 – 24 土壤电流密度评价指标

等级	极轻	较轻	轻	中	强
电流密度，μA/cm²	<0.1	0.1~3	3~6	6~9	>9

（3）土壤细菌腐蚀评价指标见表 5-25。

表 5 – 25 土壤细菌腐蚀评价指标

等级	强	较强	中	弱
氧化还原电位，mV	<100	100~200	200~400	>400

（4）防腐层状况评价指标见表 5-26。

表 5 – 26 防腐层状况评价指标

项目	优	中	差
外观	颜色光泽无变化	颜色光泽有变化	出现麻点、鼓泡、裂纹
厚度	无变化	稍有改变	严重改变
黏结力	无变化	减小	剥落
针孔，个/m²	无变化	<n	—

注：土壤、水介质 n=1。

（5）金属腐蚀性评价指标见表 5-27。

表 5 – 27 金属腐蚀性评价指标

项目	轻	中	重	严重
最大点腐蚀速度，mm/a	<0.305	0.305~0.611	0.611~2.4378	≥2.4378

6）安全性评价

管道的安全性评价依据不同的缺陷类型依据相关标准做出评价。

（1）管道内、外腐蚀损伤缺陷：对于腐蚀损伤，依据 SY/T 6151—2022《钢质管道金属损失缺陷评价方法》、SY/T 6477—2017《含缺陷油气管道剩余强度评价方法》或 API RP 579《服役适用性准则》进行评价。

（2）机械划痕、沟槽类的缺陷：划痕、沟槽类可能存在应力集中的缺陷，按 API RP 579 进行评价或欧洲 PDAM 标准中的 Shannon 评价方法评价。

（3）管体变形：对凹陷的评价目前没有标准，可由检测单位根据有限元分析的工程计算方法进行评价。凹陷缺陷隐蔽性很强，应通过技术手段识别出可能会威胁管道未来完整性的凹陷缺陷，并进行凹陷缺陷特征的评价，给出合理的修复计划，与裂纹或凿痕、裂纹和凿痕一同发生的凹陷是管道最严重的缺陷形式，并显示出非常低的破裂压力和疲劳寿命，因而需要对这种缺陷加以调查和及时修复。

（4）裂纹类缺陷：对检测中发现的裂纹类缺陷，应按 BS 7910《金属结构裂纹验收评定方法指南》或 API RP 579 标准评价。

（二）内腐蚀检测

评价标准：

①ASME B31G；

②DNV DNV – RP – F110；

③BS 7910　Guide to methods for assessing the acceptability of flaws in metallic structures；

④API 579 – 1 ASME FFS-1-Fitness-for-Service

⑤SY/T 6477—2017《含缺陷油气输送管道剩余强度评价方法》；

⑥SY 6151—2022《钢制管道金属损失缺陷评价方法》；

⑦GB/T 19624—2019《在用含缺陷压力容器安全评定》。

参照 GB 32167—2015《油气输送管道完整性管理规范》中附录 J,针对不同的缺陷类型推荐参照的法规标准如表 5 – 28 所示。

表 5 – 28　评价参照的法规标准

缺陷类型	推荐标准	
	国内	国外
腐蚀	SY/T 6151 SY/T 6477 SY/T 10048 GB/T 19624	ASME B31G DNV – RP – F101 API RP 579 BS 7910
划痕	—	API RP 579 BS 7910 Shannon 方法
管体制造缺陷ª	—	API RP 579 BS 7910 Shannon 方法
凹陷	SY/T 6996	API 1156 API 1160 ASME B31.4 ASME B31.8 CSA Z662
焊缝缺陷ᵇ	SY/T 6477 GB/T 19624	API RP 579 BS 7910
裂纹	SY/T 6477 GB/T 19624	API RP 579 BS 7910

注：

a. "管体制造缺陷"涵盖的管体缺陷范围很大,评价时宜进一步区分为平面型、体积型或其他类型；

b. "焊缝缺陷"评价应首先明确缺陷类型(平面型、体积型),对于类型不明宜结合历史失效事故或现场检测进一步验证,或按照平面型缺陷进行评价。碰死口、返修口处的环焊缝缺陷通常承受较大的装配应力或残余应力,评价时应重点考虑。

三、完整性评价步骤

（一）管道完整性检测与评价规划、计划编制

管道完整性管理部门根据公司所辖管道历史检测记录、管道实际情况等组织编制公司管道总体完整性检测与评价规划。

（二）内检测项目实施步骤

（1）根据公司招标管理相关规定，选定具有相应资质和满足相关技术要求的清管承包方、检测承包方。

对于涉及多家输油气单位管理的管道，管道内检测项目原则上按照各自管辖里程分别实施。但对于同一发球站间，由管理管道长度较长的输油气单位作为项目主体并负责组织实施，相关各输油气分单位配合内检测项目实施工作。如管理管道长度相当，原则上由下游输油气单位作为项目主体并负责组织实施。

（2）管道内检测实施前期准备。

①各输油气单位对检测承包方以及清管承包方现场人员进行入场 HSE 教育。

②检测承包方以及清管承包方对输油气单位进行技术交底。

③各输油气单位组织清管承包方与检测承包方进行现场勘测，提供所需的管道基础资料。

④输油气单位组织检测承包方编制内检测技术方案，清管承包方编制清管方案，上报管道完整性管理部门。

⑤管道完整性管理部门组织对清管方案和内检测技术方案审查。

（3）内检测实施过程。

①各输油气单位负责所辖检测段内清管与检测项目全过程配合及监督管理。

输油气单位主要负责管理及配合内容：

a. 组织检测承包方现场勘测、踏线设标。

b. 负责根据现场勘测评估需要，开展收发球条件改造等。

c. 负责与内检测相关设施（如阀门、盲板、过球指示器等）情况的排查。

d. 检测期间管道内清出的污物按照输油气生产环境保护管理相关规定的要求进行处理。

e. 负责收发球流程操作、开关盲板、现场安全监护。

f. 监督检查承包方清管和内检测运行过程中的跟踪方案落实情况。

g. 负责清管及检测器运行全过程的应急保驾工作。

h. 其他根据现场需要可能需要配合的内容。

②管道科组织现场清管与检测，在管道完整性管理系统中及时建立内检测工程，上报内检测清管及检测器运行记录。

③管道科根据管道公司 HSE 管理要求，在现场检测工作时，监督清管方与检测方履行作业许可管理相关规定。

④管道完整性管理部门接收检测承包方在合同约定时间内提交的初步检测报告，判断是否有立即修复点。如果有，则协调组织紧急修复。

⑤管道完整性管理部门接收、审核管道内检测报告。

⑥现场开挖验证,各输油气单位组织开挖验证,将开挖验证报告上报管道完整性管理部门。

⑦管道完整性管理部门根据验证结果组织内检测项目验收。

(三)工程适用性评价步骤

(1)管道完整性管理部门组织开展工程适用性评价工作。

(2)管道完整性管理部门组织验收管道完整性评价报告,形成会议纪要或专家意见。

(3)管道完整性管理部门将管道完整性评价报告备案存档。

(4)输油气单位管道科负责利用内检测用户数据软件组织开挖验证、缺陷修复过程中无损检测工作的实施,并在两周内将缺陷无损检测结果及修复信息记录表或报告填报完整性管理系统中。

(5)管道完整性管理部门结合开挖验证和修复结果组织开展管道完整性评价结果梳理工作,给出下一年度缺陷修复建议,并作为管道完整性评价报告补充说明。

(四)外检测项目实施步骤

(1)外检测项目所在单位根据公司"大项目修理"计划的安排,按照公司招标管理相关规定,选定具有相应资质和满足相关技术要求的检测方。

(2)外检测项目所在单位组织编制管道外检测技术方案,将方案报管道完整性管理部门,管道完整性管理部门负责方案审查或审批。

(3)外检测项目所在单位按照合同管理要求,填报合同管理系统,与检测方签订合同。

(4)检测方与管道公司所属单位联系确定进场事宜。属于作业许可范畴的作业,要求承包方按作业许可管理相关规定执行。

(5)检测方进入检测现场,进行作业准备。作业前的风险识别及控制措施的制定,按作业安全分析管理相关规定执行。

(6)检测方进行现场检测作业,检测方法执行公司技术手册。输油气单位指派专人负责外检测的协调配合和现场操作的安全监督工作。

(7)检测方确定是否存在管体立即修复点。如果存在,发出隐患告知。

(8)外检测项目所在单位组织检测方将检测信息上报管道完整性管理部门。

(9)外检测项目所在单位组织检测方编制管道外检测报告并将管道外检测报告提交管道完整性管理部门。

(10)管道完整性管理部门审核并组织验收管道外检测项目,形成验收意见。

(11)检测方根据验收意见对报告进行修改完善。

(12)检测方将正式版的管道外检测报告上报管道完整性管理部门。

(13)管道外检测项目竣工后,检测方于3个月内提交竣工资料。

(14)输油气单位组织管辖范围内的外检测报告结果宣贯。

(15)外检测项目所在单位牵头将外检测数据录入完整性管理系统。

四、完整性评价实例

以某工程腐蚀缺陷分析为例,进行完整性评价实例说明。

(一)检测成果总结

本次检测发现金属损失 404 处,变形 52 处,焊缝异常 666 处,补口带下异常 456 处。检测成果统计见表 5-29,不同类型缺陷按数量统计见图 5-9。

表 5-29 检测成果统计表

缺陷类型		深度范围	符合条件的缺陷数量	最深缺陷	缺陷数量小计	总计
金属损失	内部金属损失	5% wt[①] ≤深度<10% wt	354	19% wt,1 处,里程:192606.327m	389	404
		10% wt ≤深度<20% wt	35			
	外部金属损失	5% wt ≤深度<10% wt	10	15% wt,1 处里程:191946.185m	15	
		10% wt ≤深度<20% wt	5			
变形	管体凹陷	2% OD[②] ≤深度<6% OD	46	5.2% OD,1 处里程:25621.292m	48	52
		深度≥6% OD	2	7.4% OD,1 处里程:25620.624m		
	螺旋焊缝凹陷	2% OD ≤深度<6% OD	4	4.5% OD,1 处里程:92882.725m	4	
焊缝异常	环焊缝异常	轻度	611	—	660	666
		轻度	32			
		中度	17			
	直焊缝异常	轻度	2	—	2	
	螺旋焊缝异常	轻度	4	—	4	
补口带下异常	补口带下阴影	—	456	—	456	456
	补口带下腐蚀	—	0	—	0	

注:金属损失可能为腐蚀或管材本身存在的缺陷,或在管道制造、防腐、运输和敷设过程中产生的缺陷。

①wt(wall thickness)表示管道的壁厚。

②OD(out diameter)表示管道的外径。

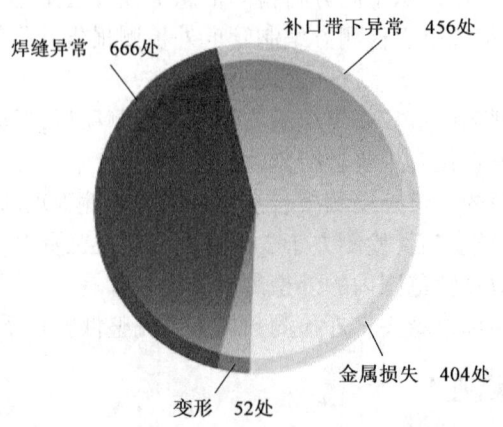

图 5-9 不同类型缺陷数量统计饼图(缺陷类型)

（二）金属损失统计分析

本次检测发现金属损失 404 处,其中内部金属损失 389 处,外部金属损失 15 处。金属损失的平均深度为管道正常壁厚的 7%,最深的金属损失深度为管道正常壁厚的 19%,为内部缺陷,位于本次检测里程的 192606.327m 处,所在管段壁厚为 12.8mm。

在全部 18449 根管节中,有 273 根管节上存在缺陷,存在缺陷的管节占管节总数的 1%。

金属损失按深度统计见表 5 – 30。

表 5 – 30　金属损失按深度统计表

金属损失的深度	内部	外部	总数量
5% wt≤深度 <10% wt	354	10	364
10% wt≤深度 <20% wt	35	5	40
总计	389	15	404

本次检测发现并量化内部金属损失 389 处。内部金属损失的平均深度为管道正常壁厚的 7%,最深的内部金属损失深度为管道正常壁厚的 19%,位于本次检测里程 192606.327m 处,所在管段壁厚为 12.8mm。内部金属损失按深度统计见表 5-31。

表 5 – 31　内部金属损失按深度统计表

内部金属损失的深度	符合条件的金属损失的数量	占内部金属损失总数百分比
5% wt≤深度 <10% wt	354	91%
10% wt≤深度 <20% wt	35	9%
总计	389	100%

（三）金属损失剩余强度评价

当管道管体存在金属损失缺陷时,由于局部管体壁厚减薄造成管道承压能力降低。剩余强度评价利用断裂力学、材料力学等学科的理论,计算管道金属损失位置所能承受压力的大小。

本报告依据金属损失的长度和深度数据,使用 ASME B31G 评价方法对金属损失进行了剩余强度评价及剩余寿命预测;依据金属损失的宽度和深度数据使用 Kastner 评价方法对金属损失进行了剩余强度评价。评价中只考虑内压对管道的影响,不考虑其他载荷的影响。本次完整性评价报告的数据来源为业主提供数据及管道检测成果数据。

为了判断剩余强度评价后的缺陷是否需要立即维修及缺陷的严重程度,引入预估维修比概念。预估维修比(Estimated Repair Factor,ERF)是管道最大允许操作压力(MAOP)与缺陷处安全操作压力的比值。当 ERF 值大于 1 时,表示缺陷处的安全操作压力小于 MAOP,不能满足最大允许操作压力的运行要求,需要立即维修;反之,当缺陷处的 ERF 小于或等于 1 时,表示缺陷处的安全操作压力大于或等于 MAOP,能够满足最大允许操作压力的运行要求,不需要立即维修。

（四）管道剩余寿命预测

金属损失生长速率的计算是管道剩余寿命预测的基础。管道剩余寿命预测是管道将来完整性评价的主要依据。

根据金属损失缺陷的生长速率及金属损失缺陷处的承压强度,对管道(发球站—收球站)上的 404 处金属损失进行了剩余寿命预测。依据 ASME B31G 方法的评价结果,在最大允许操作压力 10MPa 下,没有金属损失需要在 5 年内计划维修。

(五)再检测周期

通过剩余强度评价,管道(发球站—收球站)在 10MPa 压力下,目前没有需要立即维修的金属损失。通过剩余寿命预测,没有金属损失需要在 5 年内计划维修。

本次检测为该管道的首次检测,通过实施内检测,能够了解管道缺陷的存在情况以及缺陷对管道当前完整性的影响。但由于管道运营环境的不断变化,腐蚀速率的发展存在着不确定性。通过实施管道再检测,依据两次检测数据信息的对比,可以一定程度地了解管道中腐蚀速率发展情况,明确管道所存在缺陷的性质,为管道完整性管理提供科学依据。

结合管道运营的实际情况,依据 GB 32167—2015《油气输送管道完整性管理规范》相关规定,该管道再检测周期最长不超过 10 年。但考虑本次检测为该管道的首次检测,虽然检测发现缺陷数量较少,但由于首次管道检测存在的不确定因素,建议该管道再次检测的时间间隔为 5 年(即在 2020 年 12 月之前再次实施管道内检测),最迟不超过 10 年。

第五节　油气管道维修与应急

一、维修与应急规程

(一)维修要求

根据完整性评价结果,确定立即维修及计划维修的金属损失管道,并制定维修计划。

金属损失管道维修的主要依据如下:

(1)金属损失缺陷深度超过管道正常壁厚 80% 时,立即维修;

(2)金属损失处的安全操作压力小于 MAOP,即 ERF > 1 时,立即维修;

(3)依据金属损失生长速率,当金属损失处的安全操作压力降到小于 MAOP 时的时间为该金属损失的剩余寿命,在下一次检测之前,依据金属损失的剩余寿命进行计划维修;

(4)对其他可能危害到管道运行安全的缺陷,依据缺陷的类型及深度进行维修。

变形维修的主要依据如下:

(1)弯折凹陷。

(2)含有划痕、裂纹、电弧灼伤或焊缝缺陷的凹陷。

(3)在焊缝上且深度大于 2% 管道直径的凹陷。

(4)含有腐蚀且腐蚀深度大于 40% 管道壁厚的凹陷。

(5)含有腐蚀且腐蚀深度为 10% ~40% 管道壁厚,按 SY/T 6151—2022《钢制管道金属损失缺陷评价方法》评价需要修复的凹陷。

(6)深度大于 6% 管道直径的凹陷。

(二)第三方施工控制

(1)应基于"主动过程防控"原则,建立第三方损坏专项风险管控措施,尽可能降低第三方损坏引起的管道失效事故率。

（2）应将第三方施工巡查纳入日常管理中，并与管道所在地各级地方政府、居民建立管道保护联防机制，加强第三方施工联防宣传，保证及时识别管道沿线第三方施工活动。

（3）应建立第三方施工管理程序。按照 GB 55009—2021《燃气工程项目规范》的要求，将管道保护和控制范围内的所有施工纳入管理范围，采用分级管理策略，宜按照施工类型、与管道距离等因素确定。

（4）施工活动监管期间，应与第三方施工单位或个人签署管道保护协议，并在施工前确定与标识管道位置、设置警戒带，施工过程进行现场全过程监护。施工结束后，与第三方施工单位对关联段管道的保护工程进行验收，确认管道是否受损，并详细记录隐蔽工程的情况。

（5）管理单位应对所辖管道的位置设立物理标识，并结合实际情况，开展管道沿线的安全宣传活动，宣传第三方施工的影响，告知沿线居民管道和光缆位置、地面标识及破坏管道的影响，提高管道保护意识，有效降低第三方损坏风险。

（三）现场指挥领导应急处置流程

现场指挥领导应急处置流程见表 5 - 32。

表 5 - 32　现场指挥领导应急处置流程

序号	处置步骤
1	接到事故报告后组织判断事故等级，启动现场处置方案
2	向分公司应急领导小组报告，收集现场信息
3	根据现场事态情况，向地方应急部门汇报
4	安排人员按要求进行工艺操作
5	安排人员整合、调配各类应急资源
6	组织、指挥事故初期处置，防控安全、环保次生灾害
7	安排人员开展现场警戒、环境监测，视情况疏散周边群众
8	安排人员引导后续抢险队伍进入现场
9	安排人员提供现场后勤保障
10	应急结束后，组织清点人员和物资，清理危险废物，关闭现场处置方案

（四）河流油品泄漏现场处置流程

河流油品泄漏现场处置流程见表 5 - 33。

表 5 - 33　河流油品泄漏现场处置流程

步骤	处置措施	负责人
"一停"	通知国家管网调度停输，大流量泄放，关闭截断阀；汇报分公司调度、作业区领导并告知固安作业区值班人员	值班人员
"二围"	在最短时间内采取有效的方法控制泄漏油品流入附近河流，阻止油品继续进入河流，避免环境污染事态的进一步扩大	作业区领导
"三拦"	根据流速与受力，设置围油栏、吸油拖栏，拦截泄漏油品	作业区领导
"四筑"	构筑实体坝、过水坝等坝体，利用水重油轻原理为水面收油创造条件，构筑活性炭坝，吸附水中污油	作业区领导

步骤	处置措施	负责人
"五控"	立即联系管道途经相关水域的河道管理部门,充分利用河道上的闸门,控制水位和水流速度或分流上游来水,以便于开展收油作业	作业区领导
"六收"	根据不同情形,采用收油机、吸油毡、凝油剂等不同的方式回收泄漏油品	作业区领导
"七清"	人工或机械清理收集含油污物,交给具备相关资质的单位进行处置,满足地方环保部门要求	作业区领导

(五) 着火爆炸现场处置流程

着火爆炸现场处置流程见表 5-34。

表 5-34　着火爆炸现场处置流程

序号	处置步骤		负责人
—	管道火灾、爆炸	阀室火灾、爆炸	—
1	发现管道泄漏后,汇报站场值班人员		第一发现人
2	向国家管网调度、分公司调度汇报,告知固安作业区。按调度指示通知管道工关闭线路截断阀。拨打110、119,有人员伤亡拨打120		值班人员
3	汇报作业区领导或值班干部,记录事件相关信息		值班人员
4	组织开展前期处置		作业区领导
5	可燃气体检测,划定安全区域,搭建围堰、拦截油品	切断 RTU 阀室电源	作业区领导
6	联系政府部门疏散附近居民,阻止无关人员、车辆靠近		作业区领导
7	现场引导后续应急车辆及力量		作业区领导
8	开展事故点周边环境监测以及危险废物处理		作业区领导

二、维修与应急实例

(一) 事件经过

7 月 18 日 21 时至 20 日 6:00,湖北恩施出现强降雨,强降雨导致 BX 段输气管道所经过的山坡出现山体滑坡(图 5-10、图 5-11)。7 月 20 日 6:32,通过 SCADA 系统发现恩施输气站出站 ESDV121 阀因压降速率过高关闭;6:45 鄂西管理处接到村民报警称听见管道爆炸声并看到冒烟。爆炸将 EES242(转角桩)~ EES243 间 5 根直管段抛出约 200m,爆炸处上下游两端管头着火。上游端管头火势于 8:00 前熄灭,山体滑坡持续至 22:00 趋于稳定。下游端山体滑坡于 21 日 14:00 趋于稳定,管头露出地表由 1m 扩大到 8.5m;为防止次生灾害、确保现场不发生二次爆炸,现场指挥部保持火苗持续燃烧,至氮气资源组织到位后将事故管道天然气放空、置换,7 月 23 日 12:00 下游端火势熄灭(图 5-12、图 5-13)。

事件造成 2 人死亡,4 人伤势较重、5 人轻伤(均为烧伤)。

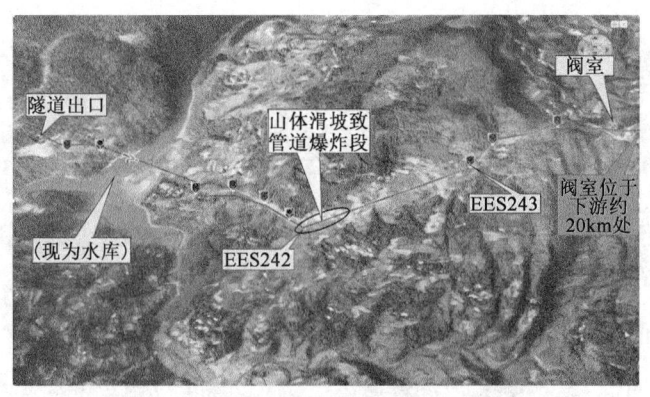

图 5-10 事件段管道位置示意图(GIS 系统图)

图 5-11 事件现场航拍图(7 月 21 日 17:00)

图 5-12 事件后现场上游端

(二)事件后采取的措施和应急救援情况

确认事件发生后,管道运营公司应急指挥中心办公室立即按照应急处置程序通知上游气源降量、关停压缩机组并向相关领导及上级进行汇报。

图 5 – 13　事件后现场下游端

　　7 月 20 日 7:29 管道运营公司启动应急预案,公司机关、鄂西管理处、宜昌维抢修中心、江汉油建及社会救援力量迅速组织人员、设备赶赴现场,协调解决管道供气问题;向湖北省政府、恩施州政府进行汇报,并请求当地给予现场救援;组织设计、地质单位制定改线路由等各项应急方案。集团公司总部相关部门也紧急赶赴武汉调控中心和事件现场指导救援抢险。8:10 鄂西管理处恩施巡线分队赶赴现场,进行现场警戒,将现场情况及时反馈到武汉调控中心,并协调地方政府及当地群众抢救受伤人员、协助转移附近居民。12:40 公司机关、鄂西管理处、宜昌维抢修中心第一批共 15 人赶赴现场,加强事件现场警戒,全力配合地方政府进行人员救治。17:10 管道运营公司领导及相关部门赶赴现场,成立现场救援抢险指挥部,进一步摸清事件现场情况,与地方政府协商一致具体抢险方案。

　　7 月 20 日 20:00—7 月 23 日 14:00,注氮设备、江汉油建、宜昌维抢修中心、地质勘查队伍、抢修管材等各路抢险人员及设备分别赶赴恩施输气站集结,并对恩施输气站至上下游阀室管道进行放空、氮气置换。

　　7 月 23 日 15:00,在地方政府抢通至管道事故点道路后,设备及管材陆续运入。现场组织中石化胜利、中原、江汉 3 家设计院、江汉油建等单位和地方应急资源共 400 余人、150 余台工程抢险设备,克服重重困难连续 24 小时作业,至 7 月 30 日 12:00 完成了 820m 改线工程管道抢修工作。

　　7 月 30 日 13:56—17:39 对事故管道进行置换、分阶段升压至干线压力,稳压验漏无异常后,18:16 管道全线顺利实现贯通,恢复供气。

　　通过排查,7 月 24 日 17:00 发现事故管道下游存在一处不稳定滑坡体,经现场踏勘及地质监测,专家组认为该处具有较大危险性,7 月 28 日现场指挥部决定对该处管道进行改线。7 月 31 日—8 月 18 日完成该处 520m 改线全部工作量,9 月 14—16 日完成该处连头作业。维修改造完成(图 5 – 14)。

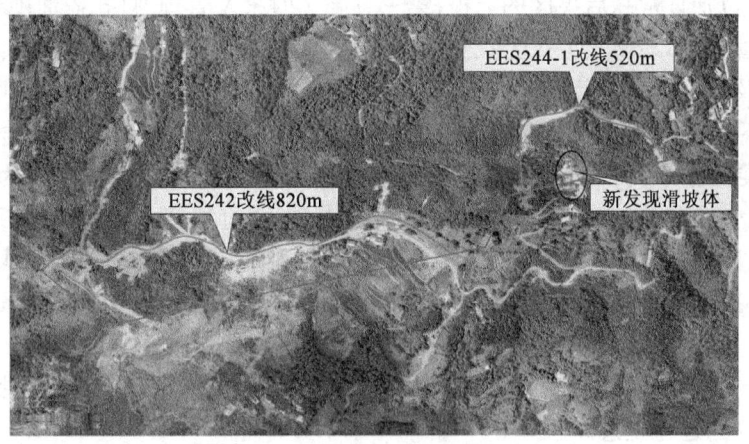

图 5 – 14　两处改线示意图

第六节　油气管道效能评价

一、效能评价标准

(一) 评价的目的

为客观公正地考核完整性管理工作实施情况,有效监督管道的完整性和安全性情况,查找完整性管理可能存在的短板和不足,使完整性管理持续向最佳实践改进。

(二) 评价的范围

适用于各输油气单位在管道完整性管理业务方面的效能管理。

(三) 基本概念

(1)完整性效能管理,是指通过效能评价、管理审核、效能改进等改进和提高完整性管理水平的一系列管理活动的集合。

(2)完整性效能评价,是指以查找完整性管理任务是否完成和管道安全性和完整性是否得到改善为目的的评价活动。其评价指标体系分为过程指标、终端指标。其中过程指标主要针对完整性管理任务是否完成而设定,权重为 30% ;终端指标主要针对管道是否安全以及完整性管理活动是否有助于改善管道性能而设定,权重为 70% 。

(3)完整性管理审核,是指通过对完整性方法和完整性管理进行审核,查找完整性管理过程中存在的不足和短板,明确整改和提高的侧重点。其中,完整性方法的权重为 70% ,完整性管理的权重为 30% 。

(4)方案符合度,是指各输油气单位开展的工作内容与完整性管理方案要求的内容之间的符合情况。

(5)方案内事件,是指依照完整性管理方案和管道管理的相关要求开展工作过程中遇到或处理的问题,包括日常高后果区的上报、第三方施工时报及管理、打孔盗油迹象上报及管理、新占压上报及管理、新地质灾害点上报及管理、阴极保护系统调试及设备维护、各输油气单位依据问题上报及处理程序自行组织的风险控制和风险减缓措施。

(6)方案外事件,是指风险未能依照完整性管理方案识别、评价和控制而发生和处理的事件,包括各类抢修事件和紧急维护事件。依据事件发生的原因,可以分为三类:一是目前认知风险的水平有限,未知因素导致的事件;二是目前法律法规标准体系规定不能满足风险控制的要求,尽管企业已经按相关规定开展了工作,但未有效控制住风险而导致的事件;三是未有效执行完整性管理方案中关于风险识别、评价和控制的要求而导致风险失控引起的事件。

(7)操作合规,是指管道处于正常的、受保护的状态,而免受内部或外部的扰动影响,从而使管道保持良好的运行状态。

(8)非达标管道,是指导致管道性能下降的因素超过标准可接受范围的管道,包括无腐蚀防护或防护不足的管道、未如期开展检测的管道。

(四)内部分工

(1)企业完整性管理部门:负责组织制定并持续完善效能管理的程序和指标体系。负责组织实施具体的效能评估、审核和改进等工作。

(2)人事处(党委组织部):负责依据效能考核结果进行兑现。

(3)各输油气单位:负责配合完整性管理部门实施考核。

负责本单位短板的整改和效能的改进。

(五)管理内容

1. 基本要求

1)人员资质

(1)效能评价与审核人员应具备 5 年以上完整性管理工作经验或具备 10 年以上管道管理经验。

(2)各输油气单位负责效能审核和效能改进的人员应具备 3 年以上完整性管理工作经验或具备 5 年以上管道管理经验。

2)评价周期要求

(1)企业完整性管理部门应在管道完成一个完整性管理循环开展一次全面的效能评价和管理审核流程。

(2)企业完整性管理部门应针对完整性管理工作任务的完成情况,每年单独开展一次过程指标的效能评价,并将评价结果作为年度考核结果上报人事处,由人事处兑现。

(3)当发生下列情况时,企业完整性管理部门应当依据事件影响的范围,单独开展一次管理审核。

(4)发生重大的完整性管理事件,如泄漏事故、管道性能异常退化等。

(5)完整性效能评价结果不合格或完整性效能指标异常下降。

（6）完整性管理部门认定的有必要开展效能审核的其他情况。

（7）各输油气单位可依据本单位实际情况，自行开展或由完整性管理部门开展单独的效能评价和管理审核。

2. 效能评价

（1）启动效能评价流程，或者单独开展过程指标评价和终端指标评价流程。

（2）效能评价的计算公式为：过程指标评价结果×70% + 终端指标评价结果×30%。其中过程指标评价结果取一个完整性管理周期内开展的过程评价结果的平均值。

3. 过程指标评价

（1）完整性管理部门负责每年依据各所辖单位完整性管理方案对各单位上一年度完整性管理工作的实施情况进行考核。

（2）完整性管理部门每年负责对各所辖单位的考核情况进行反馈，各单位接到反馈后对考核结果进行质询和意见反馈，完整性管理部门参考反馈意见，确定最终得分。

（3）完整性管理部门将最终考评得分反馈人事处绩效考核科。

4. 终端指标评价

（1）完整性管理部门负责收集并整理一个完整性管理周期的管道抢修记录、内外检测及评价报告、地质灾害评价报告、风险评价报告等相关专业评价报告和事故事件记录。

（2）完整性管理部门依照专项评价报告结合与相关部门和单位的访谈，确定终端考核指标的数据收集表。

（3）完整性管理部门负责依据终端考核指标的数据收集表收集行业数据或公司平均水平作为标杆，计算每一项指标的得分。与标杆之间的偏差在10%之间，得1分。指标低于标杆90%，得2分。指标高于标杆1.1倍，得0分。

（4）完整性管理部门负责计算评价最终得分。总得分计算公式为事件指标得分累加×95 + 性能指标得分累加×5。

5. 管理审核

（1）完整性管理部门启动管理审核的流程。

（2）审核组织者可根据审核的目的选择全部指标的审核或者部分指标的审核。

（3）审核人员应根据被审核对象实际情况和指标的具体要求，选择访谈、查记录、现场查看、现场问答等形式开展审核工作。

（4）审核人员应当对取得的证据和记录等进行详细的记录，以备日后复核和短板分析之用。

（5）审核人员依据审核结果对附件《管理审核指标体系》中每一个指标进行按符合、基本符合、部分符合、不符合四个等级进行评级。

（6）审核人员应对总体的管理水平给出评价，评价标准如下：符合项占80%以上且不符合项低于10%为高级；符合项占50%以上且不符合项低于30%为中级，符合项低于50%或不符合项高于30%为一般。

二、效能评价步骤

(一)前期准备

1.确定审核目的

被审核单位接收审核的目的一般分为两类:一类是通过对比国内外先进水平,找出目前自己的管理水平,以便于确定下一步管理目标和管理改进的重点方向;另一类是较为明确自身管理所处的位置,并对管理中存在的问题有大体了解,通过审核找出这些问题的症结所在,以便进行下一步的专项管理改进与提高。或者简单地说,一类是不知道自己该干什么才能提高自身水平,另一类是知道该干什么但是不知道自己怎么做才能实现管理的提升。因此,审核前要通过沟通,确定被审核单位的具体情况,以确定审核的重点。

2.确定审核重点

效能评价指标包括管理评价(包括终端指标和过程指标两部分)和管理审核(包括技术指标和管理指标两部分)。其中,管理评价主要是通过各项效能指标的对比,给出被审核单位与标杆之间的差距,从而让被审核单位能够形象地感知自身管理的问题所在,较为适合第一类被审核单位的情况;而管理评审是从完整性六步循环出发,对每一个具体的工作内容给出最低要求和最佳实践的做法,以及这些措施实施所必需的管理方面的配套实施。通过这种审核可以找出导致被审核单位具体指标与标杆之间存在差距的原因所在,较为适合第二类被审核单位的情况。因此要根据审核的目的确定审核重点。

3.确定审核方式

审核方式一般包括中高管理人员的访谈、基层管理人员和操作人员的现场测评与考评、查资料等方式。

中高层管理人员的访谈主要侧重在管道管理的目标、计划方针、管理要求以及管道管理的配套管理(如人、财、物等资源的配套方面)等方面。一般来讲,管理水平不会超越顶层设计的要求,因此访谈的结果对于确定最终的等级有着至关重要的作用。

基层管理人员和操作人员的现场测评与考核,主要侧重于基层人员对于被审核单位的上层要求的领悟程度和具体执行情况,主要是对基层人员的应知应会的技能所达到的水平,以及具体管理要求的执行情况。

查资料主要包括查管理文件、查实施证据、查管理成果记录。管理要求能够执行并坚持下去的一个重要渠道就是管理的制度化。查资料就是要对管理人员所提出的管理要求是否有制度化的管理文件做要求进行查证,对基层落实情况查证据,对落实的最终结果查记录。

(二)审核过程

审核过程大体应该分为:成立审核小组、访谈、现场审核、汇总汇报、编制报告。

1.成立审核小组

审核的实施建议由不同专业的多个成员组成,每个成员负责本专业相关问题的审核。成员组成包括体系、数据、风险、检测评价、管道管理等人员。具体分工见表 5 – 35。

表 5－35　审核小组成员及负责审核问题对应表

序号	成员专业	负责问题
1	体系	管理评价的终端指标和过程指标,管理审核管理指标以及技术指标的效能评估部分
2	数据	管理审核技术指标——数据管理
3	风险	管理审核技术指标——高后果区管理、风险评价管理
4	检测评价	管理审核技术指标——完整性评价管理
5	管道管理	管理审核技术指标——维护维修管理

2.访谈

访谈对象主要包括两个部分:一是被审核单位领导访谈;二是管道管理或完整性管理负责人访谈。

领导访谈主要从领导是否支持、对管道风险和完整性管理的认识水平、是否有管理目标和方针及实现目标的规划、是否具体参与等几个方面入手来开展访谈。管道管理或完整性管理负责人要从管道的主要风险及控制这些风险的主要的举措方面来进行访谈。着重了解其对风险认识的程度,以及为了控制这些风险所采取管理措施的合理性和科学性。如果这两个人为一人,那么访谈内容可以合并。

3.现场审核

现场审核可按照事先分工,对业务处室的主要科室开展逐条审核,审核的内容可结合访谈结果看展,对于访谈中提及的风险管理措施要重点审核。一般按照机关审管理是否有要求,基层审管理是否有落实以及落实情况的原则开展。

4.汇总汇报

审核过程最好每天都进行一个简单的汇总和沟通,以便能够及时解决每天审核中发现的问题,对审核的结果各专业之间也可以进行相互的验证。审核结束之后,对审核结果向被审核单位进行一个大体的回顾或者汇报,对审核发现的问题及发现的好的做法进行一个简单的沟通,这样有助于大家对审核结果形成一致的认识,也便于发现由于审核方式等造成的审核结果与实际情况不符的情况。

5.编制报告

依据审核结果,要依照手册的打分原则对被审核单位的管理水平进行打分和评级工作,并对审核过程中发现的亮点以及不足进行梳理归纳,提出改进的建议和意见。最后按照手册模板进行报告的编制。报告可采用一人通稿,审核小组所有人员全体参与的方式实施。

三、效能评价实例

(一)概述

1.项目背景

某成品油输送管道主要输送汽油和柴油,距今已建成 20 余年,管道沿线设 5 个站场。

某管道运营公司下设安全管理部、外管道管理部、生产技术部等管道线路管理部门。其中外管道管理部共 4 人,下设 5 个分部,每个分部为 4 人,主要负责管道巡线、阴保测试、水工保护等管道日常管理。安全管理部主要负责管道及站场管道安全管理。生产技术部负责管道及站场所有设施技术资料等管理。

2. 评估体系

完整性方法包含数据管理、高后果区管理、风险评价管理、完整性评价管理、维护维修管理、效能评价管理 6 个程序,共设置 319 个子程序。其中,数据是完整性管理的基础,评估的内容包括数据采集、数据维护、数据更新和数据应用 4 个方面的问题;高后果区识别的主要任务是识别管道管理的重点管理部位,评估的内容分为输油和输气两种情况,评估内容包括周边环境资料的全面性、识别方法的合理性、更新的及时性;风险评价是通过对失效可能性和失效后果的综合考虑,给出管道风险排序,为风险控制决策制定提供依据,评估内容包括风险种类和管道状态、数据和信息整合、评价方法、评价结果、风险控制决策制定等;完整性评价是通过打压试验、内检测、直接评估、ECDA 等手段对管道状态进行评估,包括检测及评价方法的选择、检测及评价计划的制定、检测及评价进度跟踪、检测过程风险控制、检测及评价结果审核、再评价周期制定、ECDA 等;维护维修包括缺陷修复和预防减缓措施两个部分,缺陷修复包括缺陷修复计划和缺陷修复的实施,预防和减缓措施包括措施的选择、措施的评估、措施可行性、泄漏监测系统评估、泄漏响应能力、紧急关断系统等;效能评估是对完整性实施效果的评价,包括效能管理要素、评估指标、评估结果沟通、向事件学习、体系文件管理、记录管理等。

完整性管理包括领导与承诺、资源分配、人员资质与培训、合规性管理、沟通管理、变更管理、记录管理等七个程序,共设置 161 个子程序。其中,领导与承诺:良好的领导力对于企业的有效运作非常重要,同样对于管道管理和完整性管理也有重要意义,评估包括管理原则及目标、领导参与两个部分;资源分配:合理科学的计划制定和资源的分配是实现完整性管理目标的基础,评估内容包括资源分配、计划的制定与执行;人员资质及培训:完整性管理活动的实施有赖于实施人员的能力和水平,实施完整性管理活动的人员应该能够满足岗位资质的要求并且具有胜任该工作的能力,评估内容包括岗位及职责、岗位技术能力要求、培训需求分析及实施等;合规性管理:企业应有相关的系统能够确认相关的法规、行业标准,并评价其对业务的影响,评估内容包括:总体要求、资料报备、安全距离、检测与评价等;沟通管理:良好的沟通对于有效的管理是必不可少的,评估内容包括:与土地所有者的沟通、与应急相关组织或个人沟通、与政府相关部门沟通、与一般公众沟通等;变更管理:当管道周围的危害因素发生变化时,管道管理应有相关的机制确保相关的识别、评价和控制工作能够确保这种变化引起的风险增加能够得到及时的削减和控制,评估内容包括变更类型、变更分析、变更实施等;记录管理:信息、记录和数据是完整性管理的基础,要求相关重要的信息要真实、有效、可控和可追溯,评估内容包括:管理文件、高后果区记录、风险评价记录、完整性评价记录、维护维修记录、效能评估记录。

3. 打分方法

依据《效能评估程序》文件规定,每一个子程序分按符合、基本符合、部分符合、不符合四个等级进行评估。其中,符合是指相关做法完全满足该子程序的要求,达到预定目标;基本满足是指相关做法虽未完全满足该子程序的要求,但达到预期目标的 80% 以上;部分满足是指相关做法部门的满足该子程序的要求,预期目标部分满足;不符合是指相关做法与子程序要求之间完全不符合。

完整性管理差异性分析是通过对完整性方法和完整性管理进行审核,查找完整性管理过程中存在的不足和短板,明确整改和提高的侧重点。该评价系统分为两个部分:完整性方法的权重为70%,完整性管理的权重为30%。依据符合项和不符合项占比,管理等级分为初、中、高三级。其中符合项占80%以上且不符合项低于10%为高级;符合项占50%以上且不符合项低于30%为中级,符合项低于50%或不符合项高于30%为处级。

(二)评估结果汇总

1. 总体情况

通过对完整性效能评估体系所有子程序的打分,完整性技术319个子程序符合项占6.5%,基本符合项占5.2%,部分符合项占8.6%,不符合项占67.2%,由于相关工作尚未开展不涉及项占12.5%;完整性管理161个子程序符合项占8.3%,基本符合项占5.5%,部分符合项占11.6%,不符合项占61.5%,由于相关工作尚未开展不涉及项占13.1%。完整性技术及完整性管理各程序分级情况见图5-15和图5-16。

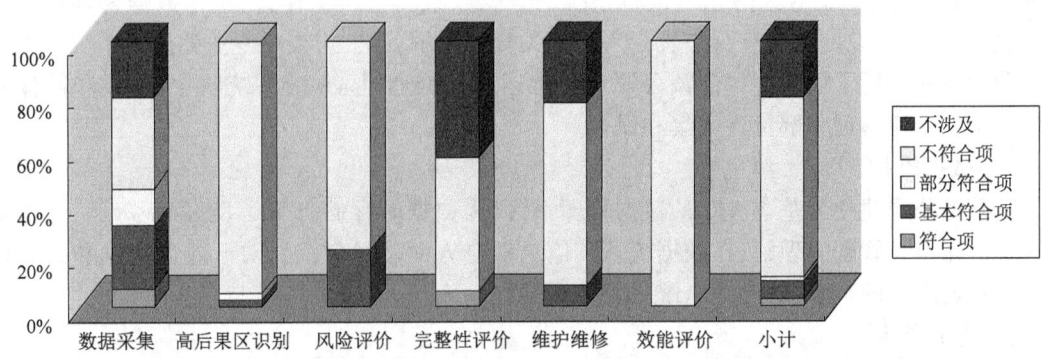

图5-15　完整性效能之完整性技术指标打分情况

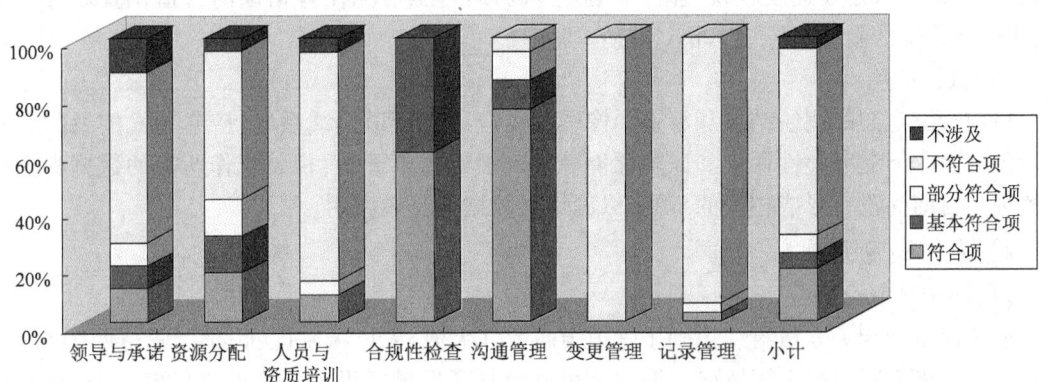

图5-16　完整性效能之完整性管理指标打分情况

依照完整性技术与完整性管理指标在总评价体系中的权重比例,结合完整性技术和完整性管理两部分的打分情况,完整性总体效能符合项占6%,基本符合项占6%,部分符合项占

2% ,不符合项占 68% ,由于相关工作尚未开展不涉及项占 18.2% ,具体打分情况见图 5 – 17。效能评价的等级为初级。

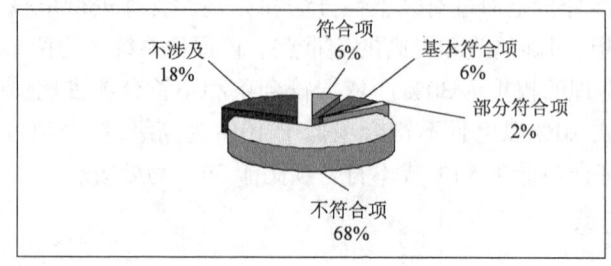

图 5 – 17　完整性效能总体打分情况

2. 技术部分

1) 程序 1: 数据管理

(1) 数据采集。

完整性管理体系的建设之初,该公司已经意识到基础数据管理对于日后完整性管理的重要性,并试图通过基于 GIS 的系统进行系统的数据收集和管理工作,但由于数据整理难度较大,未能将全部建设期数据进行整理录入。相关资料显示,该公司委托专业的测绘单位对管道走向和影像图进行了采集。目前该公司对日常运行数据通过 scada 系统收集,巡线和阴保测试数据由外管道管理分部负责采集和保存。

(2) 数据维护。

目前该公司建立了基于 GIS 的数据管理平台,为数据的存储打下了良好的基础。但是由于缺乏对完整性管理的理解,在数据梳理和信息整合方面略显欠缺。对于建设数据和日后检测评价数据之间的整合,缺乏一个统一的数据模型。

(3) 数据更新。

管道部分数据更新项目尚不涉及,如改线、换管等。相关资料显示,该管道穿越的地区经济较发达,部分段建设速度较快,基于桩位置识别的占压情况在有精确的管道位置后并未更新,由巡线识别的新的占压汇总相对滞后。

(4) 数据应用。

目前管道走向的测绘结果和管道影像图已经应用于管道巡线系统、应急预案的编制工作等相关方面。但受完整性评价和风险评价等相关工作尚未开展,相关工作所需的数据尚未进行整理。目前尚没有形成相关的机制,以确保对数据的有效利用。

2) 程序 2: 高后果区

(1) 周边环境全面性。

该公司组织相关人员沿线识别了管道穿越大江大河、人口稠密区,识别了管道两侧 5m 和 15m 两个等级范围内的占压情况。但该公司目前对高后果区没有一个明确的定义,对已沿线环境数据,如自然保护区、文物保护区、水源地等相关资料并未参考。

(2) 识别方法的合理性。

该公司主要识别了直接与管道交叉的大江大河、人口稠密区等,以及依照法律法规和标准规范要求的 5m 和 15m 安全距离内的不合规建构筑物。对于管道可能泄漏量、溢流扩散范围等相关情况没有进行分析,从经验数据来看,管道泄漏的影响范围应大于 15m 范围。

(3)更新的及时性。

该管道在 2013 年 4 月投产,目前已经完成了大江大河穿越及人口稠密区的数据识别,完成了 5m 和 15m 范围内的不合规建构筑物识别。年度复核尚未执行,但据该公司介绍尚没有年度更新的计划。该管道穿越的地区经济较发达,部分段建设速度较快,基于桩位置识别的占压请款在有精确的管道位置后并未更新,由巡线识别的新的占压汇总相对滞后。其他相关变化,如管道操作参数、周边规划等,尚不明显。

3)程序 3:风险评价

(1)风险种类及管道状态。

失效可能性方面,内外腐蚀:该公司将防腐层漏点数作为施工质量验收的一项,进行了防腐层检漏测试;制管缺陷:投产前进行了 1.5MAOP 全线打压,只发现一个打孔盗油预置阀门处发生泄漏,其他均通过了打压测试;第三方施工:日常巡线制度、管道走向图报备、第三方施工管理制度等;操作与程序问题:站内泄压装置泄放压力为 0.85MAOP;自然灾害:日产巡线查看水工保护设施完好性;施工缺陷:对山区岩石区施工管沟质量进行全程监管,分段进行测径板运行。

失效后果方面,识别了管道穿越的人口稠密区和大江大河穿越。

运行状态方面,投产和清管编制了相关的作业方案,识别了这两种状态的风险。

(2)数据和信息整合。

由于该公司尚未开展的系统的风险评价工作,数据和信息整合的相关工作尚未开展。

(3)评价方法。

由于该公司尚未开展的系统的风险评价工作,评价方法选择的相关工作尚未开展。

(4)评价结果。

由于该公司尚未开展的系统的风险评价工作,尚无风险评价结果。

(5)风险控制决策制定。

目前该公司相关工作的开展是基于合规性的要求开展的,尚无基于风险的决策系统。

4)程序 4:完整性评价

(1)评价方法的选择。

由于该公司对管道的主要风险并没有进行过系统梳理和分析,因此尽管该公司计划于明年开展内检测工作,但是对于检测的目的、检测方式及检测器类型的选择等尚未形成成熟的想法。

(2)检测及评价计划的制定。

该公司计划于明年进行所辖管道的全部内检测工作,可以保证所有高风险管道检测覆盖率。

(3)检测及评价进度的跟踪。

目前尚未开展检测工作,检测进度跟踪工作尚不涉及。

(4)检测过程风险控制。

该公司虽然已经制定了明年进行内检测的计划,但对于内检测运行可能存在的风险以及风险预控措施,尚未清晰的概念。缺乏内检测项目管理的人员。

(5)检测结果复核。

目前该公司尚未建立内检测结果验证的相关流程和配套技术要求。

(6)再评价周期制定。

目前尚未建立相关的程序或机制,确保完整性再评价的相关工作的开展,对于确定再评价周期的风险因素、以往检测结果的考虑等也没有相关的说明。

(7)外腐蚀直接评价。

该公司未选择该项检测方式,相关问题不涉及。

5)程序5:维护维修

(1)缺陷修复。

目前尚未建立相关机制,以确保缺陷修复的相关工作能够在规定的时间内完成,也没有相关的分析,对于可能无法完成的情况进行分析。受检测进度的影响,目前未进入缺陷修复的阶段,缺陷修复实施情况尚不涉及。

(2)预防和减缓措施。

目前管道维护的大部分工作是围绕合规性开展的,尚未开展基于风险的管道风险预控和减缓措施的实施。对于基于风险的预防措施选择、预防措施风险减缓效果评估等尚未开展。对于泄漏的检测,目前主要的手段是巡线和 scada 系统压力的监控,泄漏发生后由巡线员到现场手动关闭截断阀门。截断阀门依照设计标准进行设置,未增加额外的截断阀门。应急方面,虽然针对大江大河、人口稠密区编制了一点一案,预案也在日常月度会议上向巡线员等相关人员进行了宣贯,但预案尚未进行过演练。

6)程序6:效能评价

该公司推行一体化管理,管理之间实现了无缝连接,连续多年获得集团该公司人均效益第一名。但是在完整性效能方面该公司尚未建立效能评估与效能改进的相关制度。

3. 管理部分

1)程序1:领导与承诺

(1)管理原则及目标。

在管道设计建设阶段,该公司已经意识到管道完整性开展的重要性,并在数据采集方面建立了相关的系统;管道转入运营期后,主要开展了管道日常维护和管道合规性治理的相关工作。但目前尚未建立管道管理的整体的原则和方针,也未设置管道管理的长期和短期目标。

(2)领导参与。

通过访谈,了解到该公司领导对大型工程,如建设工程遗留问题等,会直接参与到治理进度及治理过程中。对于该公司面临的风险,该公司领导认为主要风险为第三方施工带来的较高的风险,同时阴极保护措施不到位可能会引入腐蚀的风险等。

2)程序2:资源分配

(1)资源分配。

目前该公司依照合理性和必要性的原则,对于各管理部上报的计划进行审批,通过维修计划费用和安全防范费用两个渠道确保管道管理所需费用。但是目前该公司在完整性管理方面的相关人员,特别是检测与风险评价的相关技术人员比较欠缺。

（2）计划的制定与执行。

目前巡线计划的产生是由各管理部门提出,征询管理分部的意见后,经该公司讨论形成的。管道管理计划在制定过程中考虑了巡线、三桩维护、占压、应急预案报备、水工保护等日常管理的需要,但计划的制定缺乏基于风险的分析过程。计划的执行过程中,建立了隐患治理项目的跟踪机制。

3）程序3：人员资质及培训

（1）岗位及职责分配。

外管道管理部建立了部门的职责,并建立了管理分部管理员的职责和巡线工的管理和考核办法。但目前并未设置完整性管理相关的岗位及相关人员的职责。

（2）岗位技术能力要求。

对于巡线业务,建立了巡线及检查方面的相关要求,并定期通过月度会议进行相关业务的培训,其他完整性管理相关业务尚未开展相关能力要求分析及培训相关工作。

（3）培训需求分析及实施。

对于巡线业务,建立了巡线及检查方面的相关要求,并定期通过月度会议进行相关业务的培训,其他完整性管理相关业务尚未开展相关能力要求分析及培训相关工作。

4）程序4：合规性管理

（1）总体要求。

可在相关网站上查找管道建设期相关的适用法规和标准。

（2）资料报备。

目前,管道处于投产试运行期,已经完成了50%以上的管道竣工测量图报备工作。并依据识别的大江大河人口稠密区编制了一点一案,目前应急预案已准备报备。

（3）安全距离。

管道在建设期间,重点分析了管道保护法关于管道周边5m范围内建构筑物的相关要求以及设计标准关于15m范围内建构筑物相关要求,并进行了严格执行。管道在投产试运行后,对后建不合规建构筑物进行了等级并进行协调解决。

（4）检测与评价。

管道在投产前,对全线实施了1.5MAOP打压试验。依照该公司统一要求,该公司计划于明年开展管道内检测,满足投产3年内开展内检测的要求。

5）程序5：沟通管理

（1）与土地所有者沟通。

主要通过管道宣传向管道周围群众沟通管道保护的相关知识。管道宣传通过制作宣传册、发放小礼品等,挨家挨户进行宣传册和小礼品的派发实施宣传工作。沿线通过三桩和警示牌进行管道走向的标示。

（2）与应急相关组织和个人沟通。

该公司每季度与应急相关单位进行一次沟通,以确保之间的联系顺畅。应急预案中规定了各方在应急过程中的相关职责、到达路径等相关信息,在该公司内部,应急预案向基层管道巡线人员在内的相关人员进行了宣贯和培训。

（3）与政府相关部门沟通。

目前，管道处于投产试运行期，已经完成了 50% 以上的管道竣工测量图报备工作。并依据识别的大江大河人口稠密区编制了一点一案，目前应急预案已准备报备。

（4）与一般公众沟通。

主要通过管道宣传向管道周围群众沟通管道保护的相关知识。沿线通过三桩和警示牌进行管道走向的标示。

6）程序 6：变更管理

（1）变更类型。

土地类型变更、完整性系统及相关计划的变更、加压、稳定性变更等相关的变更会引起管道风险的变化，依据这些变化，企业应进行相关的分析，以确保变更不会引入新的风险。目前该公司尚无相关工作开展。

（2）变更分析。

为了确保变更过程不引入新的风险，应开展变更原因、变更授权、影响分析等相关工作，以确保变更过程能够正确实施。目前该公司尚无相关工作开展。

（3）变更实施。

变更在实施时要进行识别和复核、要建立变更的相关记录、应由相关资质的人员实施、要对变更的结果进行有效沟通。目前该公司尚无相关要求。

7）程序 7：记录管理

由于完整性管理的相关工作尚未开展，因此完整性管理的相关记录尚未形成，目前该公司未建立相关记录的管理要求。

（三）突出表现

总体来讲，该公司完整性管理在合规性检查和沟通方面的表现较为突出，从审核的整体来看，该公司十分重视合规性的分析，特别是对安全距离、资料报备、内检测开展等方面，严格执行了法律法规和标准要求，并进行了操作人员资质方面的相关要求。

在沟通方面，该公司投产之初就积极开展管道的宣传工作，并开展了逐村逐户的宣传工作；积极开展相关资料的报备工作，除报备资料签收单外，还积极谋求由政府签订管道保护的相关承诺；在应急管理方面，定期与应急相关方进行沟通，并将预案的相关内容与该公司内部相关方进行沟通与培训。

在完整性技术方面，尽管该公司的完整性相关工作尚未开展，但管道建设期就意识到数据对于完整性管理的重要性，并建立了基于 GIS 的数据管理平台，进行了数据在建设期收集的尝试。

（四）需要改进方面及相关建议

1. 完整性管理方面

（1）针对领导与承诺。

①应尽快建立管道完整性管理的相关方针、原则、目标，并将管理目标分解为长期和短期

目标,使管道管理的工作围绕这些目标开展;

②完整性管理实施之初,该公司领导应积极参与管道的危害识别、风险评价等相关工作,参与完整性重大方案的审批,并关注完整性管理各项工作的进展情况。

(2)针对资源分配。

该公司应建立基于风险的计划制定机制,并依据风险等级,按轻重缓急的顺序执行相关计划。

(3)针对人员资质及培训。

①该公司应明确相关部门的完整性管理职责,并设立相关岗位及相关的职责;

②该公司应明确各岗位的技术能力要求,并依据业务的发展,定期征询培训的需求,开展相关的业务培训。

(4)针对变更管理。

①该公司应意识到变更给管理带来的风险,并在业务开展的过程中不断识别对管道风险有影响的变更种类;

②对于要实施的变更,要充分考虑对管道的影响,同时还要考虑管道状态的变化对业务的影响;

③要建立相关的程序或机制,进一步规范变更管理。

(5)针对记录管理。

该公司应加强对完整性管理过程文件及检测与评价成果的管理,建立需要维护的文件及记录清单,并不断进行相关记录的维护。

2. 完整性技术方面

(1)针对数据管理。

①目前,管道处于投产试运行阶段,应尽快收集、整理建设期相关数据,为运营期完整性管理保存相关资料;

②应进一步加大数据维护方面的投入,建立满足管道属性数据、环境数据、检测评价数据、日常维护数据的统一平台,确保完整性管理各项工作的顺利实施。

(2)针对高后果识别。

①应建立高后果区识别的相关定义,明确高后果区应包含的内容;

②充分利用建设期各类评价的结果,对如自然保护、水源地、文物保护等数据进行分析,提高识别的准确性。

(3)针对风险评价。

①该公司应开展相关的培训,在该公司内部建立起基于风险的管理的概念;

②该公司应尽快开展一次全面的风险评价工作,找出管道的主要风险,明确下一步风险管理的重点。

(4)针对完整性评价。

①针对即将开展的管道内检测,该公司应尽快明确评价的目的及意义,分析出管道面临的风险,有针对性地选择检测类型;

②该公司应组织相关的内检测管理及内检测配合工作相关培训,确保内检测的顺利实施;

③该公司应尽快开展内检测风险分析,并制定内检测风险预控的相关措施。

(5)针对维护维修。

①该公司应尽快开展泄漏监测系统和紧急关断系统的分析,对紧急状态下,泄漏监测系统的检测能力,以及紧急关断系统的关断时间、设备可靠性等进行分析,并基于分析结果进行应急预案的修订;

②对于今后要采取的风险预防和减缓措施,建议建立风险分析的机制,确保措施的有效性。

(6)针对效能评估。

①针对目前该公司完整性管理刚刚起步的状态,建议该公司在近期建立完整性管理工作,特别是风险识别、评价和控制的相关工作的考核,确保完整性管理各项任务的完成;

②建议该公司可适当开展管理对标、向事件学习等相关活动,提升管道完整性管理的水平。

习　题

1. 油气管道完整性管理包括哪些主要步骤?

2. 高后果区识别的主要步骤是什么?

3. 油气管道风险评价实施步骤包括哪些?

4. 油气管道内检测的实施步骤包括哪些?

5. 油气管道第三方施工控制措施包括哪些?

6. 效能评价的目的是什么? 效能评价的步骤包括哪些?

第六章 油气管道风险削减与控制

课程导入 深圳"12·20"滑坡灾害天然气管道泄漏事故

2015 年 12 月 20 日 11:33 西气东输管道公司上海生产调度发现西气东输二线管道广深支干线 $16^{\#} \sim 17^{\#}$ 阀室光缆中断报警,11:38 发现 $15^{\#}$、$16^{\#}$ 阀室 $1101^{\#}$ 阀门关断报警,同时发现大铲岛压缩机自动停机,造成向香港供气中断。经排查,发现深圳光明新区柳溪工业园发生山体滑坡,判断为由此造成管道受损泄漏,未发生爆炸。20 日 13:30,西气东输管道公司紧急启动公司二级应急响应,安排部署应急抢修,由于现场滑坡体量大,为尽快恢复供气,立即调动公司南京、武汉、广东三个维抢修中心和管道局应急救援中心力量,全力配合深圳市政府开展抢修工作。

一方有难,八方支援。抢险队伍从四面八方陆续到来,不仅有西气东输武汉、南京、广州维抢修中心的抢险人员,还有管道局维抢修分公司赶来援助的抢险人员。18 个昼夜,200 多名身着中国石油红色工服的抢险人员,驻扎一线,连夜踏勘,冒雨注氮,展开抢险作业。现场松软泥泞,行走艰难,参与抢险的设备、机具众多,给抢修作业带来很大困难。抢修队伍是一支由"85后"带着"90后"组成的年轻队伍,24 小时轮流值守现场。饿了,就在工地上吃些简单方便的罐装食品,随时待命;困了,就靠在潮湿的泥土堆上,抓紧时间就地休息,保存体力继续抢险。抢修现场,白天湿热,夜晚阴冷,地面泥泞不堪,从作业指挥员到操作技术骨干,从设备管理人员到质量安全监督员,都变成了泥人。每当疲惫袭来时,是"责任"二字让他们一直坚持、坚持、再坚持。

1 月 8 日 8:21,经过 18 个昼夜的抢修,西气东输二线广深支干线求雨岭—大铲岛天然气管道,已成功通过临时管线恢复向香港供气。

滑坡灾害天然气管道泄漏事故现场维修图

HSE 风险控制是利用工程技术、教育和管理等手段消除、消减和控制危险源,防止事故的发生,减少事故造成的人员伤害和财产损失。风险控制就是要在现有技术、能力和管理水平上,以最少的消耗达到最优的安全水平。其具体控制目标包括降低事故发生频率、减少事故的严重程度和事故造成的经济损失。我们已经认识到绝大多数的事故是可以预防的,根据这一判断,如果能够预知导致一个特定的事件的原因和结果,就能够避免其发生,或者设法保护人员、财产和环境免受严重影响,也就是能够对其进行控制。

第一节　油气管道风险削减与控制理论基础

风险控制是通过采用技术和管理手段,在降低事故发生率,以及事故发生后不造成严重后果或使损失尽可能地减小。例如,火灾的预防和控制,通过规章制度和采用不可燃或不易燃材料可以避免火灾的发生,而火灾报警、喷淋装置、应急疏散措施和计划等则是在火灾发生后控制火灾和损失的手段。风险控制的方法就是降低风险值,风险控制方法可以有两种途径:一是预防事故的发生,二是减少事故所造成的损失。只要两者中任何一个值降低,则风险都会相应地降低,这是当前应用最为广泛的风险控制方法之一。事故预防与损失控制则是应用该方法的具体体现,事故预防是尽量避免事故损失的出现,也就是降低损失的出现频率损失控制则是在损失发生后,通过一系列的措施使得损失后果影响程度降至最低。

要有效地预防事故和控制风险,就要明确事故生产的原因和机理,在此基础上按事故预防和风险控制的原则,有针对性地采取安全技术、安全管理、安全教育、目标管理、作业许可、安全文化建设等事故预防和风险控制对策措施,并将这些措施真正落实到 HSE 管理体系运行当中。

一、事故控制原理

事故控制原理是指以现代管理科学为基础的安全管理上的原则,用于人流、物质流中控制事故的发生。它是现场安全生产和文明生产的管理理论。

事故控制原理共归纳为 13 项,前 8 项是系统原理、整分合原理、反馈原理、封闭原理、能级原理、人本原理、动力原理、弹性原理等现代管理科学原理,它们是安全生产管理的依据。后 5 项分别为:安全目标管理原理、对人的安全管理原理、设备和物质的安全管理原理、作业环境安全原理以及强调管理者安全责任的事故致因理论——管理失误主因论。

(一) 系统原理

系统原理是指为了达到安全管理的目标,运用系统理论,对安全管理的对象进行充分的系统分析。它把安全管理的对象看作是一个系统,用系统分析和系统工程等科学方法管理和控制这个系统。针对管理对象处在各个层次的系统之中的统一整体的特点,进行充分的系统分析,在分析和解决问题时,把重点放在整体效应上。

系统理论具有目的性、整体性和层次性三个主要特征。

(1)目的性是指不同系统有不同的目的,目的不明确必然导致管理的混乱。系统的结构不是盲目建立的,而是按系统的目的和功能建立的。因此,在组织企业生产时,应服从系统的目的:高效、经济、安全;社会效益与经济效益并重;物质文明和精神文明两手抓,两手都要硬。

(2)整体性是指具有独立功能的各系统和要素之间,必须逻辑地统一和协调于系统的整体之中。管理要有全局观点,从整体目标出发,使各局部协调一致,局部利益服从整体利益,把整体的效益和单元的效益统一起来。

(3)层次性是指系统中有层次结构,分一系列子系统,系统的各层次之间应该职责分明,上一层次向下一层次按系统的功能目标发出指令、信息并监督检查执行情况;协调各子系统之间的关系,充分发挥指挥功能,优化全系统。

(二)整分合原理

整分合原理是指在整体规划下明确分工,在分工基础上进行有效的综合。整体把握、科学分解、组织综合,就是整分合原理的主要含义。

管理者的职责在于从整体要求出发,制定明确的目标,进行科学的分解。这里分解是关键,因为没有分解的整体构不成有序的系统,只有分解正确,分工才会合理。没有合理的分工,也就无所谓协作,分工是协作的前提。只有在合理分工的基础上进行严密有效的协作,才能进行现代化的企业管理,才能搞好安全生产。

有分有合,分而后合。分工后必须进行强有力的组织管理,使各环节在生产的时间和空间上同步协调,综合平衡发展,持续提高生产力和企业管理水平。

(三)反馈原理

反馈是由控制系统把信息输送出去,又把其作用结果返送回来,并对信息的再输出发生影响,起到控制的作用,以达到预期的目的。管理的任务之一就是善于在反馈系统提供的信息和可供选择的方案中做出正确的决策,以获得最佳的管理效应。

(四)封闭原理

封闭管理是指任何一个系统管理手段必须构成一个连续封闭的回路,才能实施有效的管理。一个管理系统除指挥中心和执行机构外,必须有监督机构和反馈机构,才能形成管理的封闭回路。监督和反馈机构能对实践的结果进行修正并提出可供决策的新方案。

在安全管理中,生产经营单位的第一负责人是决策指挥中心,它对生产单位的生产经营和安全全面负责,从安全生产法和生产经营单位的全局利益要求第一责任人必须把安全工作放在第一位;其他副职及其分管的部门是执行机构,而安全工程技术管理部门则是监督和反馈机构。按照封闭原理,安全工程技术管理部门只应听从第一责任人的指挥,对其他各部门履行监督和反馈的职责。然而,有些单位,就缺安全管理副职,把安全工程技术管理部门置于生产副职的领导之下,一旦生产与安全发生矛盾时,往往发生重生产轻安全,使危险隐患长期得不到解决,安全投入不足,这是违反安全生产法的,必须予以纠正。

(五)能级原理

现代管理必须建立一个合理的能级,使管理的内容动态地处于相应的能级之中。实现能级原理,要遵循以下三条原则。

(1)管理能级必须按层次:经营层(确定大政方针的)、管理层(运用各种技术实现方针的)、执行层(贯彻执行指令、直接调动和组织相关资源的)、操作层(从事操作和完成各项具体任务的)。

四个层次的使命不同、能级不同,不能混淆。

(2)对不同的能级应表现出不同的权利、物质利益和精神荣誉。

权利、物质利益和精神荣誉是能力的一种外在表现,只有与能级相对应才能符合能级原理。上级对下级具有指导和控制作用,下级对上级负一定的责任,在完成一定的功能方面作出相应的保证和努力。为了使系统各能级都能在完成自身功能方面发挥高效率,表现出高可靠性,就要有一定的物质利益和精神荣誉以及纪律约束与之对应。总之,能级原理要求系统中的每一个角色都能在其位、谋其政、行其权、尽其责、取其酬,获其荣、惩其误。

(3)各类能级必须动态地对应。

各种岗位有不同的能级,人也有不同的才能。现代安全管理必须使相应才能的人得以处于相应能级的岗位上,即人尽其才,各尽所能。

指挥:要有战略才能,出众的组织才能,善于识人用人,善于决断,有永不枯竭的事业心和进取心。

反馈人才:要思维活跃、兴趣广泛、吸收新事物快、综合分析能力强,直言不讳,实事求是。

监督人才:要公道正派、铁面无私、熟悉业务、联系群众。

执行人才:要忠实坚决,埋头苦干,任劳任怨,善于领会领导的意图。

现代安全管理善于把不同才能的人,放在不同能级上使用。只有混乱的管理,没有无用的人。

同时能级原理也为人才在不同能级之间的流动提供了理论依据。

(六)人本原理

人本原理是指各项管理活动都应以调动人的主观能动性和创造性为根本。

现代安全管理,是以人为本体展开的,人既是管理者,又是被管理者,上下衔接形成了一条以人为本的管理链。人在整个安全管理活动和安全管理工作中是主体,离开了人,安全管理系统和企业系统就是一个死系统,死系统当然是无所谓安全问题的。

这是企业政治思想工作的理论基础。管理活动中,作为管理对象的要素和管理系统各环节,都是需要人掌管、运作、推动和实施的。

(七)动力原理

管理必须有强大的动力。有效的企业管理是生产的持续发展,是靠物质动力、精神动力和信息动力的综合运用。

物质动力是根本动力。经济效益是现代企业的灵魂,是物质刺激的动力;在人们生活水平还不高的时候,物质动力还是具有相当的作用。在管理系统中建立一套合理的能级,即根据各单位和个人能量的大小安排其地位和任务,做到才职相称,才能发挥不同能级的能量,保证结构的稳定性和管理的有效性。

精神动力在 20 世纪 80 年代前,中国人民把精神动力表现得淋漓尽致。可见精神动力的巨大推动力。实际上人是要有一点精神的,精神动力包括安全生产的伤亡零目标、爱国主义、集体主义、精神鼓励、表奖以及日常的思想工作。以科学的手段,激发人的内在潜力,使其充分发挥出积极性、主动性和创造性。

信息有相对的独立性,信息是财富,企业竞争靠信息为基础,产品质量、更新换代、出口创汇等都要以信息为动力,人也是如此,追求高技术、高职位、安全的需要、受人尊重的需要、自我实现的需要等。

（八）弹性原理

管理要有充分的弹性,及时适应客观事物各种可能的变化,各项管理活动必须依据现实情况的变化,从局部到整体的弹性管理去适应。

安全管理所面临的是错综复杂的环境和条件,尤其是事故致因是很难完全预测和掌握的,因此,安全管理必须保持很好的弹性。以适应在生产经营过程中,人流、物流和信息流的不断变化,尽可能及时消除三流的不和谐影响。

（九）安全目标管理原理

企业为实现安全生产,制定总体安全目标值,并展开总目标,发挥下属单位、领导和职工的主观能动性,以自我控制为主实现安全目标的一种管理制度。

目标管理始于1954年美国管理学家杜拉克在《管理实践》一书中提出的"目标管理和自我控制"的主张。他认为,一个组织的"目的和任务,必须转化为目标",让每个职工根据总目标要求制定自己的个人目标,并努力达到个人目标,以便共同实现总目标。

目标管理的理论依据是心理学中的目标论,其主要论点是任何组织系统地层层制定目标并强调目标成果的评价,可大幅度提高工作效率;职工期望的满足是调动积极性的重要因素;追求较高的目标是每个职工的工作动力。

目标管理的作用在于:发挥每个人的力量;调动人的积极性,提高整个组织的战斗力;增强组织的应变能力;提高各级管理人员的领导水平。

安全管理的目标包括:制定安全措施计划并予以实施,改善劳动条件,消除事故隐患和职业危害、进行安全监督、安全检查、安全指导、安全教育以及事故统计分析等日常安全工作。

安全管理的目标值分为绝对指标和相对指标。安全管理的绝对指标如下:

(1)消除重大事故,常提出"0、0、0"目标,即死亡事故为零、重伤为零、火灾为零。

(2)减少负伤频率和职业病发病率。

(3)综合治理,安全措施计划完成率。

(4)事故损失。

安全管理的相对指标如下:

(1)事故发生率,常用事故件数与劳动总时数的比率表示,如千人死亡率、百万工时死亡率;或用事故死亡人数与实物产量之比表示,如百万吨煤死亡率、千万吨钢死亡率等。

(2)事故严重率,即工伤损失劳动时数与实际劳动总工时数的比值。

安全目标管理是根据企业的整体目标,在分析外部环境和内部条件的基础上确定安全生产所要达到的目标,它们是上述指标的具体化,建立和健全安全生产责任制,强化安全教育,定期安全检查,开展安全竞赛,设备安全管理以及职工安全技能培训等具体指标。

安全目标管理中,分只是手段而不是目的,要想达到安全生产的目的,必须采取相关的安全目标管理的措施。

(1)领导措施。贯彻安全第一,预防为主的方针,及时发现安全问题和拟定安全目标,制定安全技术措施方案,消除事故隐患,从组织上和技术上解决安全问题。

（2）教育措施。企业推行三级安全教育。

（3）技术措施。采用高、新技术改善安全卫生条件，提高机械化、自动化程度，推行作业标准化，使安全技术装备现代化。

（4）遵纪守法措施。贯彻国家劳动法、劳动安全卫生法、矿山安全法；建立和健全安全卫生各项国家标准；推行安全生产责任制等。

（十）对人的安全管理原理

安全管理原理基于造成事故的直接原因是物的不安全状态和人的不安全行为，从而强调管理人的行为。

在人和物相互关系的影响中，人是处于主导地位的。因为一切设备、设施、工具、环境都是由人设计、制造、操作和维护的，而且管理者也是人。管理失误、设计失误、研制失误、操作失误和维修失误等不安全行为往往是事故的主要致因。根据不完全统计，事故致因中 88% 的因素是人的原因，因此，通过对人的行为施加影响，使其自觉地形成安全行为，控制人为失误是安全管理的重要组成部分。

从操作而言，要对人为失误加以控制，使不安全行为发生的概率为最小，就要使有关作业人员了解危险、认识危险、激励其安全动机。这就要为劳动者提供安全信息，加强安全教育和培训，广泛采用安全标志，普遍设置危险信号，开展安全心理学研究，加强安全思想工作，实行物质奖励和精神鼓励相结合的激励方法，防止其心理挫折，引导其积极向上，把动力原理应用于安全管理上，调动职工安全生产的积极性和创造性。

（十一）设备和物质的安全管理原理

机器设备和物质——原材料是生产力的重要因素，是生产资料，是企业实现利润和履行社会责任的物质基础。由于物的不安全状态造成事故的原因占 10%，因此要重视设备和物质的安全管理。现代的设备安全管理是对设备的设计、制造、安装、调试、使用、修理、改造、报废和更新等全过程进行的安全管理。同时，对系统中的物质流要建立合理的秩序和安全环境。提高设备和人机系统的可靠性是防止物的不安全状态的重要方面。

要正确选择机器设备；要综合分析其工作效率、性能、精度、可靠性等质量保证；要注意设备使用维修的方便性、安全性、环保性；要考虑设备对能源和原材料消耗程度以及投资费用和服务年限。要合理使用设备，加强检查和维修。

（十二）作业环境安全管理

建立良好的作业环境安全原理是文明生产的安全原理之一。

在生产现场，除机器设备能构成不安全状态以致造成事故之外，生产所用的原料、材料、半成品、工具以及边角废料等物，如放置不当（包括位置不当，放置方法不当）也会造成物的不安全状态。例如，日本 1977 年制造业所发生的 87377 件因物引起的不安全状态所造成的事故中，有 16015 件事故是由于物的放置不当所引起的，约占 15.3%。作业环境缺陷为 687 件，占 0.796%。因此，必须对生产原材料、半成品和工具等分门别类安放在合理的位置上，使之秩序井然，有条不紊。及时妥善处理生产垃圾，创造一个整整齐齐的作业环境，这也是与安全有密切关系的"文明生产"问题。

要使现场布置得安全合理，应做到：

（1）合理的布局。无论从平面布置还是从立体空间的交叉上,都必须划定各种物质(如机台、管道、工件、半成品、原料)的正确而合理的位置并使之处于安全状态。要明确"急需的近放,偶然需要的另放,不需要别放"的原则。在车间应有明确划出的半成品存放处,材料和原料暂放处。危险物品建立用多少领多少和妥善放置的制度,以便建立起正常的安全秩序。

由于车间杂乱无章,物品乱存乱放,废铁成堆,钉板满地而发生的撞击、打击、轧脚的伤害是举不胜举的。

（2）清理阻碍操作的物体,架存需要的零配件,安全放置易燃、易爆和有毒物质。

（3）立体堆放半成品和原材料,不应堆得太高,堆积高度不得超过底边长度的三倍。堆放时,重物着地在下,轻物可放在架上。存放的物品要按使用的先后顺序合理堆放。

（4）为保持物的安全状态,除了对设备产生的磨损、腐蚀变质、龟裂等进行安全检查以外,还应对环境中物的安排秩序进行文明生产的检查。在检查安全设施的管理同时,应对操作环境的管理进行检查,其检查内容包括:

（1）对危险有害环境的现场,是否进行了充分的调查;

（2）整理、整顿、清扫的实施方法是否明确具体;

（3）工作人员是否积极进行了建立物的安全存放秩序;

（4）检查环境秩序的工作是否定期进行。

(十三) 管理失误主因论

管理失误主因论强调管理者责任的事故致因理论。生产过程中客观存在着不安全因素和众多的环境条件和社会因素,管理者如正确解决这些事故致因问题,则可达到安全生产;如果管理上对此处理失误,则可导致人的不安全行为和物的不安全状态,这两者又可相互转化,即人的不安全行为可以促成物的不安全状态,而物的不安全状态又可在客观上造成人产生不安全行为的环境条件。

由此可见,管理失误是产生"人失误"和"物故障"这两个直接原因的原因,即背景原因,有时也可能成为事故的本质原因。如果管理者发现物的不安全状态而没有及时解决(构成了管理者失误),即促使隐患形成。所谓"隐患"是物的不安全状态和管理失误共同偶合的产物。

客观上一经出现隐患,人主观上又表现出不安全行为就会立即导致伤亡事故的发生。因为物质是第一性的,但物的不安全条件有时不易于显现;人是有自由性的,随机的行动较多,七情六欲成于中形于外,操作等行动举止易于被发现。所以,常常误把第一线工人误操作看成是事故的主要原因,把工人变成事故的直接责任者,甚至当成主要责任者。这是事故分析的误区。管理失误是促成隐患的主因,也是造成人的不安全行为的根由。管理者之所以失误又和客观环境条件和社会因素有关。管理者的责任就是改造客观环境,顺应社会变革,依照法律、标准创造保护劳动者的安全健康的环境条件。

二、事故预防原理

事故的预防要从技术、组织管理和教育多方面采取措施,从总体上提高预防事故的能力,才能有效地控制事故,保证生产和生活的安全。

(一)事故预防工作五阶段模型

（1）建立健全事故预防工作组织,形成由企业领导牵头的包括安全管理人员和安全技术人员在内的事故预防工作体系,并切实发挥其效能。

(2)通过实地调查、检查、观察及对有关人员的询问,加以认真的判断、研究,以及对事故原始记录的反复研究,收集第一手资料,找出事故预防工作中存在的问题。

(3)分析事故及不安全问题产生的原因。它包括弄清伤亡事故发生的频率、严重程度、场所、工种、生产工序、有关的工具、设备及事故类型等,找出其直接原因和间接原因,主要原因和次要原因。

(4)针对分析事故和不安全问题得到的原因,选择恰当的改进措施。改进措施包括工程技术方面的改进、对人员说服教育、人员调整、制定及执行规章制度等。

(5)实施改进措施。通过工程技术措施实现机械设备、生产作业条件的安全,消除物的不安全状态;通过人员调整、教育、训练,消除人的不安全行为。在实施过程中要进行监督。

(二)人失误模型

人失误是指人的行为结果偏离了规定的目标,或超出了可接受的界限,并产生了不良的后果。人的不安全行为也是一种人失误。一般来讲,不安全行为是操作者在生产过程中发生的、直接导致事故的人失误,是人失误的特例。

从预防事故角度,可以从三个层次采取措施防止人失误:控制、减少可能引起人失误的各种原因因素,防止出现人失误;在一旦发生了人失误的场合,使人失误不至于引起事故,即使人失误无害化;在人失误引起了事故的情况下,限制事故的发展,减小事故损失。

防止人失误的技术措施如下:

(1)用机器代替人。机器的故障率一般在 $10^{-6} \sim 10^{-4}$ 之间,人的故障率一般在 $10^{-3} \sim 10^{-2}$ 之间。随着现代科技的发展,机器的故障率仍在进一步降低,而人的故障率相对稳定不变。

(2)冗余系统。冗余是把若干元素附加于系统基本元素上来提高系统可靠性的方法。附加上去的元素称作冗余元素,含有冗余元素的系统称作冗余系统。

(3)耐失误设计。耐失误设计是通过精心的设计使得人员不能发生失误或者发生失误了也不会带来事故等严重后果的设计。①利用不同的形状或尺寸防止安装、连接操作失误;②采用联锁装置防止人员误操作紧急停车装置;③采取强制措施迫使人员不能发生操作失误;④采用联锁装置使人失误无害化。

(4)其他措施。如设立警告(视觉警告:亮度、颜色、信号灯、标志等;听觉警告;气味警告;触觉警告)、人、机、环境匹配(显示器的人机学设计、操纵器的人机学设计、生产作业环境的人机学要求)等。

(三)可能预防的原理

工伤事故是人灾,与天灾不同;人灾是可以预防的;要想防止事故发生,应立足于防患于未然。因而,对工伤事故不能只考虑事故发生后的对策,必须把重点放在事故发生之前的预防对策。

安全工程学把防患于未然作为重点,安全管理强调以预防为主的方针,正是基于事故是可能预防的这一原则上的。

在事故原因的调查报告中,常有"事故原因是不可抗拒"的记载。所谓不可抗拒,只能对天灾可言;作为人灾的事故,通过实施有效的对策,是完全可以避免的,是可以防患于未然的,是可能预防的。

(四)偶然损失的原理

工伤事故的概念,包括两层意思:一是发生了意外事件;二是因事故而产生的损失。事故的后果将造成损失。所谓损失,包括人的死亡、受伤致残、有损健康、精神痛苦等,还包括物质方面的,如原材料、成品或半成品的烧毁或者污损、设备破坏、生产减退、赔偿金支付及市场的丧失等。

可以把造成人的损失的事故称为人身事故;造成物的损失事故称为物的事故。人身事故又有三种:一是由于人的不安全动作引起的事故,如绊倒、高空坠落、人物相撞、人体扭转等;二是由于物的运动引起的事故,如人受飞来物体的打击、重物压迫、旋转物夹持、车辆压撞等;三是由于接触或吸收引起的事故,如接触带电导体而触电、受到放射线辐射、接触高温或低温物体、吸入有毒气体或接触有害物质等。

人身伤害轻重不同,损失各异。事故与伤害程度之间存在着偶然性的概率关系。海因里希统计通过分析55万起工伤事故的发生概率后发现:人身伤害中重伤或死亡、轻伤与无伤害三者之比为1:29:300。即在330件事故中,没有伤害或只受微伤的占300件,轻伤29件,重伤或死亡1件。

因而,事故与损失之间存在着下列法则:一个事故的后果产生的损失大小或损失种类由偶然性决定。反复发生的同种类事故,并不一定造成相同的损失。

也有在发生事故时并未发生损失,无损失的事故,称为险肇事故。即便是像这样避免了损失的危险事件,如果再次发生,会不会发生损失,损失又有多大,只能由偶然性决定,而不能预测。因此,为了防止发生大的损失,唯一的办法是防止事故的再次发生。

(五)继发原因的原理

如前所述,事故的发生与其原因有着必然的因果关系。事故与原因是必然的关系;事故与损失是偶然的关系。

继发原因的原则就是因果关系继承性。

"损失"是事故后果;造成事故的直接原因是事故前时间最近的一次原因,或称近因;造成直接原因的原因称为间接原因,又称二次原因;造成间接原因的更深远的原因,称为基础原因,也称远因。这个事故原因继发连锁关系如下:

损失	←	事故	←	一次原因	←	二次原因	←	基础原因
(后果)		(现象)		(直接原因)		(间接原因)		(远因)

直接原因又进一步分为人的原因和物的原因两类;物的原因是指由于环境不良或设备、物质的不安全状态而引起事故的原因;人的原因是指由人的不安全行为引起的。

间接原因又可再分为五个方面:(1)技术方面的原因;(2)教育方面的原因;(3)身体方面的原因;(4)心理方面的原因;(5)管理方面的原因。

管理方面有企业内的管理原因,也有行业、主管部门甚至政策、法令上的管理缺陷。后者和学校教育的原因以及社会或历史上的原因,这三者可列为基础原因。

切断上述事故原因链,就能够防止事故发生,即实施防止对策。选择适当的防止对策,取决于正确的事故原因分析。

即使去掉了直接原因,只要残存着间接原因,同样不能防止新的直接原因再发生。所以,作为最根本的对策是深刻分析事故原因,在直接原因的基础上追溯到二次原因和基础原因,研究从根本消除产生事故的根源。

在事故原因分析中,多年来有个误区,即单纯地、过分地强调工人"违章作业""不小心""不注意",而忽视了企业管理、教育、法制、社会、历史等方面的基础原因。

（六）危险因素防护原理

(1)消灭潜在危险的原则:用高新技术消除劳动环境中的危险和有害因素,从而保证系统的最大可能的安全性和可靠性,最大限度地防护危险因素。

(2)降低危险因素水平的原则:当不能根除危险因素时,应采取降低危险和有害因素的数量,如加强个体防护、降低粉尘、毒物的个人吸入量。

(3)距离防护的原则:生产中的危险和有害因素的作用,依照与距离有关的某种规律而减弱。如防护放射性等致电离辐射、防护噪声、防止爆破冲击波等均应用增大安全距离以减弱其危害。采用自动化、遥控,使作业人员远离危险区域就是应用距离防护原则的安全方向。

(4)时间防护的原则:使人处在危险和有害因素作用的环境中的时间缩短到安全限度之内。

(5)屏蔽原则:指在危险和有害因素作用的范围内设置屏障,防护危险和有害因素对人的侵袭。屏蔽分为机械的、光电的、吸收的(如铅板吸收放射线)等。

(6)坚固原则:指提高结构强度,增大安全系数。

(7)薄弱环节原则:指利用薄弱原件,使它在危险因素尚未达到危险值之前已预先破坏,如保险丝、安全阀、爆破片等。

(8)不与接近原则:指人不落入危险和有害因素作用的地带,或者在人操作的地带中消除危险物的落入,如安全栏杆、安全网等。

(9)闭锁原则:以某种方式保证一些元件强制发生相关作用,以保证安全操作。例如,防爆电气设备,当其防爆性能破坏时,则自行切断电源。

(10)取代操作人员的原则:特殊或严重危险条件下,用机器人去代替人操作。

（七）选择对策的原理

针对原因分析中造成事故的三个最重要的原因:技术原因、教育原因、管理原因采取相应防止对策为:(1)技术的对策;(2)教育的对策;(3)法制的对策。

预防事故发生最适当的对策是在原因分析的基础上得出来的,以间接原因及基础原因为对象的对策是根本的对策。采取对策越迅速、越及时而且越确切落实,事故发生的概率越小。

三、风险削减与控制的基本原则

（一）海因里希"3E"原则

海因里希提出了事故控制的"3E"原则,即工程技术(Engineering)、安全教育(Education)、安全管理(Enforcement)等三个方面的措施,3E 是防止事故的三根支柱。

（1）工程技术：运用工程技术手段消除不安全因素，实现生产工艺、机械设备等生产条件的本质安全性。即当人出现操作失误，其本身的安全防护系统能自动调解和处理，以保护设备和人身安全。所以它是预防事故的最根本措施。

（2）安全教育：利用各种形式的教育和培训，提高员工安全素质，使员工树立"安全第一"的思想，掌握安全生产所必需的知识和技术。没有安全教育就谈不上安全技术措施和安全管理措施。

（3）安全管理：借助于规章制度、法规等必要的行政乃至法律的手段约束人们的行为。保证员工按照一定的方式从事工作，并为采取安全技术措施提供依据和方案，同时，还要对安全防护设施加强维护保养，保证性能正常，否则再先进的安全技术措施也不能发挥有效作用。

（二）"二拉平"原则

ALARP(As Low As Reasonably Practicable)原则，即最低合理可行原则，又称"倒三角"原则或"二拉平"原则，是当前国外风险可接受水平普遍采用的一种项目风险判据原则。ALARP原则源自英国政府的健康安全案例概念，主要用于评估人身安全与保险，应用时根据管理上的需要将风险水平划分为多个区域.然后与被评价目标的风险值进行对比即可。它所表示的意义是，任何系统都是存在风险的，不可能通过预防措施来彻底消除风险，而且当系统的风险水平越低时，要进一步降低就越困难。其成本往往呈指数上升。因此，必须在风险水平和成本之间做出一个折中。风险与投入关系如图6-1所示。

在实际的风险管理工作中，根据需要可以将风险图的区域划分为多个，此处以分隔成三个区域的风险图为例进行说明，如图6-2所示。

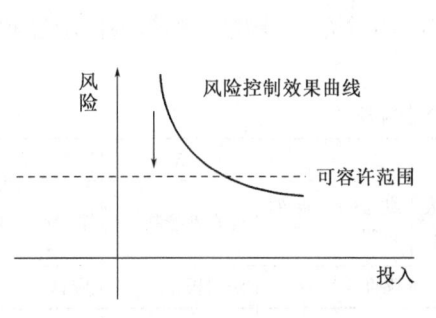

图6-1 风险与投入关系图

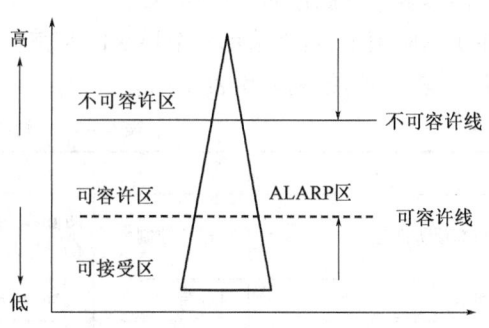

图6-2 ALAPR风险原理示意图

自下而上分别为可接受区(Acceptable Region)、可容许区(As Low As Reasonably Practicable Region)和不可容许区(Unacceptable Region)。其间的上下限分界线即为风险水平值(T-value，Threshold Value)；纵坐标即代表风险水平指标值，三角下方开口的宽度越往下面越宽，代表风险指标值越来越小。各个不同区域的意义如下：

（1）可接受区：指当某个系统实际的风险水平进入此区域时，风险管理者只要维系原有的管理，确保该系统危险因素的风险水平值维持在此区域内即可，而不需要刻意去采取降低风险水平或规避风险的措施，也就是说该系统危险因素目前的风险状况可以接受。

（2）可容许区：如果所评估出的风险指标在可容许线和不可容许线之间，则落入可容许区。此时，需要进行安全措施技术经济分析，如果具有技术可行性和经济可行性，则实施该措施;如果分析结果还能够证明,进一步增加安全措施投资,对系统风险水平的进一步降低已贡献不大,则表明采取了该措施之后系统风险已处于可容许区,此时的风险被认为是"合理实际并尽可能低"的,即可以允许该风险的存在,以节省一定的成本。

(3)不可容许区:是指风险水平进入此区域时,风险管理者必须不计成本代价,马上采取规避风险或降低风险水平的控制措施,甚至采取停止系统运行(如停机、放弃设备等)的措施。直至相应的风险控制措施把系统风险恢复到可接受区或可容许区后才可恢复正常的系统运行。

(三) 闭环控制原则

系统应包括输入、输出、通过信息反馈进行决策并控制输入这样一个完整的闭环控制过程。显然,只有闭环控制才能达到系统优化的目的,搞好闭环控制,最重要的是必须要有信息反馈和控制措施。

(四) 动态控制原则

充分认识系统的运动变化规律,适时正确地进行控制,才能收到预期的效果。

(五) 分级控制原则

根据系统的组织结构和危险源的分类规律,采取分级控制的原则。使得目标分解,责任分明,最终实现系统总体控制。

(六) 多层次控制原则

多层次控制可以增加系统的可靠程度,通常包括六个层次:基本预防性控制、补充性控制、防止事故扩大的预防性控制、维护性能的控制、经常性控制以及紧急性控制。各层次控制采用的具体内容随危险源性质不同而不同。

在实际应用中,是否采用六个层次以及究竟采用哪几个层次,则视具体危险的程度和严重性而定。爆炸风险控制表见表6-1。

表6-1　爆炸风险控制表

顺序	1	2	3	4	5	6
目的	基本预防性控制	补充性控制	防止事故扩大的预防性控制	维护性能的控制	经常性控制	紧急性控制
分类	基本	耐负荷	缓冲、吸收	强度与性能	防误操作	应急
内容提要	不使产生爆炸事故	保持防爆强度、性能、抑制爆炸	使用安全防护装置	对性能做预测监视和测定	维持正常运转	紧急撤离
控制内容	(1)物质性质; (2)反应危险; (3)起火、爆炸条件; (4)固有危险及人为危险; (5)危险状态改变; (6)消除危险源; (7)抑制控制; (8)数据监测; (9)其他	(1)材料性能; (2)缓冲材料; (3)结构强度; (4)整体强度; (5)其他	(1)距离; (2)隔离; (3)安全阀; (4)安全装置的性能检查; (5)材质蜕化否; (6)防腐蚀管理	(1)性能减低否; (2)强度蜕化否; (3)耐压; (4)安全装置; (5)材质蜕化否; (6)防腐蚀管理	(1)运行参数; (2)员工技术教育; (3)其他条件	(1)危险报警; (2)紧急刹车; (3)撤离人员; (4)个体防护用品

四、风险控制的策略性方法

风险控制就是对风险实施风险管理计划中预定的规避措施。风险控制的依据包括风险管理策划、实际发生了的危害事件和随时进行的风险识别结果。风险控制的手段除了风险管理策划中预定的规避措施外,还应有根据实际情况确定的控制措施。

(一) 减轻风险

减轻风险就是降低风险发生的可能性或减少后果的不利影响。对于已知风险,在很大程度上企业可以动用现有资源加以控制;对于可预测或不可预测的风险,企业必须进行深入细致的调查研究,减少其不确定性,并采取迂回策略。

(二) 预防风险

预防风险是指采取预防措施,以减少损失发生的可能性及损失的严重程度。是指事故预防和应急措施两种手段。运用工程技术法、教育法和程序法,增加可供选用的管理方案。

(三) 转移风险

转移风险是指通过某种安排,把自己面临的风险全部或部分转移给另一方,通过转移风险而得到保障。保险就是转移风险的风险管理手段之一。借用合同或协议,在风险事故一旦发生时将损失的一部分转移到第三方的身上。转移风险的主要方式有出售、发包、安全责任合同、保险与担保。

(四) 回避风险

回避是指当风险潜在威胁发生可能性太大,不利后果也太严重,又无其他规避策略可用,甚至保险公司也认为风险太大而拒绝承保时,主动放弃、终止项目或活动,或改变目标的行动方案,从而规避风险的一种策略。这是指主动避开损失发生的可能性。它适用于对付那些损失发生概率高且损失程度大的风险。如无氧电镀的技术就完全回避了氰化物中毒的风险。

回避风险是一种最彻底的控制风险的方法,但与此同时企业也失去了从风险中获利的可能性。所以回避风险只有在企业对危害事件的存在与发生、对损失的严重性完全有把握的基础上才具有积极的意义。

(五) 自留风险

自留风险即自己非理性或理性地主动承担风险。非理性是指对损失发生存在侥幸心理或对潜在损失程度估计不足从而暴露于风险中;理性是指经正确分析,认为潜在损失在承受范围之内,而且自己承担全部或部分风险比购买保险更经济合算,这适用于对付发生概率小,且损失程度低的风险。如在风险管理策划阶段对一些风险制定风险发生时的应急计划,或风险事件造成的损失数额不大、不影响大局而将损失列为企业的一种费用。自留风险是最省事的风险规避方法,在许多情况下也最省钱,当采取其他风险规避方法的费用超过危害事件造成的损失数额时,可采取自留风险的方法。

(六) 后备措施

有些风险要求事先制定后备措施,一旦项目或活动的实际进展情况与计划不同,就动用后备措施,如费用、进度和技术后备措施。

五、风险控制对策的选择

首先考虑的是如何消除风险,在不能消除的情况下考虑如何降低风险,不能降低的情况下考虑采取个体防护。消除风险是最先应采取的手段,个体防护是最后应采取的手段,如图 6-3 所示。

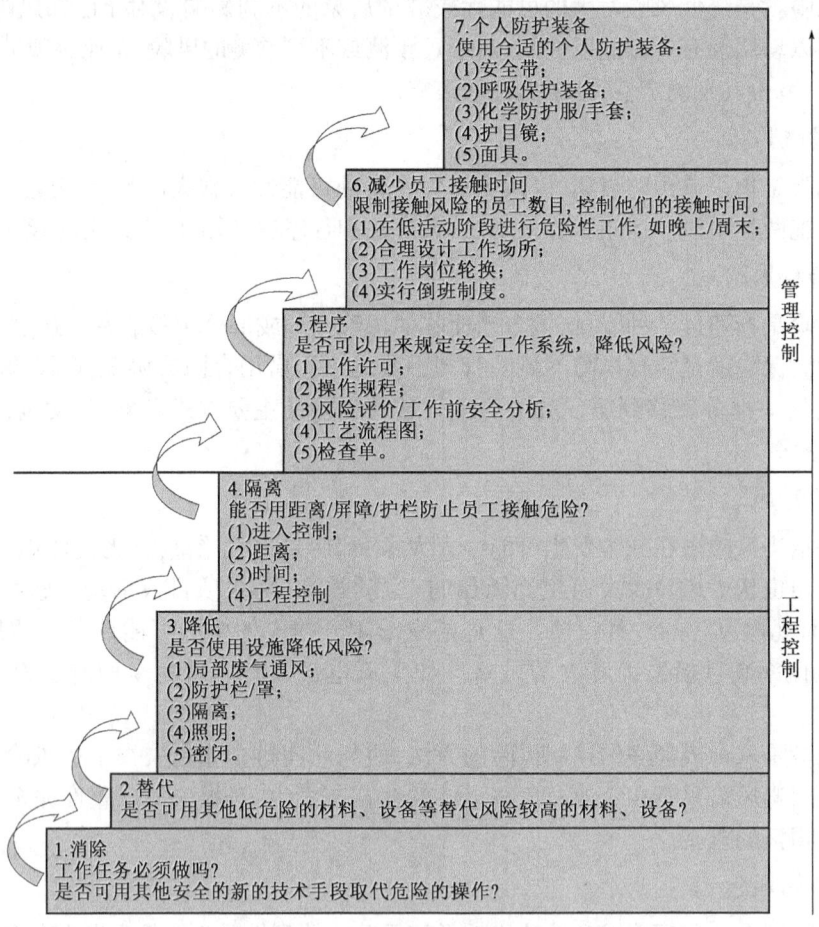

图 6-3   风险控制措施优先顺序图

(1)消除:对于危险作业,如果可以不做,则停止作业,如果不可以停止,尽量采取安全可靠的技术代替危险操作。

(2)替代:如果可能,则完全消除危害或消灭风险来源,如用安全物质取代危险物质。

(3)降低:如果不可能消除,则努力降低风险,如使用低压电器,增加防护栏/防护罩,改善作业环境。

(4)隔离:对于危险作业,保证员工与危险设备、工艺之间的距离,采用工程控制技术进行作业,比如远程开启阀门等。

（5）程序：规定员工的作业程序，以严格的程序来降低事故风险，如设立工作许可和操作规程，所有必须按照工作许可及规程作业。

（6）减少员工接触时间：控制员工接触危险工作的时间，比如采用轮岗制，使员工在岗和接触危险作业的时间降低。

（7）个人防护装备：对于个人防护设备的使用，只有在所有其他可选择的控制措施均被考虑之后，作为最终手段予以考虑，包括安全带、呼吸保护装备、护目镜、面具等。

（8）引入计划的维护需求，如机械安全防护装置等。

六、管理体系中风险控制的策划

危险源和环境因素识别与评价工作完成后，确定出活动、产品或服务中存在的危险源和环境因素，这些危害和环境因素成为 HSE 管理体系的管理核心。通过控制、改进危险源和环境因素，从而预防事故和污染的发生，减轻事故和污染发生后的影响。为了有效地控制重大风险和重要环境因素，从 HSE 管理体系策划的角度出发，通过对目标、指标和方案，运行控制，能力、培训、意识以及应急准备与响应等要素的分析，统一策划形成有效的风险控制网络，如图 6－4 所示。

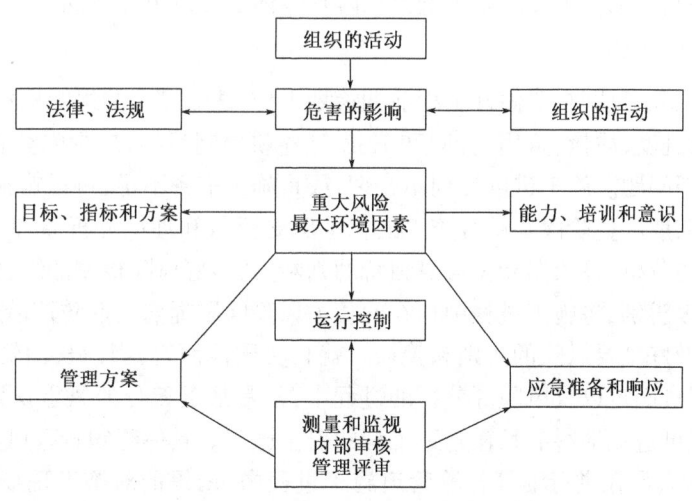

图 6－4　HSE 管理体系危害因素控制框图

目前很多企业管理体系的策划没有充分考虑危害因素识别与评价的结果，目标管理、运行控制、培训管理和应急制定与实施没有突出对风险控制，各体系要素的管理条块分割严重，缺乏相互关联度，没有突出系统化管理优势，使管理体系的风险控制能力大大降低。主要危害因素控制的策划应协调考虑目标指标、管理方案、运行控制、应急准备与响应等各要素针对每一重大风险或重要环境因素，是否能够控制其危害与环境影响，是否合理衔接，总体上是否覆盖了全部主要危害因素的控制，是否针对重大危害与环境影响的运行与活动关键特性进行了监视和测量，针对相关的关键岗位如何实施培训，可否达到效果等。

第二节　油气管道施工风险防控措施

一、油气管道工程施工风险

油气长输管道工程主要包括工艺站场施工和管道施工两部分。长输管道工程属于线型工程,具有如下施工特点:野外施工,作业线长,作业速度快,工序多,不利于施工组织和后勤保障工作;施工沿线地形地貌和地质条件复杂多变,使得施工环境亦复杂化;自然障碍多,除了大型穿跨工程外,管线还可能穿过众多的小型沟渠和道路,以及森林和沼泽,会增大施工难度;施工技术工种多,各类设备和机具多,还有大型吊装和危险品泄漏等危险源;长输管道施工参与人员通常是临时组合,且对外需要与通信、农田、水利、电力等各部门协调,对内对外各方面的关系协调难度较大。这些特点表明施工中面临风险类型复杂,增大了项目总体目标实现的困难度。

由于长输管道工程的建设中不可避免地会遇到各种各样的风险,因此在长输管道工程开始之前要尽早识别、分析可预见或者隐藏的风险,并且通过采取相关的防范措施以达到减少风险,确保工程的顺利完工。主要的施工安全风险具体体现在以下几方面:

(一) 组织管理风险

在长输管道工程启动前,要做好工程前期策划工作,建立完善的组织机构和健全的安全责任制度,实现项目进度、质量、费用、合同和 HSE 等各项控制目标,减少安全责任制不落实、制度执行力差的管理问题。施工进度计划不合理,或是施工准备不足,将影响施工的顺利进行以及施工质量。在前期准备阶段要结合施工的相关历史资料和理论分析原理,对风险发生的相关概率进行全面的分析,并依据专家自身独特的判断力,做好风险概率的综合性评估。通过施工安全风险的有效辨别,将施工过程中存在的相关风险问题提前采取防控措施,并在长输管道工程施工管理中做好主要风险的辨别和管控。就其实质性而言,当前长输管道工程的施工过程中,在对风险因素确定以及风险源分析的过程中,常常缺乏充分的风险识别和评估,缺乏综合性的判断,将不可避免地影响长输管道工程的安全施工。具体组织管理风险包括:

(1)相关工作人员在进行油气长输管道施工过程中,未提前对施工现场的环境和条件进行勘察,导致制定出来的施工方案与实际的施工条件存在着较大差异,从而在很大程度上影响油气长输管道施工的进度和质量。

(2)工作人员在进行油气长输管道施工之前,未根据相关专业等进行工作内容的分配和分组,而且施工之前的准备工作做得也不充分,在实际的施工过程中,容易出现施工混乱等问题,严重地影响到施工的速度。

(3)在施工过程中,相关管理人员的工作不到位,缺乏完善的安全管理,而且相关施工人员的安全施工意识较为薄弱,导致在实际的施工过程中,经常会出现不同程度的施工安全事故。

(4)在进行分包工程的评审以及定标的过程中,企业的管理人员出现失误,导致分包单位在实际的施工过程中出现一定的风险。

（二）施工技术风险

在长输管道工程的施工过程中，为防止重特大事故发生，对重要、高风险、穿跨越工程实行安全技术方案审批制度，但往往由于疏忽对工艺方案、施工工序、设备、材料、人员是否符合安全作业要求进行审查，对于不符合项没有整改到位就开始作业，导致技术风险发生。而技术风险的存在，不仅仅是关键施工技术相对落后，对整个长输管道施工质量和施工效率产生一定的影响。也存在于对新技术使用的过程中，缺乏技术的科学验证，以至于施工过程中难以从根本上掌握相关的新技术，以至于施工中的技术应用与工程实际情况不匹配，从而导致施工风险显著增加，同时也增加了施工难度，最终使工程整体效益难以得到根本上的保障。

（三）HSE 风险

油气长输管道施工过程中的 HSE 风险分析，要依据工程施工特点，制定相关的风险评价指标，并做好风险预警工作。长输管道在施工过程中比较常见的安全事故有：开挖管道沟渠塌方事故；管道运移过程中起吊砸伤事故；横穿施工现场未戴安全帽，高空落物、机械物体打击等事故；管道试压发生爆炸事故等。人员风险：施工过程中，施工人员自身患禁忌症没有及时清退出施工现场；对施工人员安全教育培训缺乏针对性、实效性，部分人员达不到岗位相应的基本素质和要求；过程监管没有做到全过程，部分安全技术交底不规范，施工不严格按施工方案作业，安全措施不落实，违规操作；监管人员现场监护不到位，安全督查整改不到位，导致工期延误、人员伤亡。环境风险：施工过程中，遭遇泥石流、火灾、山崩、地裂、气候恶劣等地质因素，导致自然环境危害急剧上升。

二、油气管道工程施工风险控制策略

关于长输管道工程施工安全风险的控制，既要做好施工技术风险的合理控制，又要做好组织管理风险的科学控制，加强 HSE 风险的评估和监控。制定风险控制措施时要将风险分析结果与相应的风险接受准则进行比较，判断该系统的风险是否可被接受，是否需要采取进一步的安全措施，从而为风险应对提供依据。

制定油气管道施工风险接受准则，要考虑人员伤亡、设备损坏、财产损失、环境污染、对人体健康的潜在影响、施工进度、施工质量等因素。根据风险的表示方式，风险接受准则也有定量和定性两种描述方法。由于施工流动性大、施工中不同工序面临不同风险，因此在制定风险接受准则时，应将施工作业线合理分段，同时考虑各工序的不同特点，根据每段及其周边的具体情况等制定风险接受水平。个人风险接受准则的确定方法有：最低合理可行原则、年死亡风险值、风险矩阵、聚合指数值等。社会风险接受准则的确定方法有：事故发生频率——死亡人数曲线、受伤和不健康值、设备安全成本值、ALARP 原则、风险矩阵等。

（一）加强施工进程管理

长输管道工程施工安全风险的控制管理中，要聚焦项目重大风险及直接作业环节管控，强化过程监管，严把顶管、受限空间、爆破等危险性较大的许可作业关，使防范措施得到有效执行，安全检查查出问题形成闭环管理。特别要做好分包商管控，并严格地审查分包商的相关资质情况，健全分包商管理机制，完善分包商奖惩制度；严格分包商资源配置审核，严格分包商人员入场审查,坚决将技能不达标的人员拒之门外;规范应急管理,将分包商应急管理纳入自身应急管理体系,熟练掌握现场应急处置措施的上报程序、内容和方法,切实提高各类突发事件应急处置能力。在施工过程中,要全面加强施工现场的管理,建立施工例会制度,通过定期召开施工例会,保证工程施工进度和工程质量可控,加强施工作业现场的文件管理,避免施工现场混乱问题的产生。

(二)加强技术风险管理

首先,在长输管道工程施工风险控制过程中,要结合具体施工技术措施方法和特点,对技术风险做好科学的规避和控制。其次,在工程施工方案的具体决策时,通过对多种技术方案加以论证和筛选,对比分析各个方案经济效益,选择经过优化的最佳技术方案予以实施。现代化经济多元化发展的过程中,科学技术的不断进步和发展,往往需要结合新的技术,并在当前工程的施工环节中,依据于科学新技术,做好施工环境的合理控制,进而实现风险的全面规避,对于一些落后的施工方法和工艺,要全面抛弃。最后,不成熟技术采用的过程中要结合专业人士的操作和指导,制定合理科学的质量控制方案,将技术缺陷带来的施工质量问题有效避免。

(三)完善 HSE 奖惩机制

工程施工前,首先要建立完善的 HSE 管理体系和 HSE 奖惩机制,规范施工行为,加大激励施工人员的主动积极性,确保 HSE 管理体系落到实处。施工过程中,细化施工作业环节,降低潜在的风险危害,对施工人员进行 HSE 上岗前培训,要树立"培训不到位是重大安全隐患"的理念,务必将安全培训教育作为提高员工岗位操作技能的重要途径,提高施工人员安全操作、劳动防护、应急避险、自救互救技能,以及个体的安全素质。对施工过程中关键控制点进行准确定位,不断提升施工人员 HSE 意识,解决专业管理弱化,本质安全水平低的技术问题。建立由公司专家组成的 HSE 审核小组,不定期对现场施工部门和各机组进行审查,及时发现问题,并整改完善。

(四)重视安全

安全工作是无处不在,无时不在。只要有人在工作就存在安全问题。安全工作的普遍性要求领导心中要时刻装着安全。要把安全工作当成分内之事,给予高度重视。领导的重视着重体现在:责任,把安全问题纳入议事日程;意识,要具有高度的安全敏感;落实,发现问题就要紧抓不放;督查,要经常亲临现场检查安全;引导,要善于用典型来抓安全,从正反两方面来加以引导、启发。

(五)落实到位

事故的发生尽管有许多不同的客观原因,但有一点是相同的,那就是在现场的安全措施没有得到很好的落实。走马观花看现场,拿着记录抓落实,因此,要反复强调:抓落实要在基层、在现场、在作业面、在职工群众中。这是抓安全工作的着眼点和落脚点。只有狠抓落实才能避免事故的发生。

(六)提高职工素质

这是一个与现场作业人员相关的命题,领导者的素质在此关联不大。许多事故的发生,与一线职工的自身素质不高有着密切关系。一线职工素质好,往往就可以避免很多事故的发生。

反之,本可以避免的事故也发生了。如未到时间看回头炮,导致事故的发生就是典型的事例。这是操作人员自身素质问题。如果素质高,分析问题的能力也就强,就不会发生问题。对此,安全部门要加强培训,提高一线职工的安全素质,规范操作。

(七)强化职工意识

一个企业的安全工作能否做好,首先要看全体职工有没有较强的意识。多年来的实践证明,安全意识与事故的发生是成反比的。安全意识强事故发生就少,否则,就多。这也就是说提高一线职工的安全意识是抓好安全工作的主要内容。因此,抓基层打基础,抓纪律反违章,抓现场除隐患,是实现安全生产的百年大计,是减少伤亡的根本措施。比如前面提到的看回头炮导致事故发生一例,是素质问题又是安全意识问题。

(八)加强考核

考核的目的是挽救、爱护职工,避免事故发生的一种十分有效的激励和约束手段。事先考核如交纳安全风险抵押金,目的是增强安全意识。个人的安全是与切身利益密切相关的。这样可以由他律变为自律,能有效地减少事故的发生。事后考核如召开事故分析会,违反哪一条就要严肃处理,毫不含糊。同时,要大张旗鼓地宣传,引起职工的高度重视。要引以为戒,从中汲取教训,把个别事故变为吸取教训搞好安全生产的宝贵财富。

三、油气管道工程施工风险防控措施

(一)管道施工风险预警

风险预警是指对油气管道施工中可能出现的危险采取超前的预先控制措施。在施工实施过程中一旦发现危险超过风险预警值,及时启动应急行动,发出警报信号,从而在危险事件发生之前予以控制。

对油气管道工程施工中的风险应建立预警系统。例如,穿越工程采用盾构隧道施工法时,在施工过程中可能发生地面塌陷、涌水事故,需要根据水文地质条件进行超前地质预测,对风险进行预警;定向钻管道穿越时,需要预先分析所穿地层的自稳性、土壤密实度等各种地质条件,采取控制措施,防止成孔引起的地面塌陷、冒浆、钻孔上抬或下沉形成错台孔等。

(二)管道施工工序风险防控措施

1.管材运输、储存、设备倒运、布管

(1)运输管材时,不应随便碾压作业带以外的土壤、植被等。

(2)应将管材捆绑牢固,转弯应限速,尽量避免急刹车。

(3)所有施工机具和设备在行走、吊装、装卸过程中其任何部位与架空电力线路的安全距离应符合表6-2的规定。

表6-2　施工机具和设备与架空电力线路的安全距离

电力线路电压,kV	<1	1~35	60	110	220	330
安全距离,m	>1.5	>3	>5.1	>5.6	>6.7	>7.8

（4）管材装车高度：专用拖管车不得超出拖车立柱高；一般拖车不得超出车厢高的 1/3,总体高度不超过 3m。装车宽度不得超出立柱或车厢的宽度。装车时管材下应放软垫,以保护防腐层和防止管子滑动。

（5）起重工和吊车司机作业前必须规定唯一指挥信号方式,作业时配合默契。

（6）随时检查吊钩和钢丝绳,发现有破损并超过规定要求立即更换。

（7）大风、雨、雪天气禁止在野外装车、卸管和倒运设备。

（8）设备倒运前必须制定行车路线,避免刮碰低矮桥梁和公路上方电缆、电线等。

（9）设备装车前必须在拖车前后放置安全警示牌,由专人负责安全监护,设备上拖板时拖板两侧严禁站人。

（10）设备、材料装车后必须放置枕木、挡板等固定,防止设备、材料在运输过程中滑动,发生危险。

（11）倒运设备过程中,设备驾驶室内严禁坐人。

布管示意图如图 6 - 5 所示。

图 6 - 5　布管示意图

2. 管沟开挖

（1）开挖管沟前,应对地下设施如光缆、管线等进行充分调查,在光缆、管线等两侧 6m 范围内应用人工挖沟方式,避免挖断光缆和管线等设施。

（2）发现文物后应立即停止挖沟,并向地文物管理部门报告,遇可疑爆炸物必须上报公安机关处理,并迅速撤离施工现场。

（3）挖掘机旋转半径内禁止站立非施工人员。

（4）给挖掘机加油时,应有防油落地措施。

（5）管沟上方有凸出物或其他易脱落、易滚落的石块等,应在开挖前处理掉。

（6）应按管沟设计坡比开挖管沟。

（7）土堆距管沟边缘不应小于 0.5m,堆积高度不应超过 1.5m。

管沟开挖示意图如图 6 - 6 所示。

图 6-6　管沟开挖示意图

3.管道组对、焊接

（1）对口时必须有专人指挥。

（2）任何人不得站在两管口之间,不应将手指等身体部位置于两管口之间。

（3）使用专用对口工具。

（4）使用内对口器时,气泵的转动部位应有防护罩。

（5）内对口器行走时,应认真观察行走所到达的位置,做到准确控制停在管口处,防止内对口器滑落伤人。

（6）装卸外对口器时,应注意配合,防止砸伤人员。

（7）雨雪天气或大气相对湿度大于90%应停止作业。

（8）使用吊管机吊管对口时,吊带应吊在钢管中间。

（9）使用支架、倒链吊管对口时,不得使用有弯曲变形的支架。

（10）支架的底座支撑面应垫实,防止因受力不均而倾倒伤人或损坏设备。

（11）在沟下对口时,作业空间应足够大,防止挤伤作业人员。

组对、焊接示意图如图6-7所示。

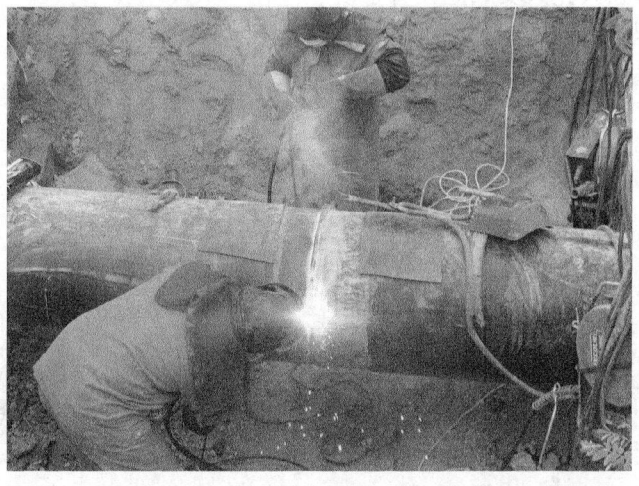

图 6-7　组对、焊接示意图

4. 管线下沟

(1)在管线所经的村镇等人口密集区的作业带两侧应设置警戒带。

(2)在管线所经的路口应设立行安全标志,并派专人看守,每条路两人,一侧一个,阻止非工作人员进入作业现场。

(3)下沟前,专职指挥、HSE 监督员、操作手、清沟人员摘挂吊带人员应学习下沟安全技术措施,进一步明确笛声信号和旗语方式。

(4)HSE 监督员应教育清沟人员、摘挂吊带人员提高自身的安全保护意识,随时观察周围的作业环境,做到及时发现安全隐患及时撤离。

(5)对吊管机、吊带、吊钩等进行一次安全检查,确认安全后,方可组织下沟作业。

(6)下沟前,应对吊管机行走一侧的作业带土地堆、土坑等进行平整,保证下沟安全。

(7)下沟作业开始,应先进行一次试吊,进一步确认吊钩、吊带、吊管机的安全。

(8)当工作人员进入管沟内清理塌方时,应将管线锚固;当指挥人员确认管沟内清理塌方的工作人员全部撤离管沟后,方可继续下沟作业。

(9)进入管沟清理塌方的工作人员应使用牢固的梯子安全上下。

(10)下沟作业时,摘挂吊带人员应使用事先准备好的钩子钩挂吊带,不应钻到钢管下方抓拽吊带。

(11)摘挂吊带人员当摘挂好吊带后就及时撤到吊管机吊臂以外的安全地带,严禁站在爬杆下或站在吊管机与管线之间。

(12)当吊管机经过各种架空线路时,应降低爬杆的高度,并由专人指挥安全通过架空线路或电线杆等,应符合表 6 − 1 的规定。

(13)现场工作人员当发现安全隐患时,应及时告诉指挥人员,下停止作业令,杜绝多人指挥,造成操作手误操作,而发生事故。

(14)管线下沟时吊管机手应密切配合,大于 $\phi 529$ mm 的管线应用三台以上吊管机配合作业,大于 $\phi 1000$ mm 的管线应用四台以上的 63T 或 70T 吊管机配合作业。

(15)同类吊管机机型应一同使用,在行走时不应载客。

(16)下沟作业时,禁止人员站立在管子上。

(17)管线下沟与管沟开挖不应交叉作业。

管线下沟示意图如图 6 − 8 所示。

图 6 − 8　管线下沟示意图

四、管道第三方施工管理措施

(一)第三方管理原则

(1)第三方施工管理应坚持提前介入原则,通过广泛开展管道保护宣传和信息收集工作,提前获取管道周边的施工计划,主动介入、积极协调,将风险管控关口前移。

(2)管道企业管道第三方施工管理应遵循《中华人民共和国石油天然气管道保护法》第四十四条规定的"后开工的建设工程服从先开工或者已建成的建设工程"的处理原则,对管道采取必要的安全防护措施,费用由第三方施工单位或建设单位承担。

(3)管道企业应加强与各级人民政府能源、应急、公安等部门的沟通,特别是在第三方施工管道保护作业施工方案评审、作业申请审批以及危害管道安全行为管制等过程中,积极寻求政府主管部门的支持。

(4)管道企业应协调第三方施工与管道交叉处优先施工通过。

(5)对于"风险高、周期长、人员杂"的大型第三方施工,应建立管道上方开挖作业动态管理制度,经企业内部审查通过后实施。

(6)对于不满足规范要求或无相关标准,但可能对管道安全构成威胁的大型第三方施工,应充分协调沟通避让。

(7)施工简单快速的小型第三方施工应执行"快速服务,快速通过"原则,宜关注重点信息管理与施工作业监护。

(二)第三方施工信息管理

1.收集范围

(1)管道中心线两侧5m范围内种植乔木、灌木、藤类、芦苇、竹子或者其他根系深达管道埋设部位可能损坏管道防腐层的深根植物信息。

(2)管道中心线两侧50m范围内新改扩建油气管道、市政管网、公路(含乡村路),架设110kV以下电力线路,埋设地下电缆、光缆,新改扩建(含清淤作业)河道、沟渠、池塘,土地平整和机械耕种等各类机械施工作业。

(3)管道中心线两侧5m范围内取土、采石、用火、堆放重物、排放腐蚀性物质,修晒场、修建水产养殖场、建温室、建家畜棚圈以及修建其他建构筑物。

(4)未采取保护措施的管道上方行驶重型车辆。

(5)管道中心线两侧各200m范围的钻探、定向钻、打桩、顶管、高填方、爆破、地震法勘探、工程挖掘、工程钻探和采矿等,必要时适当扩大收集范围。

(6)管道中心线潜在影响半径范围内(不小于200m)修建居民小区、学校、幼儿园、医院、娱乐场所、车站、商场、监狱等人口密集型建筑物,修建变电站、加油站、加气站、储油罐、储气罐等易燃易爆场所。

(7)在穿越河流的管道中心线两侧各500m范围内,修建桥梁、港口、码头、水下建筑物或引水建筑物施工,抛锚、拖锚、挖砂、挖泥、采石、水下爆破,防洪和航道通畅而进行的养护疏浚作业。

(8)管道附属设施(除隧道外)500m范围内进行爆破、地震法勘探或工程挖掘、工程钻探、采矿等信息。

(9)在管道隧道中心线两侧 1000m 范围内采石、采矿、爆破等施工。

(10)在管道中心线两侧 1000m 范围内,新建、改建及扩建电气化铁路(高铁、地铁等),架设 110kV 及以上高压输电线路,埋设安全接地体、避雷接地体等作业。

(11)管道中心线两侧各 200m 范围内的 Ⅲ 级以上弃渣场(容量大于 $10^4 m^3$ 或高度大于 50m),200~500m 范围内的 Ⅱ 级以上弃渣场(容量大于 $100^4 m^3$ 或高度大于 100m)。

(12)新改扩建水库等造成管道位于泄洪区或淹没影响区。

(13)其他可能威胁管道安全的第三方施工信息。

2. 收集要求

(1)管道企业应每年至少组织开展 2 次线性工程(如公路、铁路、通信、电力、油气管道、市政管网、河道整治等工程)的规划主管部门、发改委和当地政府管道保护主管部门走访,收集管道相关施工信息。

(2)管道企业应每半年组织开展 1 次辖区管道周边钻探、定向钻、打桩、顶管以及机械挖掘等高风险第三方施工信息专项收集。

(3)管道企业应定期向巡线员、信息员、土地使用者及挖掘机手宣传信息奖励制度、事故案例等,畅通信息收集渠道。

(4)管道企业发展信息员数量建议:人员密集型高后果区管段,每 500m 至少 1 名;其他管段每 2km 至少 1 名;山区、荒漠等管段根据实际情况确定。每周至少 1 次主动到辖区信息员住所或工作地点收集信息。

(5)管道企业应利用管道保护宣传、农田户主走访、徒步踏线等时机收集第三方施工信息。

3. 信息处理

(1)管道企业获得第三方施工信息后,应第一时间进行现场核实,确认施工与管道的相互位置关系,并与施工方建立有效联系。

(2)管道企业核实确认第三方施工信息后,宜根据第三方施工风险信息价值当场发放奖励费或赠送管道保护宣传纪念品。

(3)管道企业应通过第三方施工零报告、现场巡查、视频巡查或主动沟通等方式每日跟踪第三方施工信息,做到准确掌握施工状态,直至施工完毕或确认施工取消。

(4)管道企业应在大型第三方施工项目处于可研、初设或规划建设初期,开展管道保护协调工作,及时提出管道保护要求,要求第三方建设单位考虑管道保护措施与费用,要求避让管道,严格控制管道改线和新形成高后果区,避免形成人口密集型高后果区,避免形成管道高填方等管道安全隐患。

(三)第三方施工现场勘查

1. 布控标准

(1)管道企业应根据施工与管道的位置关系、施工类型和施工持续时间等因素建立施工现场标准化布控制度,示意管道走向,划定安全管控边界,设置警示标识,安装物防、技防设备设施,清晰警示第三方。

(2)施工信息经核实确认后,管道企业应立即对施工影响范围内管道警示标识,并至少在第三方施工作业开工前落实现场标准化布控。

(3)第三方施工现场标准化布控等级分为三级,一级为硬隔离布控＋摄像头＋断线报警,二级为硬隔离布控＋断线报警,三级为警示带布控,布控等级对照表见表6－3。

表6－3　布控等级对照表

施工类型	5m以内 (交叉施工)	5～20m (非交叉)	20～50m (可能向管道方向发展)	20～50m (不向管道方向发展)
小型施工 (快速通过类)	三级(机械施工风险可控, 否则应提高布控等级)	三级	三级	—
大型施工	一级	二级	三级	三级

(4)第三方施工现场标准化布控管理要求如下:

①管道两侧标准化布控所划定的安全边界应尽量远离管道,不应小于5m;

②布控应每日组织进行巡查,不满足布控要求时,24小时内完成整改;

③施工风险发生变化或者施工与管道位置关系发生变化时,应及时提高布控等级标准;

④确认现场无施工风险后撤销布控并回收。

2. 联合勘察

通过查阅管道竣工资料,内外检测报告,与第三方施工单位(建设方)共同对第三方施工现场进行勘查,观察管道周边地形地貌,告知管道基本信息,了解对方工程情况,明确对方工程与管道的相互关系,初步判断管道保护措施,并向其提交管道安全保护告知书。

3. 开挖验证

(1)对于交叉和近距并行等可能威胁管道安全的第三方施工,在管道保护施工作业方案编制前,管道企业应组织人工开挖探坑或物探等方式准确定位施工影响范围内的全部管道。

(2)难以通过人工开挖方式进行管道位置验证时,应由具备工程勘察乙级以上资质的专业单位对管道位置进行定位。

(四)管道保护施工方案审查

(1)管道企业应根据第三方施工类型不同,管道保护施工作业采取不同的处置方式。

(2)对于管道保护法明确规定应向地方政府管道保护主管部门提出申请的第三方施工作业,管道企业应协助制定管道保护施工作业方案,报地方政府管道保护主管部门批准。

(3)对于无需向地方政府管道保护主管部门提出申请的第三方施工作业,管道企业宜主动向施工建设方推荐管道保护施工方案并审批。

(4)对于管道安全威胁较大的大型第三方施工,管道企业应要求第三方施工单位(建设单位)对管道保护施工作业方案进行安全评估或安全论证。

(5)协商不成或不满足行业标准和规范要求的第三方施工,管道企业应要求施工单位报请县级及以上管道保护主管部门组织召开安全评审会,评审专家应包含管道行业专家参会,并按照县级及以上管道保护主管部门书面批复的审查意见执行。

（6）盖板涵等管道保护工程设计应由具备管道、公路、铁路、水利等行业设计资质的专业设计单位承担,资质等级不低于乙级或二级;方案中应明确盖板涵等难以再次开挖的第三方施工,应对管道环焊缝进行 X 射线检测和超声波检测,对防腐层进行漏点检测,对内检测管体缺陷进行复检,对不合格缺陷进行修复;方案中还应明确可燃气体检测要求。

（7）管道企业参加管道保护施工作业方案审查时应执行以下条款:

①管道保护施工作业方案应满足法律、法规和国家及行业标准规范的要求;

②管道保护工程措施应具有的可靠性、稳定性和耐久性特点;

③审查第三方工程与管道的相互干扰及其施工、运行、维护、维修、改扩建和故障（报废）状态对管道运行的影响;

④审查施工建设整体对管道的影响,尤其是可能导致管道地区等级升级,可能形成人口密集型高后果区的规划建设施工;

⑤禁止形成管道高填方,受地理条件影响或客观条件限制时,管道企业应要求第三方施工单位或建设单位对管道高填方进行安全评估或安全论证,及时消除管道安全风险;

⑥应通过增加交叉角度或调整施工工艺等措施,减小第三方施工对管道的影响;

⑦当第三方工程的杂散电流对管道有安全的影响时,应开展管道杂散电流腐蚀干扰评价、腐蚀与防护系统完整性评价等专项评价,落实杂散电流腐蚀干扰防护措施,降低杂散电流腐蚀风险。

（五）安全协议签订

（1）对于无须向地方政府管道保护主管部门提出申请的第三方施工作业,执行"快速服务,快速通过"原则,可不签订安全协议。

（2）管道企业与第三方施工单位（建设单位）协商一致（管道保护施工作业方案经管道企业审查确认）后,应在施工前签订第三方施工安全防护协议。协议应明确双方权利和责任、管道保护方案、施工注意事项、管道保护设施归属、后续运行维护管理相互告知制度及其他约定事项等内容。

（3）管道企业应根据施工规模及风险等因素,要求第三方施工单位缴纳安全风险抵押金,并在第三方施工安全防护协议中明确有关约定。

（4）管道企业应根据第三方施工规模、风险程度及施工周期等因素,要求第三方施工单位或建设单位缴纳第三方施工管道保护管理费,并在第三方施工安全防护协议中明确有关约定。

（5）对存在违反管道保护法、标准规范或安全协议等威胁管道安全的行为,管道保护工程存在质量问题或因违规违约造成管道损伤的情况,按照直接及间接经济损失扣罚相应安全风险抵押金,并要求第三方施工单位及时补足或追加。

（6）第三方施工验收合格或施工顺利结束后,安全风险抵押金应按约定及时足额返还,返还时第三方施工单位财务应出具收据。

（7）第三方施工单位可采取提供银行履约保函的形式替代缴纳安全风险抵押金,履约保证金的收支管理应与安全风险抵押金应基本一致。

第三节 油气管道风险防控与巡护

一、油气管道风险防控措施

(1)从设计上提出了零事故的设计原则,达到本质安全的指导思想。

(2)集气管网设计在参照《输气管线设计规范》、中管线地区等级划分要求的同时降低管线强度设计系数。提高管线强度,保证系统安全。集油管按《输油管线设计规范》进行设计。

(3)提高管道设计强度,三类地区强度系数由0.5变为0.4,二类地区由0.6变为0.5,另外,采气管道另增加3mm厚度,集输气管道另增加1mm厚度。增大了管道壁厚,延长腐蚀减薄时间。

(4)对湿气管线采用缓蚀剂加注方案,并利用在线腐蚀系统评定系统腐蚀情况,作好腐蚀控制。

(5)借鉴国外含硫油气田安全设计方法,截断阀室设置距离根据管线沿线地区等级及管线内硫化氢的含量来确定;截断阀采用气液联动执行机构,可实现事故状况下的紧急截断。

(6)站场内设有安全检修置换口。在正常检修情况下,利用净化天然气可将检修管道、设备内的硫化氢气体通过放空管线燃烧后排放,达到安全检修的目的。可在超压或失压情况下自动快速截断,保护气井和地面措施。

(7)高含硫天然气集输时,在各单井进站的高压区、油气取样区、排污放空区、油水罐等易泄漏硫化氢的区域均应设置醒目的标志,并设置固定的 H_2S 监测探头,同时在探头附近设置报警喇叭。

(8)为确保试压安全,采用水进行100% ,强度试压。

(9)管线距离学校、加油站等人口密集区或危险区的距离大于1000m;管线应避开四类地区。

(10)高含硫天然气集输生产管理与操作人员都应有严格的岗位责任制,定岗定员;必须要求每个上岗人员明确自己的管理与操作责任、违规将造成的严重后果等。各级人员都应有明确的权利、义务和责任。

(11)现场操作人员操作时应严格按操作手册执行,关键设备的操作步骤应挂牌到实际操作现场,并应有严格的操作记录。每日的操作记录应有档案可查并报送上级主管部门。

(12)应建立明确的奖惩制度,对工作责任心强、执行操作规程熟练、处理应急事故及时、安全的操作人员,应定期评比予以奖励。

(13)高含硫气井投产前应编制气井与管线事故状态时的应急预案,并对操作人员进行全面培训。同时,还应对管线所经过一定范围的居民进行硫化氢防范教育,使他们在发生事故后,能正确、安全地保护自己并迅速撤离现场。

（14）高含硫设备检修前,必须编制检修和施工作业方案,同时实行许可证制度,必须在方案批复和获得许可后,方能进行检修和施工作业。在进行清管操作和容器内检修作业时,检修作业人员必须佩戴正压式空气呼吸器。

（15）重点监测区应设醒目标志,供气装置的空气压缩机应置于上风侧(或使用压缩空气钢瓶)。在进入重点作业区时,应佩戴硫化氢监测仪和正压式空气呼吸器,至少两人同行一人作业一人监护。

（16）操作人员进入高含硫天然气站区、低洼区、污水区及其他硫化氢易于积聚的区域时,应佩戴便携式硫化氢监测报警仪。

（17）当硫化氢在空气中的浓度达到 15mg/m³ 报警时,作业人员应检查泄漏点,准备防护用具;当在空气中的浓度达到 30mg/m³ 报警时,迅速打开防爆排风扇,疏散下风向人员,作业人员应戴上防护用具,禁止动用电、气焊,抢救人员进入戒备状态,查明泄漏原因,迅速采取措施,控制泄漏,向上级报告情况。

（18）加强巡线频率,防止在管道附近施工破坏管道。

（19）强化作业人员的安全意识。

针对输油和输气管道泄漏事故的风险防控措施如表 6-4 和表 6-5 所示。

表 6-4 输油管线事故跑油致因因素与防控措施

事故名称	主要致因因素	防控措施
输油管线事故跑油	（1）管线憋压腐蚀穿孔跑油; （2）线因人为因素遭到破坏,被打眼盗油; （3）管线受外力破坏跑油; （4）自然灾害造成管线破损,原油泄漏	（1）对腐蚀进行巡检,确保运行状态完好; （2）严格按照操作规程进行流程切换,将压力控制在规定范围内; （3）加强管线巡回检查,防止人为破坏; （4）制定相应的应急措施,防止事态扩大; （5）做好管线各种标识,避免管线受损; （6）做好管线穿越、跨越、析架等部位的加固维护

表 6-5 天然气管线泄漏事故致因因素与防控措施

事故名称	主要致因因素	防控措施
天然气管线泄漏事故	（1）管线腐蚀穿孔; （2）人为破坏; （3）管线冻堵造成憋压; （4）工艺流程切换失误,造成憋压; （5）管线超限运行; （6）天然气增压装置失控	（1）严格执行工艺设施操作及保养规程; （2）严格执行巡回检查制度; （3）严格执行《输气工操作规程》; （4）定期对管线进行维护; （5）加强阴极保护管理; （6）定期进行管线巡护; （7）制定事故处理应急预案; （8）配备正压式呼吸器和防火服

二、管道线路巡护规范

(一)巡护通用要求

(1)管道企业应结合所辖管道实际特点,基于管道面临的主要风险,合理配置巡护资源、确定巡护模式、编制管道巡护工作方案,方案应包括管道概况、风险识别与分析、巡护资源配置、巡护频次、检查考核、各级管道管理人员与巡护服务公司管理人员巡护要求等内容。

(2)管道线路巡护方式有徒步、骑车、机动车、船舶、直升机、无人机、视频监控巡检以及定点看护等方式。

(3)管道上方具备徒步巡护条件的管段,日间巡护宜采用徒步巡护方式;不具备徒步巡护条件的管段,可根据管道周边环境实际情况选用骑车、驾驶车辆、船舶、直升机、无人机、视频监控以及定点看护等方式;打孔盗油多发地区宜采用管道上方徒步巡护方式,第三方施工多发区域可采用徒步或骑车巡线方式;戈壁、荒漠地区可采用骑车、驾驶车辆、无人机巡线方式;山区、高寒、沼泽等人员确实难以进入的管段可采用直升机或无人机巡线方式。

(4)输气管道可仅在白天巡护;存在打孔盗油和第三方施工夜间施工风险管段应开展夜间巡护。

(5)输油气管道巡护应以防止第三方施工损坏管道风险为主,输油管道巡护重点应增加防打孔盗油、管道泄漏环境污染等风险。

(6)特殊时期(如重大节日或重大活动等),重点管段、阀室、穿跨越、隧道等特殊部位宜增加巡护资源,提高防范能力。

(7)鼓励使用无人机、视频监控等技防措施替代人工巡护,但应经过本单位安全评审。

(8)管道巡护时应对地面标识进行必要维护,确保地面标识整洁、完好、无遮挡。

(9)管道巡护工作应从管道下沟时开始,直至管道报废。

(二)巡护资源配置

(1)管道企业可根据管道长度、现场环境、风险情况合理配置巡护人员、巡线车辆,线路巡护人员应定期接受培训,按规定穿戴劳保用品、佩戴巡护工作卡、配备各类工器具。

(2)输油管道宜每20km配置一名段长,输气管道宜每30km配置一名段长,沙漠、戈壁等无人区管道、并行段管道及山区段管道可适当调整。

(3)输油管道宜每3～5km配置一名专职或兼职巡线员,输气管道宜每5～8km配置一名专职或兼职的巡线员,沙漠、戈壁等无人区管道、并行段管道及山区段管道可适当调整巡护长度。在重点防护管段(人口密集区、打孔盗油易发段、地质灾害易发段、防恐重点部位等)宜每3km配置一名巡线员。

(4)阀室宜设置专职或兼职看护员;一级风险部位、重点阀室(具备分输功能、设施较多)和大型跨越处,宜设置专职阀室看护员。

(5)管道线路车辆巡护应选择具有野性能的车辆,同时根据管道风险情况,合理配置车辆数量。

(三)巡护频次

(1)管道运行阶段应根据所辖区域的管道实际特点及风险分级情况,合理确定管道巡检频次,并针对具体的管道安全防护风险确定巡护时段。

(2)管道运行阶段一般管段每日巡护频次不少于1次。人员密集型管道高后果区,第三方施工损伤、自然与地质灾害等高风险段每日巡护频次不少于2次。打孔盗油(气)高发段,应增加夜间巡护。

(3)高寒、戈壁、沙漠、沼泽、山区等特殊地段管道巡护,可根据实际情况调整巡护频次。

(4)管道管理人员每周管道巡护至少1次;每月至少与巡线员联合巡线1次,检查管道巡护工作情况。

(5)管道施工阶段已完成下沟的管道,应开展管道巡护工作,每日巡护频次不少于1次,重点管段应增加巡护频次。

(四)管道巡护基本内容

1. 风险信息收集

(1)应拓宽管道风险信息收集渠道,根据管道线路途经区域的社会环境,有针对性地建立风险信息收集、报告制度。

(2)应通过管道巡护或走访,收集管道周边定向钻、顶管作业、公路交叉、铁路交叉、电力线路交叉、光缆交叉、其他管道交叉、河道沟渠作业、挖砂取土、高填方、侵占、城建、爆破、钻探作业、塔杆建设,公路、铁路等相关作业信息。

(3)管道巡护应排查管道占压、安全保护距离不足等隐患信息,并建立管理台账。

2. 线路日常巡护

(1)应明确日常重点巡护部位,如滑坡、嶂岘、隧道、采空区、高陡边坡、河流穿跨越、大型水工保护、管道本体缺陷点、高后果区、环境敏感区、自然灾害易发区、第三方施工及打孔盗油(气)频发段等管段。

(2)巡查管道、光缆、管道地面标识、技防设施、阴极保护设施及水工保护等附属设施的完好情况,架空管道应检查外防腐层破损情况。

(3)巡查管道上方应查看管道周边地表有无变化(开挖、回填),有无油迹或油气味,有无植物枯萎现象。

(4)巡查管道上方及周边有无可疑人员或车辆出现,有无水毁、占压、违章动土、违章施工、重车碾压以及其他影响管道安全的行为。

(5)地震、强降雨过后检查管道有无露管、漂管、泄漏,管道上方土体有无位移、沉降、滑坡、孔洞、裂缝、滑塌、崩塌等现象。

(6)沙漠风蚀地区应注意春季和秋季大风对管道的影响,大风过后应检查管道、光缆埋深,确保管道上部覆土厚度满足设计要求。

(7)黄土地区应注意巡查暴雨径流和灌溉水可能对台田和梯田产生的洞穴侵蚀情况。春灌、冬灌以及暴雨过后,应对管沟下沉段进行观测,检查是否存在灌溉水或暴雨径流导致的管道悬空情况。灌溉或暴雨过后,应进行专项检查,发现隐患应采取相应措施。

(8)高寒地区应定期对管道沿线冻土带进行巡护,对处于不稳定型冻土的管段、边坡管段、穿跨越等部位进行重点巡查或实时监测。

（9）巡查有无其他违反法律法规、危及管道安全运行的行为。

3. 阀室巡护

（1）检查阀室内有无油气泄漏、主体建筑是否完整、设备设施有无损坏或丢失、管道有无锈蚀、技防措施是否完好，阀室外警示牌、举报电话是否齐全。

（2）检查阀室周边有无地质灾害、第三方施工、烧荒等迹象，有无堆积秸秆等易燃物。

（3）检查阀室安全防护设施是否完好。

（4）打扫阀室卫生，保证清洁。

4. 隧道巡护

（1）检查隧道周围有无油气泄漏。

（2）检查隧道中心线两侧各1000m范围内有无采石、采矿、爆破作业等危害管道安全的行为。

（3）检查隧道进出口有无杂物堆放，伴行路及进出道路是否畅通，两侧山体是否发生滑坡、有无裂缝等。

（4）检查隧道内管道挡墙、排水沟是否完好，墙体是否发生坍塌、漏水，有无裂缝、脱落等。封闭的隧道应检查洞口封闭及排水通风情况。

（5）检查隧道安防设施、宣传标语、电力设施、标识是否完好。

5. 穿跨越段巡护

（1）定期检查管道跨越部位的悬索、桁架、锚固设施的完好性。

（2）台风、暴雨过后对管道线路悬跨部位进行重点巡护，检查管道两侧约束端是否存在松动、变形迹象；管道是否发生防腐层损坏、本体变形。

（3）定期检查穿跨越段实体防范、技防设施的完好性。

（4）检查穿越处管道光缆埋深是否变浅、河流水位是否暴涨、水工保护设施是否完好。

6. 市政管网、盖板涵交叉/并行处管段巡护

（1）市政管网与管道交叉存在密闭空间的管段，应进行加密巡护，并定期检测交叉、并行处的可燃气体浓度。

（2）管道盖板涵存在密闭空间管段，应定期检测可燃气体浓度。

7. 高后果区、高风险段巡护

除线路日常巡护规定要求外，高后果区、高风险管段还应开展以下工作：

（1）人员密集型高后果区应进行加密巡护，定期检测管道上方是否存在可燃气体；

（2）应在学校、集市、寺庙、教堂、住宅小区、娱乐场所等人员密集场所开展宣传，加强对管道沿线大型施工机具所有者（挖掘机、打桩机、山药种植旋耕机、定向钻及勘探机具等）单位或个人、土地户主（承保户）、沿线居民的管道保护宣传；

（3）针对高后果区应重点宣传油气管道风险、紧急疏散、自我防范常识，提高沿线民众管道保护意识；

（4）关注管道周边人员密集型建（构）筑物、易燃易爆场所发展情况；

(5)巡查视频监控等技防措施完好性。

8.汛期巡护

(1)应在每年汛前和汛后对所辖管段开展线路全面检查和水毁调查,重点管段应进行徒步巡查。

(2)应将存在风险的地质灾害点、高后果区边坡、地质灾害监测点等纳入巡检点进行管理。

(3)应重点查看管道上方有无水土流失、露管、悬空、漏油(气)情况;暴雨过后应立即组织加密巡检,对受黄色及以上预警暴雨影响的重大地质灾害点,应按"雨前、雨中、雨后"三检制要求开展巡查。

(4)应与当地防汛和水文部门建立沟通联系机制,提前掌握水库泄洪、河道行洪、气象预警等信息,做好汛情、灾情应对工作。

9.防打孔盗油巡护

除线路日常巡护规定要求外,防打孔盗油巡护还应开展以下工作:

(1)巡护时应关注管道周边有无可疑人员、车辆活动,排查管道中心线两侧2km范围内闲置厂房及出租屋有无可疑迹象。

(2)打孔盗油多发段应增加夜间巡护频次,重点地段、重要时期可采取定点看护的方式。

(3)打孔盗油多发段宜定期开展管道地面检漏、发送专项检测器等,排查打孔盗油阀门或支管。

(4)打孔盗油多发段应定期排查管道途经沟渠,检查是否存在打孔盗油引管。

(5)打孔盗油多发段宜采取警企联合巡线、联合宣传、联合排查管道周围建筑物、设卡检查等措施。

(6)农耕、收割时期,应增加管道巡护措施,及时发现管道附近动土和引管迹象。

10.建设期管道巡护

(1)新建管道工程项目招标时对施工单位、监理单位提出明确的管道保护要求,并将管道保护措施作为中标的必要条件,明确相应的处罚条款。在管道建设合同中明确相关方管道保护管理界面、职责和要求。

(2)新建管道下沟回填后,立即开展管道巡护工作,并参照运行期巡查要求执行。

(五)管道巡护宣传

(1)应建立管道安全呼叫报警电话,及时接收和处理管道安全报警信息。

(2)应建立健全管道保护奖励机制,多渠道收集管道保护信息,营造良好的管道保护社会环境。

(3)应定期开展管道宣传,宜采取集中宣传与精准宣传相结合的方式。宣传内容主要是向公众传递管道保护与应急避险知识等,增强公众管道保护意识。

(4)应建立健全管道保护宣传制度,保障宣传费用投入,分级分类组织宣传活动。

(六)巡护隐患处理与报告

(1)管道巡护人员在管道巡护过程中发现危害或有可能危及管道安全的行为,应按照国家法律、行政法规和相关标准规范的规定,及时处理和报告。

(2)管道巡护人员在巡护过程中发现管道标识损毁、管道附属设施出现故障时,应及时维修、维护或者更换。

(3)管道企业对于安全措施失效的管段,应及时采取安全防护措施。

(4)管道保护管理人员应及时处理发现的管道线路安全隐患,对于自身难以解决的,应当按照国家法律、法规向地方政府和上级部门报告,报告应留存文件记录。

(七)巡护人员培训及考核

(1)管道企业应定期对巡护人员进行培训、考核,建立考核奖惩制度。

(2)培训内容应包括但不限于:

①管道保护相关的法律法规、标准、规范;

②管道基本情况和重要性,包括油气管道发生事故的危害性及防范措施;

③管道地质灾害和周边环境的基本识别;

④岗位职责、工作内容、相关管理制度;

⑤巡线方案和应急预案相关内容。

(3)巡护质量监管。

①管道企业应在管道沿线设置一定数量的基本巡护点位(关键点),通过卫星定位等技术监控手段,监督巡护质量。

②管道企业应定期对巡线系统的硬件、软件和后台数据进行维护,确保系统运行环境的安全和数据的完整性,并做好保密工作。

③管道管理人员应对巡线员的巡线情况进行抽查、考核。

④管道管理人员每日应对管道巡护计划覆盖率、管道巡护完成率等要求进行检查。

(八)资料管理

(1)管道巡护人员应收集管道线路相关资料,建立管道线路维护档案,记录管道线路及其附属设施的维护、检查和整改情况。

(2)管道线路信息档案资料包括但不限于水工保护(包括施工)、地面标识、管道埋深、河流穿越、公(铁)路穿越、违章占压、线路管理工作日志、防汛日报表、隐患协调和报告过程文件记录等基础资料以及管道线路周边水文情况。

习　题

1.事故预防的原理包括哪些?

2.油气管道工程施工风险控制措施包括哪些?

3.油气管道第三方施工管理措施包括哪些?

4.油气管道巡护的基本内容包括哪些?

第七章　油气站场风险削减与控制

课程导入　张良：用生命清理泵口

　　《烈火英雄》电影中欧豪饰演的二班长徐小斌也是有原型的,他就是当初"7·16"大连大火中负责远程供水的战勤保障大队二班班长张良。水,是消防员面对大火的子弹。在救火和冷却火场的四天里,他们通过远程供水系统,向火场供给了4万多吨水。由于抽水系统吸力很大,会吸附很多水草和垃圾,阻塞泵口,所以他们要每一个小时清理一次泵口的垃圾和水草。在连续几天的灭火和冷却火场的过程中,张良和战友韩晓雄一直守护在抽水泵旁边,清理阻塞泵口的水草和垃圾。7月20日早上,风浪突起,海面上的风力达到了八九级。张良和韩晓雄一下子被风浪卷走。听到呼声后,一个战友迅速游过去救援。但在风大浪大的海面,和着十几厘米厚的油污里,他只救回来了韩晓雄。他虽然碰到了张良的手,但是太滑了,他没能拉住。就这样,年仅25岁的张良牺牲了。与电影里的情节相似,张良原定与未婚妻李娜在完成任务的第二天去照婚纱照。但是他的生命却永远停留在了前一天。或许,导演想替他弥补这个遗憾,让影片中的他和恋人完成了一张婚纱照。

《烈火英雄》电影中张良清理泵口现场图

第一节　概　　述

　　油气站场是负责油气转运的中间场所,承担着处理、转运等重要功能,是油气管道系统的重要场所。油气具有易燃、易爆以及易腐蚀、有毒等特性,在有限的站场空间中存在着较为大量的危险物质,导致油气站场成了危险场所,一旦发生事故将造成大量的人员伤亡和财产损失。进行油气站场的风险削减和安全管理,保证油气站场安全生产,意义重大。

一、油气站场风险削减与控制的方针及对象

(一)油气站场风险削减与控制的方针

油气站场风险削减与控制的目的是保证油气站场生产全过程的安全,包括参与生产活动的人,油料、设备、设施等物品,以及内部和外部环境的安全。油气站场管理水平高低的重要标志是安全生产,同时也是油气站场生产活动顺利进行和稳定发展的前提条件。杜绝各类事故的发生,实现油气站场风险削减与控制,有利于保障劳动者的利益,提高油气站场管理效益。"安全第一、预防为主、防消结合"是油气站场风险削减与控制的工作方针。站长作为单位安全生产的第一责任人,各班组负责人为相应部门、岗位安全生产责任人,实行安全责任制。站长做好全站的安全消防管理工作,并具体负责日常安全消防工作,由安全消防员配合协助[7]。

(二)油气站场风险削减与控制的对象

油气站场风险削减与控制是顺利进行各项管理工作的前提,又是实现油气站场管理目标的重要内容和约束条件,涉及方面较广。在油气站场生产过程中,人、设备与设施、环境等诸因素,所有这些因素又涉及设计、施工、操作、维修、存储、运输以及经营管理诸环节,均可能导致发生灾害事故,包括油气站场风险削减与控制与生产过程中的许多环节和因素发生联系并受其制约。因此,构成油气站场系统的人、物、环境三要素以及三者之间的各个环节都是油气站场风险削减与控制对象。其中,对物的管理包括设备、设施,对环境包括油气站场内部和外部环境。

二、油气站场风险削减与控制的内容

油气站场风险削减与控制涉及油气站场安全的各个环节,如组织体制、监督管理、生产作业、安全分析等进行有效控制,主要是从油气站场风险削减与控制体制、风险削减与控制技术、风险削减与控制方法、风险削减与控制法规以及风险削减与控制理论等入手,从而保证油气站场生产过程顺利进行。油气站场风险削减与控制的内容如表7-1所示。

表7-1　油气站场风险削减与控制的内容

序号	管理内容	主要形式
1	油气站场风险削减与控制组织体制	主要从风险削减与控制组织机构设置的原则、形式、任务、目标等方面进行研究,从而达到优化体制建设的目的
2	油气站场风险削减与控制基础工作	主要研究油气站场风险削减与控制法规建设,油气站场安全培训教育的组织与实施,油气站场安全设计及其评价,油气站场安全检查方案的制定与实施等内容
3	油气站场生产和检修作业风险削减与控制	主要研究油气站场储存运输作业、收发作业及维修检修作业的组织实施等
4	油气站场设施、设备的风险削减与控制	主要研究油气站场储油(气)设备、输油(气)管线、压缩机、泵房设备、装卸油(气)设备、加温设备、电气设备、消防设备等风险削减与控制内容,常见事故及其预防措施,安全检查与维护
5	油气站场劳动保护	主要包括油气站场生产作业危险及防护、中毒物的防护、油气站场生产噪声的危害及控制、劳动保护用品的使用等内容

序号	管理内容	主要形式
6	油气站场作业人员的风险削减与控制	主要研究人的行为与安全的关系,安全行为的模型,站场人员身体状况和业务素质、安全意识、政治思想素质等,站场人员不安全行为的表现以及消除这些不安全行为所采取的对策
7	油气站场事故管理	主要研究油气站场事故调查分析处理程序与方法,油气站场事故发生发展规律,油气站场事故的预测预报理论及方法等内容

三、油气站场的安全防范措施

(一)加强明火管理,严防火种进入

油气火灾难以扑灭,蔓延和扩展速度极快,特别是爆炸事故,一旦发生,将立即造成重大破坏性灾害。采取预防措施,严防火种产生,加强明火管理是油气站场风险削减与控制的首要措施。油气站场内禁止任何人携带火种或穿易产生碰撞火花的钉鞋等进入站内,应在醒目位置设立"严防烟火""禁火区"等警戒标语和标牌。设备操作和维修时,应使用不产生火花的工具。生产区内禁止无阻火器车辆、拖拉机、畜力车等进入。

(二)严格站内动火管理

要做到"三不动火":防火措施不落实不动火,没有批准动火票不动火,防火监护人不到现场不动火。油气站场的扩建、改造和维修需要使用电气焊或其他维修火焰动火,必须按照规定程序和审批权限办理动火手续。动火现场 5m 内应无易燃物。

(三)做好事故抢险演练,提高处理事故的能力

定期组织义务抢险队有针对性地进行事故抢险演练,使职工掌握处理事故的本领,懂得油气站场火灾的性质、特征、预防措施、扑救方法,会报警,会扑救火灾,会使用防火器械进行自防自救,将突发事件消灭在萌芽阶段,避免酿成大的灾害。根据油气站场的工艺特点、设备及法兰状况、站区布置等情况,制定出切实可行的事故预演方案。

(四)开展安全检查

组织好安全检查,确定检查周期、检查类型和检查内容。重点检查各危险点、防火设施、安全记录,定期校对安全阀、压力表、可燃气体报警仪以及配电设备,加强对管线设备、闸门检查,防止渗漏。督促和指导现场安全建设,规范作业行为,及时纠正问题,采取预防措施消除隐患。

(五)做到"三时、一定期"

(1)"三时"包括"随时""按时""及时"。

①"随时":随时观察加热炉火焰情况,调火时需调节风门,随时监察锅炉压力。

②"按时":按时检查,按时巡检;按时巡回检查,发现压力升高及时调整。

③"及时":及时通风,清除泄漏;及时检查修补防火堤,及时清除油污、杂草等易燃物;及时检查罐的液位以及泵或压缩机运行情况;及时启停泵或压缩机;及时校验安全装置、仪表,听到异声及时停机检修;及时清理地沟、泵房(压缩机房)内的油污;及时处理其他各种情况。

(2)"定期":定期检查可燃气体报警仪,定期检查锅炉熄火报警,定期检修安全阀、呼吸

阀、压力表并保持其完好;定期检查静电接地、避雷针接地线以及静电夹的导电性和牢固程度。

（六）加强防毒、防噪声及作业环境的管理

加强站内通风管理,对输、储油(气)设备进行管理和检查,从源头上消除毒源和噪声源,同时做好个人防护措施。在高温、高湿及低温事故多发季节,应该缩短每班作业时间,加强对设备的检修。油气站场区内的温度和湿度不仅会对人产生生理上的效应,而且对生产设备也会产生破坏性影响。油气站场内环境色调要适宜,各场所的照明设计要合理。站区绿化位置要合理选择,不得妨碍安全。在油气站场区适当的位置合理地种植一些花木,加强绿化是环境保护的重要措施。

四、油气站场油气类火灾的扑救

油气站场初起的火灾不及时扑救,一旦发生了油气火灾事故,除了直接破坏财产,引起人员伤亡外,还会发生爆炸、建筑物与设备塌崩飞散以及引起火情进一步扩大等灾害,造成更加严重的后果。油气具有易燃、易爆,燃烧值大、燃烧温度高、燃烧范围宽且爆炸下限低等特点。因此,及时扑救初起火灾是极为重要的,扑救具体方法如表 7-2 所示。

表 7-2 油气站场火灾扑救方法

序号	扑救方法	具体形式
1	堵塞泄漏 杜绝火种	消除油气的泄漏,杜绝火种的产生,这是防止火灾蔓延最重要的步骤。当油气从工艺装置中外泄时,要立即采取措施控制住泄漏点,同时切断电源,严禁一切有火的产生。关闭漏点管道上游的阀门。若无上游阀门,可采用内衬橡胶皮的卡箍临时堵塞漏点,尽快把泄漏的油气移走。若泄漏点一时难以堵塞或火势大,人员难以靠近时,要将周围受到威胁的易燃易爆物品移到安全地点,不能转移的要用水进行冷却。产生泄漏但未着火时,堵漏过程中要严防着火
2	控制着火区	扑灭火灾在切断油气源的同时,根据火灾发生地点的不同启用不同消防器材,向着火区喷洒灭火剂,以阻断空气与火苗或石油气的继续接触。火灾若发生在储罐、管道断裂口处,可用直流水枪或高压水枪对准根部扑灭,或用灭火器等扑救,防止复燃。若火情发生在储油罐内,应及时向油面喷射足够的灭火泡沫,同时还要加强对着火油罐的冷却,尽可能地降低储罐的温度
3	冷却降温	防止爆炸对着火区进行扑灭的同时,现场指挥人员还要根据火势大小和周围易燃物的情况,及时组织人员向邻火容器或设备表面进行喷水降温,以避免其他容器受火焰的烘烤而导致着火爆炸事故
4	严密组织	指挥得当一旦发生火灾,现场人员应保持冷静,理智处理,迅速采取相应的对策,及时报警。对于初起火灾,在场的全体人员要做到不慌不乱,坚守岗位,听从指挥,措施得当,扑救准确。对一时不能扑救的火灾,也应采取有效的措施,为专业消防人员扑救赢得时间

第二节 油气集输站场风险削减与控制

汇集和储存油井中采出的油气混合物是油气集输站场的主要功能,经初步处理后输送到相应处理装置中。油气集输站场在油田分布广,工艺复杂,压力容器多,输送的油气性质差异大,生产连续性强,一旦油气集输站场出现事故,会造成火灾爆炸和人员伤亡等严重后果。加强风险削减与控制,对油气集输站场的事故隐患采取安全对策,以保障油气集输站场的安全运行。

一、油气集输站场的工艺风险削减与控制

(一) 油气集输站场工艺

油气集输站场是能源保障系统的重要环节,在石油工业内部是联系产、运、销的纽带。按照主要任务和功能将油气集输站场分为计量站、接转站、集油站(又称转油站)和联合站(也称集中处理站)。

1. 计量站

油田内完成分井计量油、气、水的站称为计量站,主要由集油阀组和单井油气计量分离器组成,把数口油井生产的油气产品集中在一起,对各单井的产油气量分别进行计量。

计量站可分为井口加热计量站、热水或蒸汽伴热计量站、掺油(水)计量站。计量站主要担负单井生产出的原油与天然气或伴生气的分离、计量、加热和输送到转油站等作业。在某些油气计量站因油压较低,增加了缓冲罐和输油泵等外输设备,既承担原油接转任务,又进行油气计量,在油田油气收集系统中把这种以液体增压为主的站称为接转站。

2. 转油站

转油站又称集油站,是把数座计量站(接转站)来油集中在一起,进行油气分离、油气计量、加热沉降和油气转输等作业的中型油站。有的转油站可实现原油脱水作业,所以也称为脱水转油站。

油田转油站所承担的任务、规模是根据整个采油区块生产能力、生产集输水平、集输经济指标和其他各系统情况综合确定的,是油田油气集输流程的重要组成部分。

来自计量站的油进入转油站的油、气、水三相分离器,对油、气、水进行分离。分离后的油进行升压、计量后外输到联合站,分离出的天然气进入天然气除油器脱除天然气携带的油,然后一部分经计量后用于本站的加热装置,另一部分经计量后外输到天然气处理厂。分离出的水进入加热炉进行加热,然后分别用于掺水和热洗,通过掺水泵和热洗泵升压并计量。

来自转油站、放水站的含水原油需要脱出大部分游离水和少量粒径较大的乳化水,采用游离水脱除器实现脱水,使原油含水降到30%以下。通过加热炉将沉降分离后的低含水原油升温到 $55 \sim 65℃$,然后进入电脱水器。在电场和破乳剂的双重作用下,原油的乳化水在电脱水器中发生破乳,油、水分离。脱水后含水低于0.5%的净化油进入净化油缓冲罐,计量后泵送到原油联合站。

3. 联合站

联合站是油田内部主要对原油、天然气、采出水进行集中处理的站,简称为油气集中处理联合作业站,主要包括原油脱水、天然气净化、原油稳定、轻烃回收等油气集中处理、污水处理和油田注水。

减少油气损失最根本的措施是原油稳定。从油气分离器分离出的液相原油中常带有大量的甲烷、乙烷、丙烷等轻烃,这些轻烃具有挥发性,在常压储存和输送时会从原油中挥发出来,同时携带走大量的戊烷、己烷等轻质汽油组分,发生闪蒸损耗。通过一系列工艺措施,比较完全地从原油中脱除所含 $C_1 \sim C_4$ 等挥发性强的轻烃,降低原油的挥发性和饱和蒸气压,减少原

油在集输和储运过程中的蒸发损耗,使原油保持稳定,就是原油稳定。集输系统布站方式见表7-3。

表7-3 集输系统布站方式

序号	集输布站方式分类	具体形式
1	一级布站集油流程	井口与原油库之间只有集中处理站
2	二级布站集油流程	井口与原油库之间有计量站和集中处理站
3	三级布站集油流程	井口与原油库之间有计量站、接转站(用于对原油或油气增压)和集中处理站

(二)油气集输站场主要环节危害分析

1.油气分离

多级分离是油气分离的常用方法,控制分离器的压力和液面是运行的关键。油气分离器工作时要保持一定的工作压力,使油气分离后的原油进入油管线,使原油能克服油罐的静液柱压力和管道摩阻损失。在分离器的出气管线上安装压力控制阀是保持压力稳定的方法。通常采用常闭自力式调节阀,用阀芯的开关动作来控制分离器的压力,用阀前压力控制。为了防止原油进入天然气管道或气进入油管道,必须控制液面。

为了保证油气分离器的分离效果,防止原油进入输气管网或气进入输油管线,分离器必须有稳定的气相和液相空间,严重影响分离效果。常采用浮子式液面调节器来进行液面调节和控制,主要由出油阀和浮漂连杆机构组成。

分离器跑油是油气分离中最易发生的事故。分离器跑油是指上部的原油涌入顶部气体管线的事故,由于分离器中的液量走不及,油水充满整个分离器内空间。造成此种事故的原因有三个:过滤器堵塞,切断了油水出路;指示液位的仪器失效,不能有效指示液位和提升单向阀以打开油水出路;油水出口阀门关闭或损坏,将油水出路堵死。这些原因会造成分离器内液位抬升,进一步导致跑油事故的发生。跑油事故会造成容器内压力升高,若升高到安全阀启动压力,则会导致安全阀动作,致使原油喷出,造成环境与设备污染,甚至可能引发火灾。

2.原油加热

给原油和天然气提供热能的设备是加热炉,燃烧燃料产生的热能经炉管传给被加热介质。在联合站中,需要将原油加热以提高油温、降低黏度。原油加热有两种方式,即直接加热,热量通过辐射管(或火管)和对流管(或烟管)直接传给管内(或炉内)的原油;间接加热,原油通过导热油、饱和水蒸气或饱和水等中间介质吸收热量,提高油温。在加热炉的运行过程中,可能会出现原料或燃料中断、炉管破裂,以及停电停气等外界条件的干扰,又由于长期在不同的压力和温度条件下工作,还具有发生火灾和爆炸的危险性。

加热炉的风险存在于两个方面:一是无中间介质干烧;二是安全阀失灵。当加热炉内中间介质少未得到及时补充或无中间介质时,继续加热就会造成无中间介质干烧,很可能烧穿原油加热盘管引发火灾。如果起火,应立即采取以下措施进行处理:关闭炉火;打开油路旁通,关死加热炉原油进出口阀门;开紧急放空阀放掉管内剩余原油;用蒸汽和干粉灭火机灭火。加热炉发生事故可以直接引发人员伤亡,损毁设备,或造成原油停产。安全阀失灵会造成压力超高时安全阀不能启动泄压。遇此情况,应立即控制或关闭炉火,并立即打开炉顶泄压阀门泄压。

3. 原油储存

原油一般是由大罐储存,工艺和管理的原因目前较多采用开式流程,这样由此产生的蒸发损耗既加大了原油的挥发,又增加了环境污染,同时由于操作不当也易引起憋压和冒顶。

当原油受热体积膨胀时,应控制不从消防泡沫管道溢出、跑油。当油罐发生火灾时,油面上的空间应保证容纳一定高度的滞留泡沫层,以利于灭火。提前 30min 对投运采暖管线进行预热,然后油罐才可进油。一般金属罐温度一般不高于 75℃,原油罐温度为 50℃,最低温度不低于原油凝点以上 3℃。当罐底部用蒸汽管加热时,先打开蒸汽出口阀,并且送汽一定要缓慢,然后逐渐打开进口阀,防止盘管产生水击破裂和原油局部迅速受热而鼓罐。

对长期停用有凝油的罐,应采取自上而下的方式进行加热的措施,待原油熔化后,再使用蒸汽盘管加热,防止因局部加热膨胀而鼓罐。定期检查每个浮舱,对罐顶的积雪、积水和油污要及时清理,防止因腐蚀、破裂漏油。在油罐周围 50m 以内严禁进行焊接作业或使用明火等。运行人员及其他人员不能用铁器互相撞击,上罐不得穿带铁钉的鞋,以免产生火花引起油气爆燃。在罐区禁止使用手电,开关要求防爆。进入罐区进行动火作业或进入罐区的机动车辆要严格履行动火审批手续,并做好防火安全措施。

4. 原油外输

涉及的主要设施是容器、加热炉、输油泵和工艺管线等。所输送的原油属易燃、易爆、易挥发物质,由于设备的原因,一般输油泵均设置在泵房内,输油泵端面密封装置不能保证完全密封,加上泵房的构造特点,泵房内有一定浓度的可燃蒸气,有可能形成火灾事故和爆炸隐患。输油系统操作不当易引起憋压、跑油、抽空等安全事故,大多属于连续运行的压力系统。

5. 原油稳定

原油稳定的方法主要有正压闪蒸、负压闪蒸和分馏稳定法。当原油中的 $C_1 \sim C_4$ 质量含量大于 2.5% 时,可采用正压闪蒸稳定工艺或分馏稳定工艺。当原油中的 $C_1 \sim C_4$ 质量含量在 2.5% 以下,原油脱水或外输温度能满足负压闪蒸的需要时,宜采用负压闪蒸稳定工艺。负压闪蒸稳定工艺进行原油稳定处理在我国得到广泛的应用,由于各油田所产部分原油的 $C_1 \sim C_4$ 质量含量均在 0.8% ~ 2.5% 。

负压闪蒸稳定装置一般要求控制稳定塔的绝对压力为 70kPa 左右,这样就可以满足我国对稳定原油的质量要求。分离压力可取 0.3MPa 左右,可以减小气体压缩机的抽吸功耗,可满足加热闪蒸方法。稳定塔的操作温度与操作压力和稳定工艺有关,操作压力越高,相应的操作温度也越高。

负压闪蒸稳定工艺其所需的加热温度一般在 60℃ 左右,操作压力低,提高原油温度可增加轻烃回收率。对进料原油的含水量和含盐量应予以控制,以减少对稳定设备的腐蚀和污染。防止空气进入系统是安全生产的首要条件,这是由于闪蒸稳定装置系统为负压。每年应对真空系统做一次气密性试验,气密性试验压力不能小于 0.2MPa(表压),24h 内不应下降 0.02MPa(表压),以检查有无泄漏情况。

压缩机也是负压闪蒸稳定装置的主要设备,正常运行时要化验检查压缩机出口气体的含氧量,如发现超标(≥1%),应停机做整套装置的气密性试验;否则,当氧气进入压缩机的量太大将引起压缩机出口管线的爆炸。原油的分馏稳定工艺是脱水后的原油换热到90~150℃进入分馏稳定塔中部[稳定塔的操作压力一般为0.2MPa(表压),上部为精馏段,下部为提馏段];塔底用重沸油泵抽出部分原油用稳后油泵抽出外输,另一部分原油经加热炉加热到120~200℃回到分馏塔;塔顶气体降温后进入回流罐,分离后,一部分液体由轻油泵输至轻油储罐,另一部分液体回流到分馏塔的顶部;分离出的气体进入低压输气管网。

分馏塔塔顶的压力要稳定,否则容易形成事故隐患。压力太低会使分离出的气体过多,使气相流速加大,夹带太多的雾沫,部分液体进入压缩机。原油稳定塔泄压装置失效[泄压装置选型错误(偏小)、阀座锈死、定压过高、泄压管线堵塞],会造成稳定塔超压引发塔体危险。分馏稳定系统的重沸油泵和稳后油泵输送的原油温度较高,原油在较高温度下渗透性强,一旦泄漏,危险性很大。重沸加热炉在运行中,由于加热介质均为易燃易爆介质,危险性很大,一种情况是停用炉因阀门内漏在炉膛里积聚燃气,点火时可能引起炉膛爆炸。回流的三相分离器分离脱水不好或界面控制失灵,会造成部分轻烃直接排至污水系统,形成危险源;另一种情况是加热炉熄火,可能造成二次点燃时炉膛爆炸,主要原因有燃烧器质量不合格,燃烧器喷嘴堵塞,燃气压力过低,燃气管线充液,风机故障,燃气和空气的配比达不到标准等。在冬季,在管线和换热设备中容易出现冻堵现象,会造成管束冻裂,导致大量轻烃和脱出气外泄,遇到明火会造成重大事故,分离系统要注意防冻。压缩机进口压力控制仪表失灵,进气管线漏气,投产时进气管线中的空气未置换干净,会导致压缩机进气,对压缩机要防止空气进入,否则会引起压缩机爆炸。

6. 原油脱水

原油脱水是将原油中的乳化水、游离水脱除,使污水中的含油量控制在0.1%以下,同时使原油中含水量降至0.5%以下。原油脱水方法有热化学脱水、重力沉降脱水和电脱水。在油田经常联合使用这些脱水方法以提高脱水效果。原油热化学脱水是将含水原油加热到一定的温度,并在原油乳化液中加入少量的表面活性剂(称为破乳剂),破坏其乳化状态,使油水分离。热化学脱水成本低廉、工艺简单、效果显著,近几十年来在国内外得到广泛应用。重力沉降脱水方法是针对含水原油经破乳后,需要把原油同游离水和杂质等分开。在沉降罐中主要依靠油水密度差产生的下部水层的水洗作用和上部原油中水滴的沉降作用使油水分离,此过程在油田常被称作一段脱水。

电脱水是将原油乳化液置于高压直流或交流电场中,由于电场对水滴的作用,削弱了水滴界面膜的强度,促进了水滴的碰撞,使水滴聚结成粒径较大的水滴,在原油中沉降分离出来。电脱水是对低含水原油彻底脱水的最好方法。电脱水器正常工作时,最高操作压力应小于0.3MPa,其出口压力控制在0.2~0.28MPa范围内。当电脱水器操作压力大于0.3MPa时,由于超出了容器安全工作压力,易造成跑油着火事故。电脱水器压力低于0.1MPa时不得送电,出口压力波动误差应小于0.01MPa。这是因为当电脱水器操作压力小于0.1MPa时,原油中的气体容易析出,使容器顶部产生气体空间,通电容易引起爆炸事故。控制脱水器的油水界面很重要,油水界面过低,会造成放水跑油事故;油水界面过高,会造成电场电压过高、绝缘棒被击穿或是电极损坏。

二、油气集输站场的安全投产和运行

(一) 油气集输站场的安全投产

油气集输站场投产试运应严格按照批准的投产方案进行,投产方案应经管理单位上级安全和技术负责人审核签字。生产单位应在油气集输站场运行中和试运前开展隐患整改和安全检查。油气集输站场投产前,应对值班人员进行安全技术培训,掌握设备性能、结构、原理、用途,做到会操作、会保养、会排除一般故障,达到熟悉工艺流程。一、二级油气集输厂(站)应设警卫(门卫),并制定执勤责任制和出入站安全检查制度。油气集输厂(站)应配备可靠的通信设施,并保持通信畅通。一级油气集输泵站宜配备应急通信手段。岗位人员应严格遵守安全技术操作规程和有关安全规定。

(二) 油气集输站场的安全运行

1. 井场及计量站

按照 GB 50183—2004《石油天然气工程设计防火规范》中的有关规定,设置油气井及计量站与周围建(构)筑物、设施的防火间距。单井拉油的采油井口、水套加热炉和高架罐宜采用三角形布置,井场布局应合理。井场应平整,无积水、无油污、无杂草。原油回收池距井口不应小于 20m;井场用地应能满足修井施工占地要求。设备、设施及井口装置应做到不漏气、不漏油、不漏电。护栏高度不应低于 1.2m,位于居民区附近的油井,其抽油机外露 2m 以下的旋转部位应安装护栏。仪器仪表应配备齐全,性能应良好。当机械采油井场采用非防爆启动器时,该启动器距井口水平距离不得小于 5m。气井井口节流后应装设安全阀。开关阀门、装压力表时,操作人员不应将身体和面部正对阀门丝杠和压力表轴向。抽油机刹车装置应齐全、完好。检查采油树小四通和油嘴时,应先放压,确认无压后再操作;操作时脸部不得面对丝堵。加热炉炉膛内宜设"长明灯",其气源可从燃料气调节阀前的管道上引向炉膛。井口放喷管线应用硬质金属管线连接并固定。计量站放空管线应引入原油回收池。当使用有凝液析出的天然气作燃料时,其管线上应设置气液分离器。

2. 集输管线

输气、输油管线清管设施应按相应标准规定执行。油气田集输管线工程防火应按 GB 50183—2004《石油天然气工程设计防火规范》的规定执行。对运行管线应按规定观察、记录压力、温度,发现异常情况应及时采取处理措施。应定期对管线巡回检查,巡回检查应按有关现行标准规定执行。油气管线严禁超压运行。针对管线解堵应制定切实可行的安全保证措施,严禁用明火烘烤。各种管径输油管线停输、计划检修及事故状态下的应急处理应按 SY/T 5536—2004 的规定执行,并在允许停输时间内完成。

3. 原油计量

用分离器量油时,严禁摇动玻璃管和敲击。量完后应把玻璃管内的液位降到底部,然后关闭上、下端阀门。储油罐检尺口应设有色金属衬套,检测后盖上孔盖。上罐人员宜为 2~3 人,不应在罐顶跑、跳。储油罐人工检尺应采用铜质金属重锤。上罐应用防爆手电筒,且不应在罐顶开或关。五级风以上、雨雪天、浓雾天及有雷雨时严禁上罐。

4.原油脱水

电脱水器设计应按 SY/T 0045—2023《原油电脱水设计规范》的规定执行。梯子口应有醒目的"当心触电"以及"高压危险,禁止攀登"等安全标牌。电脱水器高压部分应有围栏,安全门应有锁,并有电气联锁自动断电装置。对电脱水器高压部分应每年检修一次,及时更换极板。对绝缘棒应定期做耐压试验,有耐压合格证。对脱水器安全阀应定期检查保养,确保性能可靠。电化学脱水器油水界面自动控制设施及安全附件应完好可靠。脱水器的一切检修作业均应在停电状态下进行,取下保险并挂牌。脱水投产前应按规定做强度试验和气密试验,变压器检修前应先放电。送电前应把脱水器内的气体排除干净,并做全面检查合格后方可送电。

5.原油稳定

压缩机启动及事故车安全联锁装置应完好、可靠。原油稳定装置不应超压、超温运行。压缩机吸入管应有防止空气进入的可靠措施。压缩机接线应有可靠的防静电接地装置。压缩机间应有强制通风设施,并应有"当心爆炸"安全标志。

6.污油污水处理

污油罐应有高、低液位自动报警装置。污油污水间电气防爆等级应按 GB 50183—2004《石油天然气工程设计防火规范》、GB 50058—2014《爆炸危险环境电力装置设计规范》的规定执行。加药间应设置强制通风设施。加药宜采用自动装置。浮选机外露旋转部位应有防护罩。含油污水处理浮选机应可靠接地,接地电阻应小于 10Ω。

7.输油泵房

螺杆泵、电动往复泵和齿轮泵等的出口管段阀门前应装设泄压和联锁及安全阀(泵本身有安全阀的除外)保护装置。泵和不防爆电动机之间应设防火墙。发生较大泄漏需紧急停泵处理时,应首先到低压配电间切断电动机控制电源。泵房内不应存放易燃、易爆物品。

8.储油罐

油罐区竣工后,应经消防、安全等有关部门验收合格后方能交工投产。储油罐呼吸阀、液压安全阀应、阻火器分别按 SY/T 0511.1—2010《石油储罐附件 第 1 部分:呼吸阀》、SY/T 0511.2—2010《石油储罐附件 第 2 部分:液压安全阀》、GB 5908—2005《石油储罐阻火器》的规定执行。甲、乙类液体常压储罐容器通向大气的开口处应有阻火器。液压安全阀底座、呼吸阀应装设阻火器,阻火器冬季至少检查两次,每季至少检查一次。

为防止储油罐溢流和抽瘪,装油量应在安全液位内,宜单独设置高、低液位报警装置。浮顶罐的浮顶与罐壁之间应有 2 根截面积不小于 $25mm^2$ 的软铜线连接。浮顶罐竣工投产前和检修投用前,应对浮船进行不少于两次的起降试验,合格后方可使用。储油罐应有防静电、防雷接地装置。储油罐液位检测宜采用自动监测液位系统,放水时应有专人监护。5000 m^3 以上的储油罐出油、进油管线应装设韧性软管补偿器。储油罐顶阀体法兰跨线应用软铜线连接完好。

储油罐器材配备、消防设施和管理应按有关规定执行。油罐区排水系统应设水封井,排水管在防火堤外应设阀门。油罐区防火堤应按 GB 50351—2014《储罐区防火堤设计规范》的规定执行,并保持完好。架空电力线路不应通过油罐区上空;在一侧通过时,距防火堤应不小于

1.5 倍杆塔高度的距离。油罐区上空应装设防爆电气设备。

第三节　输油站场风险削减与控制

输油站场输送的是成品油和原油等流体,这些流体具有易挥发、易燃、易爆以及容易产生静电积聚的特性。输油站场储存、输送着大量油品,各种工艺操作频繁,泄漏的油气不仅污染环境,一旦输油站场发生事故,还可能引发燃烧、爆炸等恶性事故,造成人员伤亡和财产损失。当油品大量泄漏时,对土壤和水源的污染会对自然环境和公众健康造成长期难以弥补的影响。提高企业的综合效益及竞争能力,输油站场的风险削减与控制水平,是保证输油管道安全运行的重要手段。输油站场事故产生的主要原因是操作失误、设备故障、施工不合理、腐蚀和管材质量问题以及外部干扰等,可能发生的事故有人为的设备失灵、设备腐蚀、操作失误引起的漏油事故,火源和静电等引起的火灾爆炸事故,误操作及设备漏电引起的触电事故等;设备运行噪声对操作人员造成神经系统及听力损伤,站场设备机械事故也会对操作人员造成伤害。

一、输油站场工艺风险削减与控制

输油站场是一个复杂的系统,它的引发事故及不安全因素的原因很多,与站场的工艺设计、运营、施工、抢修和维护有关。需要从输油站场的工艺风险削减与控制做起,以达到安全生产的目的。

(一)规划工艺流程的基本原则

(1)工艺流程要满足各种输油生产环节的需要。输油管线建成后,要经历三个生产过程,在规划工艺流程时应同时兼顾三者的需要:试运投产、正常输油和停输再启动。

(2)输油站场的工艺流程要和所采用的输送方式相适应。目前输油站场采用的流程有"从泵到泵"和"旁接油罐"两种,两种输油方式各有其特点,特别是"从泵到泵"密闭输油方式,中间站无旁接油罐。采用"从泵到泵"的中间站要考虑水击产生时的压力保护,当进站压力超低时,应设置回流保护流程,或采用调压阀调节;当站内压力超过高限时,可使用安全阀或泄压阀进行保护;当出站压力高于限定值时,应采用调压阀调节或顺序停泵保护程序。

(3)输油站的工艺流程要有减少事故损失和预防事故发生的措施以及用于正常检修的设施。工艺流程的设计要考虑方便事故的处理和正常的设备检修。长距离输油管线线长、站多、连续性强,输油站的突然停电、加热炉的紧急放空、管路的破裂和腐蚀穿孔等都是输油生产中容易出现的故障,而设备的定期检修等更是必不可少。例如,设反输流程就是用于输油管路发生局部破裂,造成一个站间管路停输的情况,这时因不能很快恢复正常输油,为防止凝管事故的发生,应组织全线其余站间管路交替正反输。

(4)工艺流程应力求做到经济合理。例如,管线尽量短、直、整齐,阀门尽量少;应充分利用现有的设备、材料等。工艺流程设计应做到既满足工艺要求,又节省投资,经济合理。

(5)不断提高输油水平,采用最新科学技术成就。现代科学技术的发展,促进输油生产水平的提高,大型串联泵、"从泵到泵"输油方式及热媒炉的使用都将不断推动输油生产的发展,特别是电子计算机应用于输油生产,极大地提高了输油生产的自动化水平。

（二）输油站场常用工艺流程

1. 输油首站工艺流程

输油首站应具有储存、收油、正输清管站内循环的功能，必要时还应具有交接计量和反输的功能。

首站有接收来油和发油的任务，因此首站输油的特点之一是必须设置专门的计量装置，必须计量收发油量。目前，普遍采用浮顶罐计量，这就要求首站应设有足够的油罐，一般至少3个，其中一个计量发油，另一个计量来油，最后一个用作静罐计量，3个油罐互为备用，以便倒换。首站输油的另一个特点是因首站是全线的龙头，要保证输油连续进行，除了必须储有足够量的油品外，还必须不断给油品加热、加压，这就要求首站有相应容量的储罐，以确保输油生产的正常进行。

输油首站一般有7种流程：来油与计量、正输（包括加热、加压）、倒罐、热力越站、站内循环、反输和收发清管器流程。

正常生产时，采用来油与计量以及正输两个流程；在加热炉发生故障或夏、秋季地面温度较高，经核算不经加热仍可正常输油时，可采用热力越站流程；反输流程是在投产前的预热、部分管段发生故障以及输量较低的情况下采用；站内循环流程是在管道发生事故及站内试压时采用；收发清管器流程是在投产初期清理管内脏物、投产中期清蜡以及保证成品油质量时采用。

2. 输油中间站工艺

流程中间（热）泵站的工艺应具有正输、全越站、压力（热力）越站、收发清管器或清管器越站的功能，根据需要还可设置反输功能。中间加热站的工艺应具有全越站、正输的功能，也可在必要时设反输功能。

输油中间站的流程应根据输油全线的需要采用相应的流程，还需根据不同的输油方式选用。夏、秋季地面温度较高时，可尽量降低热负荷，如减少加热炉台数或采用热力越站流程，以节省燃料消耗；当全线输量较小时，可采用压力越站流程。由于采用"旁接油罐"方式中间站油罐较少，所以要尽量保证油品进出量的平衡，否则会影响正常输油生产。

输油中间站的流程一般有7种：正输（包括加热、加压）、热力超站、站内循环、全越站、压力越站、反输以及收发清管器流程。在正常生产时采用正输流程；全越站流程是在输油站内发生事故，或站内主要管线检修，以及不加热、不加压均能把油品输送到目的地的情况下才使用；在输量较小或泵站的机组发生故障的情况下采用压力越站流程；其他几种流程的适用范围与输油首站相似。

3. 输油末站工艺流程

输油末站的工艺应具有存储、接收上站来油或不进罐经计量后去用户、接收清管器以及站内循环的功能，必要时应有反输的功能。输油末站往往设在转运油库或是炼厂油库，或两者兼有。对于炼厂油库，其流程就比较简单；如果输油末站是设在水陆转运油库，其流程就比较复杂。输油末站有这样的特点：一是作为管线的终点，要有一定的储油能力，因此要设有足够容量的储油罐；二是收油和发油要计量，所以要设有计量装置。

输油末站一般设有 4 种流程:收油、发油(包括装车、装船及管路运输等)、倒罐以及接收清管器流程。正常生产时采用收油和发油流程,并要进行计量。

二、输油站场主要危险因素分析

(一)输油站场的火灾危险性

(1)原油为易燃、易爆、易挥发液体,当空气中石油蒸气含量达到爆炸极限范围时,一旦接触火源,混合气就会发生先爆炸后燃烧;当石油蒸气在空气中含量超过爆炸上限时,混合气与火源接触后先燃烧,随后发生爆炸。输油站场的生产装置处于高压状态,若设备的连接点、管道的连接部位、阀门等处出现破裂,泄漏出来的油蒸气与空气形成混合气体,遇到明火即发生爆炸、火灾,将导致建(构)筑物发生破裂、生产装置、变形或坍塌,造成严重经济损失,甚至造成惨重的人员伤亡;若在密闭高压条件下,则原有的火灾事故极易发展成为爆炸事故。

(2)管道超压时和输油设备可能会发生爆裂,造成油品的大量泄漏,一旦着火,火势会随着油品蔓延扩大,危害十分严重。

(3)输油站场有大量油罐储存油品时,对重质油及含水原油的油罐火灾要防止沸溢现象的出现,因为发生沸溢时会产生大量油品的喷溅,使辐射热量急剧增加,着火面积增大。煤油、汽油等成品油的燃烧速度比重油快,不会发生沸溢现象,燃烧温度较低。

(二)电气伤害危险性

电能作用于人体造成的伤害为电气伤害,电气伤害事故以触电伤害最为常见。造成电气伤害的电危害源主要包括带电部位静电、漏电、裸露、雷电、电火花等。电气系统危险性主要为生产设施配套的各类电气设备、电气开关、电缆敷设可能因接地、接零或屏护措施不完善、防护间距不够、耐压强度低、耐腐蚀性差等原因造成漏电,导致触电伤人事故;操作过电压及大气过电压、电气设备外壳漏电产生的电击人身事故。

电气火灾事故产生的原因包括导线过载或电气设备缺陷、使用不当或电气设备安装等,从而造成温度升高至危险温度,引起设备本身或周围物体爆炸、燃烧。在易燃、爆炸危险环境中设置有电控阀门、仪器仪表、防爆电动机、控制线路、照明装置及连接电气设施的供电等,这些设施一旦发生火灾,将引起火灾爆炸安全事故。

(三)雷电危害

厂房建筑等因防雷接地措施不完善也会发生雷电伤害事故。雷电危害具有很强的破坏力。雷电产生的危害事故主要有以下几个方面:雷电的直接击中、金属导体的二次放电、跨步电压会引起火灾爆炸的间接作用,均会造成人员伤亡;直击雷放电、二次放电,雷电流的热量均可能引起火灾和爆炸;雷击可直接毁坏建筑物和电气设施。变压器、电力线路等遭受雷击,可导致大规模停电事故;强大的雷电流、高电压可导致电气设备击穿或烧毁。

(四)机械危害

输油站场的增压设备为各种形式的电动机、泵等。电动机、泵的联轴器等传动设备存在着机械伤害的危险。如果上述机械传动部分的安全距离不够或者安全防护设施不完善,则人体可能受到伤害。

（五）管线腐蚀和管线破裂

埋地管道所处土壤环境会造成管道的化学腐蚀、微生物腐蚀、电化学腐蚀、应力腐蚀和干扰腐蚀;输油站场的地上管道受到大气中的水、氧、酸性污染物等的作用而引起大气腐蚀。输油站场输送的油品本身也具有腐蚀性,主要来自含硫化合物,还有少量的环烷酸,这些都会对站场的金属设备造成内腐蚀。腐蚀会减薄管的壁厚,导致管道变形或破裂,也有可能导致管道穿孔,引发漏油事故。

（六）毒物危害

当油蒸气经口鼻进入人的呼吸系统时,能使人体器官受损害而产生急性或慢性中毒,严重时可造成窒息甚至死亡。成品油中的毒性主要来自其中的芳香烃如苯及甲苯,硫化物以及含铅汽油中的添加剂四乙基铅也是毒物。原油是以链烃为主的混合物,其高浓度蒸气对人体有一定的危害作用。

（七）噪声危害

在输油站场产生噪声的设备主要有电动机、泵、加热炉及调节阀等。这些设备运行时产生的噪声可能对人体健康及周围环境产生影响。噪声作用于人体的神经系统,从而诱发许多疾病,降低劳动生产率,使人体产生疲劳,影响安全生产。在输油站场的安全运行上,针对输油站场所存在的危险因素,应该采取必要措施加强管理,完善技术保障,强化员工安全技术培训,提高输油站场员工安全意识,避免由于危害因素引起的人员伤害和事故。

三、输油站场设备风险削减与控制

（一）输油泵的风险削减与控制

以离心泵为例,其常见故障及对应的处理方法见表7-4。

表7-4 离心泵常见故障及其处理方法

故障	原因	处理方法
启动后打不出液体	泵内液体没有涨注满	重新灌泵
	吸入阀或吸入管路连接处不密封	检查和清除不严密情况
	吸入高度太大	检查吸入管,降低吸入高度
	填料箱液封管子堵塞	检查并清洗管子
	底阀或滤网堵塞	检查并清洗底阀或滤网
启动时泵所需功率过大	填料压盖太紧,填料箱发热	检查压差
	叶轮平衡盘装得不正确,因磨损增加了内部漏损	重新安装
	三相电动机中一相熔断丝烧毁	检查并换新熔断丝
运转过程中流量减小	转速降低	检查原动机
	空气混入吸入管或填料箱而进入泵	检查管路,压紧或更换填料
	排出管路中阻力增加	检查所有阀门和管路中可能堵塞的地方并排除
	叶轮堵塞	检查原动机

续表

故障	原因	处理方法
运转过程中扬程减小	叶轮口环磨损	更换或修复口环
	转速降低	检查原动机
	液体中含有空气	检查吸入管,压紧或更换填料
	排出管破裂	检查并更换
轴承过热	轴承缺润滑油	加润滑油
	泵轴与电动机轴不同心	重新调整
	轴向力过大	检查叶轮和平衡盘有无问题
发生振动,噪声大	液体温度过高或吸入压力过低,发生汽蚀	设法降低温度,增大吸入压力
	机组装置不当	检查机组
	叶轮局部堵塞	检查和清洗叶轮
	轴承损坏	更换轴承
	泵与原动机不同心	重新调整并找正
	排出管或吸入管的紧固装置松动	上紧紧固装置

　　输油泵以压力能的形式给油品提供输送动力,是输油站的核心设备。用于长输管道的输油泵有往复泵和离心泵两种。往复泵的排量与每分钟的冲程数有关,与扬程无关;扬程的大小仅受设备强度和动力的限制,在容许范围内,可随管道摩擦阻力而定;往复泵自吸能力好,因此适用于输送高黏油品,或用于易凝油品管道停输后的再启动。离心泵自吸能力低,大排量的离心泵要求油流正压进泵。离心泵的工作特性和效率受油品黏度影响较大。因此,离心泵适用于大量输送低黏度油品。在离心泵入口压力过低的情况下会发生汽蚀现象,产生噪声和振动,严重时会对叶轮产生"剥蚀"。离心泵可用电动机或燃气轮机等高转速动力机直接驱动,效率可达80%~86%,是输油管道的主要泵型。

　　(二)输油加热炉的风险削减与控制

　　加热装置是热泵站的主要设施之一。常用的加热方法有:用蒸汽或其他热媒作中间热载体,在换热器中给油品间接加热;利用驱动泵的柴油机或燃气轮机的排气余热或循环冷却水加热油品;油品在加热炉炉管内受火焰直接加热,当输油中断时,油品在炉管中有结焦的可能,易造成事故。加热炉异常现象分析和处理见表7-5。

表7-5　加热炉异常现象分析和处理

现象	原因分析	处理
烟囱冒黑烟 (即燃烧不完全)	(1)燃油量过大; (2)空气(或蒸汽)量不足; (3)火嘴或火嘴砖结焦; (4)燃油温度过低; (5)炉撑负压过低; (6)炉结构不合理或烟道阻力大	(1)关小燃油阀门; (2)开大一次或二次风阀; (3)清焦并调节火嘴; (4)升高燃油温度; (5)开大烟道挡板; (6)改进结构或清理积灰和杂物

续表

现象	原因分析	处理
烟囱冒白烟	(1)油管或喷嘴堵塞不畅通; (2)蒸汽或风量过大; (3)燃油温度过高或油量过小; (4)掺水燃烧时掺水量过大或乳化不良	(1)清理检修喷嘴; (2)关小气阀或风阀; (3)降低燃油温度或开大供油阀; (4)降低掺水比例
燃烧不稳定	(1)油压波动; (2)风压或蒸汽压力不稳; (3)掺水乳化不良或掺水量过多	(1)检查来油压力、调节来油阀; (2)调节风量或蒸汽量,检查风机等; (3)检查簧片哨,调节压差,降低掺水比例
出炉温度突然上升	(1)排量突然下降; (2)炉内产生偏流或气阻	(1)适当压火或停炉,全面检查; (2)压火,加大高温炉管流量
炉墙缝及着火孔处冒烟、火嘴打枪	(1)炉膛内负压过低或正压过高; (2)喷嘴点得太多,燃油量过大; (3)烟道、热水炉、热风加热器积灰太多; (4)炉体和顶板损坏,气密性太差	(1)开大烟道挡板,开操作阀; (2)减少喷嘴数,降低喷油量; (3)压火,停炉后清灰; (4)停炉检修
燃料油压力下降快,不稳定	(1)过滤网堵塞; (2)簧片哨或调节阀堵塞	(1)清理过滤器; (2)检查清理被堵部分

　　输油加热炉有下列特点:输油量有时变化大,但加热炉负荷变化不大;输油量大时,应尽可能减小阻力降,可以节省输油功率消耗;由于输油数量大,加热炉进油程数多,应注意防止偏流;加热炉操作温度低,一般只能把原油从40℃加热到70℃,油田来油中可能含有盐和泥砂,可能在加热炉管内沉积,会影响加热炉长期安全运行。

　　(三)储油罐的风险削减与控制

　　储油罐的风险削减与控制直接关系到能否减少油品的损耗和长期、安全地输油。要正确使用储油罐,就必须熟悉和掌握储油罐及其原理、附件的结构和性能,主要掌握储油罐本身构造、油罐直径、最大储油量和最大储油高度,储油罐的呼吸阀的规格、数量、承压能力以及加热方法等。

　　(1)储油罐的储油高度严禁超过极限油位,应控制在该罐上、下限安全油位范围内;储油罐发油时,在保证泵入口吸头需要的前提下,还要确定罐内油品的下限安全高度;同样,储油罐储油高度高于泡沫发生器接口位置时,有可能使罐内油品通过泡沫发生器流出,造成储油罐跑油事故,必须确定储油罐装油时的上限安全高度。

　　(2)呼吸阀和安全阀的检查。收发油前要对所用储油罐的呼吸阀、安全阀进行检查,保证其灵活好用。在冬季,要检查机械呼吸阀阀盘是否冻结失灵,液压安全阀油封液体的下部是否存水冻结。收发油时,要准确测定储油罐内油位,防止溢罐和抽空。对于液压安全阀,应按储油罐的承压能力装入应有高度的油封液体。

　　(3)及时进行罐底排水。罐底排水是为了保证油品的质量。对热力管道(指油品加热部分)在入冬前应检查排水,冬季使用后应及时排水;对储油罐底部积水及铸铁阀门在入冬前应检查排水。对凡是易积存水的设备或部位,在入冬前都应检查排水,必要时采取保暖措施,以防冻裂跑油。

(4)防火。储油罐防火是保证储油罐安全的重要措施。因此,在储油罐周围严禁使用明火、进行焊接和吸烟等(一般为50m内)。要防止机动车辆驶入罐区,以免车辆排出的流散烟火引燃罐区油气。在进行维修抢修动火作业时,对动火管段要采取隔离措施,将残留的油品清理干净,保证油气浓度低于爆炸下限的25%。必须进行明火作业时,需经上级批准,并有可靠的安全措施。

(5)加热油品的控制。在加热储油罐内原油时,为免含水原油汽化溢出罐外,不能将油品加热到过高的温度(原油罐一般在50℃以下),最高不超过70℃,还必须比该油品的闪点低20℃。若是用罐的底部蒸汽盘管加热原油,不能猛开猛送,送蒸汽一定要缓慢,防止盘管因水击而破裂,或因油品局部受热而爆溅。对于长期停用而装有凝油的储油罐,防止储油罐因底部加热膨胀而鼓罐,加热应采取立式加热器,先将凝油化开后再逐渐升温。

(6)浮顶罐的检查。对于浮顶罐,在使用前应仔细检查浮梯是否在轨道上,导向架有无卡阻,密封装置是否好用,顶部人孔是否封闭,透气阀有无堵塞等。在使用过程中应将浮顶支柱调整到最低位置。为保证让浮顶正常浮动,对浮顶灌顶部的积雪、积水和污油要及时清理。应及时排除浮顶上的积水,保持中央排水管完好,防止浮顶沉没事故。对每个浮舱应定期检查,防止腐蚀破裂而漏油。储存含蜡原油时,要防止结蜡堆积在浮盘上。

(7)油罐的防雷电。在正常使用储油罐过程中还应注意储油罐的防雷电问题。避雷针(线)的保护范围应包括整个储油罐,储油罐必须设防雷接地装置。浮顶罐、内浮顶罐不应装设避雷针(线),但应将浮顶与罐体用2根导线作电气连接。对装有阻火器的甲、乙类油品地上固定顶罐,当顶板厚度等于或大于4mm时,必须设防雷接地不应装设避雷针(线)。因为静电接地要求的电阻远大于防雷、电气保护接地、防杂散电流等接地系统的接地电阻值,所以当上面涉及的生产设施中接地装置与防雷等的接地系统相连接时,可不采用专用的防静电接地措施。

(四)清管器收发系统的风险削减与控制

输油管道的清管不仅是要清除遗留在管内的机械杂质等堆积物,还要清除沉积在管道内壁上的石蜡、油砂等凝聚物以及盐类沉积物。成品油管道清管的目的是清除管内的铁锈、水及泥砂,保证输送油品的质量。在输油站场设置清管器收发系统进行清管是保证输油管道能够长期安全运转的基本措施之一。

原油管道的润滑条件较好,清管器通过的极限距离比输气管或其他管道要长,可达480km左右。若清管器通过中间站并不取出,则该站应设有清管器越站流程。清管器通过的管道两端应设有清管器的发送与接收装置,清管的长度根据清管器类型、操作方法及管道条件而定。

清管器收球筒前面1~2km的干管上安装有信号装置,以预报清管器的到来,做好接收准备。清管器接收筒上侧有排气阀,下侧有排污阀,还有清管器通过指示器,指示清管器是否已发出和收到。输油站在清管作业中要保持运行参数的稳定,及时分析清管器运行情况。应有相应的机械化装置进行清管器的收发操作,以减轻操作人员的劳动强度。若采用机械清管器,则应先确认管道的管件情况和变形程度,保证清管器的顺利通过,并携带跟踪器,沿线跟踪及时发现"卡阻"情况。

四、输油站场安全试运及风险削减与控制

(一)输油站场的安全试运

1. 站内管道试压

在站内高、低压管道系统整体试压前,应使用水或压缩空气将管内杂物清扫干净。对站内高、低压管道系统均要进行强度试压和严密性试压,并应将管段试压和站内整体试压分开,避免因阀门不严影响管道试压稳定要求。不具备清扫条件时,对直径为529mm以上的管道应在安全条件下进行检查、清扫。

2. 各类设备单体试运

站内设备试运内容见表7-6。

表7-6 站内设备试运内容

序号	试运种类	试运形式
1	输油泵机组试运	电动机和主泵按要求进行解体检查合格后,泵机组经72h连续试运,其流量、轴功率、各部分温升、振动、窜动等都不超过允许偏差值
2	加热炉和锅炉的烘炉及试烧	根据加热炉设计中给出的升温、降温曲线和具体要求按程序进行。保证炉体各部分缓慢升温,热应力连续均匀变化;加热炉燃烧系统、温度控制系统的调节、保护措施有效,安全可靠
3	油罐试水	包括按规定进行油罐装水后的严密性和强度试压以及沉降试验,油罐各部件齐全、完整、合格;对计量罐进行标定并制备计量表
4	消防系统齐全可靠	变配电系统水源及给排水系统试运行;管道自动控制系统调试运行

3. 站内联合试运

在各类单机和管道试压试运完成后,还需进行站内联合试运。联合试运前,先进行各系统的试运,如原油自动控制、供电系统、通信系统、冷却水系统、压缩空气系统、工艺系统和自动保护系统等试运。各系统试运完成后,进行全站联合试运。按正常的输油要求进行站内循环,倒换各种流程,观察站内各种设备运行和工艺流程是否正常,是否符合生产要求,同时对泵站操作人员进行生产演练和预想事故演练,从而为全线联合试运创造条件。

(二)输油站场的风险削减与控制

1. 工艺运行要求

(1)定期对管道运行进行分析,应按输油计划编制管道运行方案,并对存在问题提出调整措施。对管道所输油物性的检测检测内容应包括所输原油凝点、密度及输油温度范围的黏温曲线,次数每年不应少于两次。

(2)对沿线落差大的管道,应保证管道运行时停输时的静水压力和大落差段动水压力不超过此段管道的最大许用操作压力。应根据管道情况制定事故预想和处理方案。管道运行参数需超过允许值时,应进行相应的论证并提前报企业主管部门批准。

(3)根据输量确定运行参数和运行方案,以确保管道运行安全和成本最低。对加降凝剂

改性处理后的原油和物性差别较大混合后的原油,在其凝点低于管道沿线最低地层温度5℃时,宜采用常温输送。若原油凝点低于管道沿线最低地层温度,应采用常温输送方式。加降凝剂改性处理原油输送管道不应进行反输。

(4)对输送高含蜡原油的管道应定期分析其结蜡状况,根据运行压力、输量、油品性质、运行温度等制定管道合理的清管周期。应定期对运行设备进行效率测试,及时调整或更换低效设备,对系统效率进行评价。

2. 工艺流程操作

应在安全保护、仪表指示准确和通信线路畅通、报警系统良好的情况下进行流程切换。操作具有高低压衔接的流程时,应先倒通低压,后倒通高压;反之,先切断高压,后切断低压。流程操作应先开后关。在变换运行方式或进行流程切换前,根据管道运行情况应考虑对相关各站和设备负荷的影响,并提前采取相应措施。在调整全线输量或切换流程时,应及时监控各站油罐液位变化。人工进行流程操作时,应执行操作票制度。输油站停用时,应按规定时间提前停止加热设备运行。

3. 设备与管道维护

(1)对检修后重新投用或新建的设备,必须按规定进行验收后方可投入运行。应及时对运行设备进行检查和监控,并记录主要运行数据。应按制定的操作规程启、停输油泵。切换输油泵时,应采用先启后停操作方式,启动前先降低运行泵排量。设备宜在高效区运行,不应超温、超速、超压、超负荷运行。输油泵机组的报警、监视等保护系统应完好。

(2)应按制定的操作规范启、停加热设备。运行中应按时对炉体、附件和燃油和助燃风系统、自控和仪表系统、热媒系统等辅助系统进行检查。应定期对炉体、炉管进行检测,对间接加热设备还应定期检测热媒性能。应减少加热设备在运行和清灰过程中对环境造成的污染。加热设备监视、报警等保护系统应完好。设备运行的各项参数应在规定范围内。

(3)油罐运行应按 SY/T 5920—2007《原油及轻烃站(库)运行管理规范》的规定执行。阀门的操作应执行有关操作规程。储油罐的液位应在规定的安全液位范围内;要超出安全液位范围的,应报请上级主管批准,但也不应超过油罐极限液位。

(4)对有特殊用途的减压阀、安全阀、调节阀、高(低)压泄压阀等主要阀门应按维护规程和相应运行进行操作和维护,并按规定定期校验。

(5)管道的自动化运行管理执行 SY/T 6069—2020《油气管道仪表及自动化系统运行技术规范》规定要求。输油站的电气设备运行管理执行 SY/T 6325—2011《输油气管道电气设备管理规范》规定要求。

(6)加热设备运行管理执行 SY/T 6382—2016《输油管道加热设备技术管理规范》规定要求。输油站消防设施的管理执行 SY/T 5225—2019《石油天然气钻井、开发、储运防火防爆安全生产技术规程》的规定。对热油和热力管线应进行有效的保温。对站内管网必须采取有效的保护措施。站内地上管网的外表面应按要求涂刷颜色和标记。应定期维护管网上的阀件和管件,以防锈死或残缺。

4. 密闭输送工艺的风险削减与控制

长距离输油管道是从开式输送发展到密闭输送方式的。"从泵到泵"的密闭输油工艺改变了中间站进旁接油罐的开式运行方式,使全线成为一个水力系统,可以充分利用上站压力,节约能耗,节约中间站储油设备投资,而且也避免了旁接油罐的油气蒸发损耗;"旁接油罐"运行的优点是有缓冲过程,允许调节的时间长,对自动化水平要求低。

密闭输送的关键是解决水击问题。在输油工况中,突然开泵或关泵、开阀或关阀,设备及管线泄漏、供电发生故障、误操作等都可能造成输油工况的不稳定,严重时将发生水击。密闭输送要求全线统一调度,各泵站协调动作,因此,全线要求有较高的自动化控制水平。因此,密闭输油管道的控制与保护技术就是在输油站场对输油压力的调节及对水击的控制,水击保护设施是进行密闭输油的保证。

压力保护包括针对超低压和超高压而采取的安全保护措施。超高压则是针对水击,超低压会破坏泵的入口条件,按照保护对象的不同对于干线的保护。常用"超前保护"和"泄放保护"两种方法。SCADA 系统具有全线工艺参数的控制功能,能够做到水击超前保护。超前保护依赖 SCADA 系统的支持,对水击保护更加安全可靠。SCADA 系统能够自动调节压力,保持泵入口压力和泵站出口压力在正常范围内。泄放保护设施的更新发展已使得水击保护非常可靠。

压力保护可采取下列方式:采用气体缓冲罐,输油站场中设置气体缓冲罐,例如汇管上安装容量为 50 ~ 100L 的缓冲罐,罐内充入惰性压缩气体,当水击发生时,受压液体进入缓冲罐,使罐内气体受压而消耗水击能量;采用出口调节阀,当泵出口压力超高时,调节阀节流,然后顺序停泵,最后泄放保护,这种条件下可不设超前保护系统;采用双功能泄压阀,其控制原理和直接用缓冲罐相同,双功能泄压阀的功能之一是控制增压幅值,有效地防止水击危害和非水击的超压危害,既能保障管道系统的安全,又能提高管道运行效益,二是能有效控制水击增压速率。

第四节　输气站场风险削减与控制

一、输气站场工艺风险削减与控制

(一)输气站场工艺流程

一般输气站场包括首站、分输站、注入站、压气站、清管站和末站。输气首站的主要设备有气质监测及分析系统,计量设备,分离、过滤设备,清管器发送设备,首站应具有气体组分分析、计量、除尘、调压、发送清管器的功能。清管站的主要设备有过滤设备,分离设备,清管器接收、发送设备,清管站应具有除尘、收发清管器的功能。压气站的主要设备有压缩机组及其配套设备,分离、过滤设备,清管器接收、发送设备,压气站应具有气体增压冷却、除尘、收发清管器的功能。分输站的主要设备有分离、过滤设备,调压设备和计量设备,清管器接收、发送设备,分输站应具有除尘、计量、调压、收发清管器的功能。注入站的主要设备有气体分析与监测系统,分离、过滤设备,计量机组及其配套设备,清管器发送设备,注入站应具有气体组分分析、除尘、计量、发送清管器的功能。末站的主要设备有过滤、分离设备,调压设备,计量设备,末站应具有除尘、调压和计量的功能。

1.输气首站工艺流程

首站的主要任务是接受气田净化厂来气,对天然气中所含的水和杂质进行分离,计量后输往下站。首站还要进行气体组分分析、气体水露点和烃露点检测。如气田气压较高,可暂时不设压缩机,待气田开采后期气压降低后再增加增压设备;需要清管时,对下站发送清管器。

2.输气末站工艺流程图

在长输管道中,末站的任务是进行天然气的分离除尘,接收清管器,按用户的压力、流量要求给用户供气。为解决用户用气不平衡的问题,末站往往还需设有高压储气库、地下储气库、LNG 储气库等调峰设施。

3.天然气分输站工艺流程

分输站的任务是接收上游清管器,向下游发送清管器,对天然气进行分离除尘。天然气进站后,经分离除尘器脱出杂质,一部分调压计量后输往用户,另一部分向下游供气。供给用户的天然气要经分离除尘、调压、计量后才能给各用户进行供气。

4.压气站

压气站的任务是接收上游清管器,向下游发送清管器,对天然气进行增压、分离除尘、冷却。

天然气进站后,经分离除尘器脱出杂质达到压缩机的进气要求,进入压缩机增压、冷却后输往下游。

5.清管站工艺流程

天然气管道的清管作业有正常运行时的定期清管和投产前清管。正常运行期间的定期清管是指针对管道运行一段时间后,由于管道内积存了一些杂质和积液,管输效率下降,也易造成管道腐蚀,需要定期分段清管。投产前清管的主要目的是清除施工和试压期积存在管道内的杂质(主要包括施工期间的泥土、焊渣、水等)。

(二)输气站场主要危害因素

输气站场内工艺复杂,设备种类繁多。输气站场的主要危害因素来源有输气站场位置与所处环境,站场压力设备、运转设备,站内阀门,站内埋地管道,电气设施,安全与消防系统以及工艺流程[7]。

1.输气站场位置与所处环境

根据《输气管道工程设计规范》(GB 50251—2015)规定:输气站的设置应符合线路走向和输气工艺设计的要求,各类输气站应联合建设。输气站场内平面布置、防火安全、场内道路交通及与外界公路的连接应符合《建筑设计防火规范》(GB 50016—2014)和《石油天然气工程总图设计规范》(SY/T 0048—2016)的有关规定。输气站场位置选择应符合:应避开山洪、滑坡等不良工程地质地段及其他不宜设站的地方;地势平缓、开阔;供电、给水排水、生活及交通方便;与附近工业、企业、仓库、火车站及其他公用设施的安全距离应符合有关规定。

若输气站场的站址的工程地质条件、工艺设计、站内设备的防火间距、与附近建筑设施的安全距离、站内道路设置与国家标准不符,则这些都会成为危害站场安全的因素。

2.站内埋地管道

站内埋地管道来自站内埋地管道的主要危害因素为金属腐蚀,管道在潮湿的大气和土壤中的管外腐蚀都属于电化学腐蚀。影响管外电化学腐蚀的因素包括大气腐蚀性、外防腐涂层类型与损伤、土壤腐蚀性、阴极保护以及干扰电流等。内腐蚀是站内管道的主要危害因素,包括输送介质的腐蚀等。由于输送介质中混有 CO_2、H_2S 等杂质,会在管道内壁导致电化学腐蚀或应力腐蚀开裂。施工质量的好坏会直接影响到管道的安全,包括焊接方法不当,焊接质量、防腐层补口补伤质量、管沟开挖与回填质量、施工检验及水压试验质量达不到要求。设计不合理也是站内管道危害因素来源之一,包括管材及壁厚的选用不恰当等。来自站内管道的主要危害因素还包括管道使用年限超出规定及管道维护检修质量不合格等方面。

3.站场压力设备

站场压力设备主要包括除尘器、过滤器、分离器和清管设备。内腐蚀也是压力设备的主要危害因素,影响因素为输送介质的腐蚀性和内防腐措施。站场压力设备外部由于受大气中的氧、水及酸性物质的作用会引起大气腐蚀,大气腐蚀是站场压力设备的主要危害因素之一,其影响因素包括大气条件和外防腐措施。设计制造不合理同样是站内设备的主要危害因素,设计参数或工艺条件确定不合理将造成设备选型不当,制造过程存在的缺陷将会造成设备的泄漏开裂引发燃烧爆炸等事故。压力设备的安全设施是否完备,如压力表、安全泄压装置、温度计和超温报警装置完备与否将同样影响着压力设备的安全运行。站内设备的危害因素还包括设备的检修及维护保养等方面。压力设备工作条件如承压能力、使用频率、使用年限等也是影响设备安全的因素。

4.运转设备

驱动设备和压缩机自身处于运转状态,内腐蚀和大气腐蚀是主要危害因素。压缩机的设计、制造、安装是影响其平稳安全运行的重要因素,它的启动系统、润滑油系统和冷却系统也会影响其正常运行。例如,当润滑油管路堵塞或流量不足时,会引起轴承烧坏、油密封系统泄漏。压缩机和驱动设备的安全保护设施是否完备,包括温度保护、压力保护和机械保护等配套与否也将直接影响压缩机运行的安全性。压缩机和驱动设备的危害因素还包括检修及维护保养情况。离心式压缩机的喘振现象会使机组强烈振动,可能损害轴承和密封,引发严重事故。

5.站内阀门

内腐蚀和大气腐蚀依然是站场阀门的主要危害因素。阀门的密封失效、连接法兰泄漏会造成阀门的内漏或外漏。阀门承压能力、阀门材质选用或使用错误会成为阀门的危害因素。阀门使用年限、阀门维护保养情况也会影响阀门的安全使用。自动控制阀门的控制系统失灵,手动阀门的阀杆锈死或操作困难,阀门使用过程中的误操作及阀门故障是站场阀门的危害因素。

6.电气设施

输气站场的电气设施主要包括电控阀门、仪器仪表、防爆电动机、照明装置以及控制线路和供电线路等。若电气设施的防爆性能达不到标准要求或电气设施发生漏电、短路、过负荷等故障，将产生高热或电弧、电火花，从而引发安全事故。

7.工艺流程

站场工艺流程除了要满足正常输气要求外，还应考虑调峰工况、近期、远期的各种极端工况、保安工况和事故工况等，以增强站场的适应性。对工艺流程应根据确定的功能进行简化、优化，合理进行设备的配置和选型，确保系统的安全及变工况运行。

8.安全与消防系统

站场安全与消防系统的危害因素主要指站场的消防措施是否符合有关规定的要求(包括站内工艺设备与道路安全距离、站场围墙设置、消防车道、灭火设施、消防器材配备等)，安全措施是否符合规范要求(包括站场作业方案、操作规程、安全责任制、职工培训、安全标志的设置、防雷防爆防静电技术、动火风险削减与控制等)。

二、输气站场安全分析

(一)压气站

压缩机可分为离心式、往复式和混合式；按压缩级数又可分为单级和多级；还可按驱动方式分为活塞式燃气发动机、燃气轮机和电动机等。压气站的功能包括气体的除尘、压缩和冷却三个主要内容，压缩机组是压气站的主要设备。

1.压缩机系统火灾危险性

原动机产生火花(明火)和天然气泄漏是压气站发生爆炸、火灾事故的重要原因。

压缩机系统火灾危险性表现为以下几个方面：

(1)易形成爆炸性混合物。

(2)设备内温度超高。高温能使某些介质发生聚合、分解，以致引起火灾。天然气经压缩后温度迅速升高，如果设备内冷却系统不能有效运行，会使润滑油失去润滑作用，黏度降低，设备的运行部件摩擦加剧，进一步造成设备内温度超高。

(3)误操作。操作人员会因受生理、心理或情绪等方面的影响出现操作失误。

(4)设备缺陷。

2.压缩机和原动机安全特性

管道的机械振动也有可能与气流脉冲共振，共振使气流较弱的脉冲幅度增大，引起管道的剧烈振动；往复式压缩机和活塞式燃气发动机组的根本缺陷是它在吸气、排气过程中有着固有的周期性冲击，这种冲击导致气流压力波动，并把这种波动传播到管汇中去。因此造成的常见危害有：管道振动引起基座螺栓损坏和管线破裂；压缩机排量降低；压缩机需要的功率增大；压缩机气缸阀损坏。

在往复式压缩机组管汇的设计和安装时应注意减振及防止振动破坏。

离心式压缩机表现为流量不稳,进出流量、压力忽大忽小,流量计和压力表指针周期性地大幅度摆动,机组及管道强烈振动并伴随有异常的吼叫声。离心式压缩机流量偏低时就有可能出现喘振现象。

喘振时,由于气流强烈脉动和周期性振荡,会使叶片强烈振动,叶轮动力大大增加,使整个机组发生强烈振动,噪声加剧,并可能损坏轴承、密封,进而造成严重的事故。喘振现象不仅影响整个系统的正常供气,而且对离心式压缩机十分有害。每次启动前或熄火后,都必须有足够的时间,在低转速下对燃料及排气系统进行冷吹,才能保证启动和运转安全。机组停运后,如果燃料气阀门关闭不严,则会使天然气泄漏到燃料室内,重新启动时,若忽略对残留天然气的清除,点火时就可能发生爆炸。

(二)首站、末站和分输站

由于管道腐蚀和天然气性质等原因,管道中还有一些固体废物,主要有粉尘、砂粒和成分是氧化铁的腐蚀物。应在过滤分离器进出口设置压差测量仪,压差超大时及时进行滤芯的清理和更换。在输气站场均设有过滤设备,这些固体废物可能会堵塞过滤分离器,当过滤分离器的滤芯被堵塞时,会造成过滤分离器憋压,使气体通过分离器的压力损耗过大,影响分离效果。若安全阀定压过高或发生故障不能及时泄压,调压阀内漏或调压系统失效,就会造成憋压或爆管等恶性事故。站场计量和调压系统失灵或法兰安装密封不可靠,可能引发泄漏事故,容易引起着火爆炸等恶性事故。

(三)清管站

清管站与管道连接的阀门以及安装在管道上的接头等一旦发生故障,将会影响管道的正常运行。在正常运行时,独立的清管站收发球系统是与管道干线隔开的,一般不影响管道运行系统的可靠性。此外,清出的固体废物可能含有硫化亚铁,它具有自燃性,如果处理不当,也可能会发火灾事故。

三、输气站场运行安全要求

(一)输气站场一般运行风险削减与控制

(1)工艺流程的启运应保证切换操作无误,符合相关技术规定;越站流程应用于工艺特殊需要;反输流程应用于管道事故处理和输气方向变化情况;气体流经站场装置压力损失过大和发生管网故障。

(2)执行计划及调度指令调节输供气流量时,应确保操作平稳,无差错。

(3)应保证计算气量正确,复核气量准确,报出气量无误;温度、压力计量,要及时、准确,流量计算程序应符合规定,各参数取值应符合要求。

(4)微水及硫化氢含量监测等在线气质监测无缺漏,监测数据应可靠、准确。

(5)阴极保护送电率应不小于98%,录取通电点电位应及时、准确,输出功率波动范围应符合要求。

(6)发送站必须坚持值守,措施恰当;清管器发送站操作应无误,发送应及时;污物排放应符合环保及安全有关规定。

(7)站内设备维护保养应及时,确保无向外泄漏现象,设备开关灵活。

(8)各项生产报表、记录资料应齐全,并妥善保管。

(二)压缩机站日常管理安全要求

(1)工作人员上岗时,必须穿戴规定的防静电工作帽、工作服,戴防噪声的耳罩或耳塞、穿不带铁钉的工作鞋。

(2)工作人员必须经过严格的安全技术培训,熟悉燃气轮机的操作细则和安全使用要求,经考试合格后,才能上岗操作。

(3)应定期对燃料气进行化验分析,不合格的燃料不得使用。燃料气应符合燃气轮机说明书规定的气质要求,并应符合国家的安全技术标准。

(4)搞好站场设施的检查、维护,保证安全消防设施、保护设施完好。定期检查机房和站场内的防雷防静电设施和消防系统。

(5)定期巡回检测站场内天然气泄漏情况,并及时处理。定期检查和调校天然气检漏报警系统,保证检漏报警参数在规定的范围内。

(6)及时排除站内管道中的积液,做好站场内仪表及管道的防潮防冻工作。

1.燃气轮机压缩机组启动的安全要求

(1)应检查紧急停机系统及天然气放空系统是否正常,确保一旦发现事故,能进行故障停机或紧急停机。注意检查各个系统有无漏油、漏气、漏水及漏电等不安全因素。

(2)启动前应对燃气轮机的各个系统进行巡回检查,各种辅助设施均应处于正常状态,任何隐患都应在开机前消除。

(3)高速转动的燃气轮机及压缩机的部件必须在良好的润滑下运行,绝不允许在无润滑的条件下启动、运行或停机,且应保证运行中润滑油循环不能中断。

(4)检查核实在燃气轮机及其辅助设施上确已无人作业,各项准备工作已完成,才能启动。

(5)启动过程中操作人员要严密注意指示灯、仪表盘及机组运行情况,有故障应及时排除,不能带病启动。

2.燃气轮机压缩机组运行的安全要求

(1)运行中应对机组各系统测试各运行参数,进行巡回检查,判断是否正常。

(2)为保证机组安全运行,应确保机组的保护系统状况良好。定期检查各种仪表及传感器的标定范围,检查控制器及减压阀的压力设定值,进行安全阀放空试验等;应定期检查紧急停机系统的阀门及开关,润滑防喘放气阀,检查其密封情况。

(3)操作人员应熟练掌握机组的紧急措施,如紧急停机装置、紧急关闭阀等。若运行中出现下列紧急现象之一,应就近按下紧急停机按钮:润滑油、密封油、液压油泄漏或天然气管线漏气;燃气轮机的空气压缩机或天然气压缩机发生喘振而保护系统没有动作;有停机信号,但机组不能停运;出现火灾、地震、洪水,以及危及人身和设备安全的紧急情况的出现等;机组的控制、保护装置失灵。在机组运行中,不得摸高温部件,如燃气轮机排气管、燃烧室外壁等,以免烫伤,不得控制线路、电缆、踩踏接线盒、导压管等细小管件和管线。

3.燃气轮机压缩机组停运的安全要求

(1)停机后一定要检查密封油泵确已停止运转,以免高压密封油漏入压缩机内。

(2)停机时要保证辅助润滑油泵运行足够时间,对机组进行润滑保养。

(3)机组没有完全停止运转之前不得重新启动。

第五节 压缩天然气站场风险削减与控制

一、加气站的分类和系统组成

天然气加气站是指以压缩天然气(CNG)形式向天然气汽车(NGV)和大型 CNG 子站车提供燃料的场所。

(一)加气站的分类

天然气加气站一般分为三个基本类型,即普通(慢速)充装型、快速充装型及两者的混合型。快速充装站形同一般加油站,一般轻型卡车或轿车需在 3~7min 之内完成加气。普通充装站则是针对交通枢纽、大型停车场等有汽车过夜、停留较长时间的情形,汽车可充分利用这段时间加气。普通充装站的主要设备仅包括天然气压缩机、控制面板及加气软管,天然气压缩机从供气管路抽气并直接通过边加气软管送入需加气汽车。一个典型的快速充装站所需的设备包括天然气压缩机、高压钢组、控制阀门及加气机等,辅助设备包括流量计及可再生分子筛干燥器等。这种加气系统的优点是站内无需高压气瓶组及复杂的阀门控制系统甚至加气机,因而投资费用极省。

一般根据站区现场或附近是否有管线天然气,还可将天然气加气站分为母站、子站和常规站。母站是建在临近天然气管线的地方,从天然气管线直接取气,经过脱硫、脱水等工艺进入压缩机压缩,然后进入储气瓶组储存或通过售气机给子站供气,母站的加量在 2500~4000m³/h 之间。CNG 加气母站除具有标准站的功能外,还可将压缩天然气充入高压气体运输半挂车(简称半挂车)运到加气子站为汽车加气;同时,作为管道输气的有效补充手段,在距天然气管线较远的中小城市,可采用半挂车将压缩天然气通过公路运输方式运送至使用城市,经过调压后进入燃气管网,向居民用户及其他天然气用户供气。CNG 加气子站建在燃气管网尚未到达的地方,半挂车从加气母站运来的压缩天然气经储存、压缩等工艺,通过售气机向汽车加气。子站建在加气站周围没有天然气管线的地方,通过子站运转车从母站运来的天然气给天然气汽车加气,一般还需配备小型压缩机和储气瓶组。为提高运转车的取气率,应用压缩机将运转车内的低压气体升压后,转存在储气瓶组内或直接给天然气汽车加气。常规站是建在有天然气管线通过的地方,从天然气管线直接取气,天然气经过脱硫、脱水等工艺进入压缩机进行压缩,然后进入储气瓶组储存或通过售气机给车辆加气,通常常规加气量在 600~1000m³/h 之间。

(二)加气站的系统组成

CNG 加气站由 6 大系统组成,即天然气净化系统、天然气调压计量系统、天然气储气系统、天然气压缩系统、CNG 售气系统和自动保护、停机及顺序充气等控制系统。

二、CNG 加气站工艺流程

经分离器分离后,进入分子筛吸附脱水塔进行脱水,脱水后天然气露点降到 -54℃,达到 CNG 加气站加气压力及气质要求,可直接充入 CNG 储气井(为确保加气站平稳加气并减少压缩机的启动次数,减少能源消耗,需增设高压储气井储存缓冲);天然气进站后经过滤除尘、计量、调压,进入脱硫装置进行脱硫,脱硫后由缓冲罐进行缓冲,之后进增压机增压(低压天然气进入压缩机经四级增压后,排出压力达到 25.0MPa);储气井储存的高压气经高压管道输送到程控盘由加气机向 CNG 运输车和 CNG 汽车加气。储气按高压、中压、低压三组储气,高压、中压、低压组容积比分别为 1:2:3,CNG 加气机加气时按低压、中压、高压程序向 CNG 汽车加气。增压系统及排气后的高压管道系统设计压力为 25.0MPa。储气井最高储气压力为 25.0MPa,CNG 汽车和 CNG 运输储气装置最高充气压力为 20.0MPa。储气井放空接低压配气系统进行回收或放空。压缩机采用并联方式,2 台并联,其中 1 台备用,供气高峰时 2 台可以同时运转。高压脱水装置再生原料气取自高压排气管线,再生排气接低压配气系统。

压缩机排气压力由系统、压缩机和四级排气安全阀控制,高压排气压力不大于 25.0MPa,各储气井按压力级制分设安全阀,以控制储气压力不大于 25.0MPa,加气机内有充气控制系统,使充气压力不大于 20.0MPa。压缩机各安全阀放散管及各级填料泄漏管汇集到指定点放散,储气井各组安全放散管汇集到指定地点放散。为减少增压机及脱水装置排污时排放天然气的损失,站内设排污天然气回收装置将排污时排放的天然气回收,再进入压缩机增压利用,回收装置的废液排入污水池。

再生气经吸附塔后的富液天然气冷却分离后,进入进站原料气管线回收;脱水装置的再生采用脱水后的干气,经降压到 0.5MPa 加热后对脱水吸附塔进行再生,再生气最高温度不大于 230℃,加热方式为电加热。脱硫选用双塔轮换操作。天然气硫化氢含量低于国家标准要求的压缩天然气硫化氢含量($\leqslant 15mg/m^3$)时,仍可能对站内加气部分仪表、工艺设备及管线造成腐蚀,因而需要设置脱硫装置。脱硫塔顶部设有安全阀。城市配气管网来气经调压计量后进入脱硫塔,脱去硫化氢后再进入缓冲罐。

三、CNG 加气站危险因素分析

(一)压缩机组

天然气加气站使用的大都是具有曲柄连杆的往复活塞压缩机,简称活塞压缩机或往复压缩机。活塞压缩机主要用于一些流量不太大但压力相对较高的场合,这种压缩机对运行参数改变的适应能力较强,可较好地适应加气站频繁变化的工作参数。由于 CNG 加气站的天然气压缩机压缩比较大,基本上都采用活塞压缩机。

压缩机组包括驱动机和压缩机。压缩机组的冷却方式目前主要有水冷、风冷、混冷等。压缩机组的冷却方式受到水资源、土地资源、环境及机组结构形式的相互制约,如果压缩机冷却效果不好,容易造成压缩机排气温度偏高(可达 70 ~ 100℃),导致气质质量下降、润滑油耗增加、润滑油烧蚀、气缸积炭增加,严重地会导致气缸拉伤甚至发生粘连,造成压缩机整体爆炸式解体的严重安全事故,使曲轴连杆受力急剧上升。在安全性方面,目前国际上采用 API RP 14C 标准,加气站设备按照这样的标准进行配置,它包括:

（1）系统吸入端和排出端的应急自动截止阀；

（2）控制系统泄漏的控制阀；

（3）各压力容器及冷却器上都应备有安全阀；

（4）压缩机组应装有震动开关；

（5）压缩机不同级间应有温度传感器和压力传感器；

（6）电动机应有过流过载保护——系统中所有电气设备必须满足我们国家标准或美国NEC 标准中对 1 级 2 类 D 组的防爆要求。

压缩机组是加气站的心脏，是保障加气站连续运转、安全可靠的关键，在 CNG 加气站的风险削减与控制中占有举足轻重的地位。

（二）天然气净化设备

天然气加气站的主要净化功能有脱水、脱硫和脱油。

低压脱水装置由于可操作性较好，故障率较低，压力低，较受用户欢迎（当加气站采用无油润滑压缩机时，因含湿量大会影响密封件等的寿命，故必须采用低压的前置脱水）。中压脱水装置放置在压缩机的中间级出口处，根据压缩机入口压力的高低，确定放置在压缩机一级排出口还是二级排出口。但低压脱水装置占地面积，体积庞大也大，对那些集装箱结构的加气站，应用起来较困难。高压脱水装置放置在压缩机末级出口。由于天然气含水的绝大部分已在压缩机的逐级压缩后被分离出去，所以在 25MPa 压力下气相中的饱和水含量已非常少，仅相当于常压下饱和水含量的 0.91%。高压脱水仍需要加热再生，因此也需要加热器、冷却器和分离器，其工艺原理流程与中压脱水相同，只是压力等级和设备尺寸不同而已。由于高压脱水设备脱水量也少，结构尺寸相对很小，因此特别适合集装箱形式加气站使用。

在有油润滑压缩机压缩天然气时，气体中总是含有油分子的，在低压脱水系统，最后环节必须设置除油设备，以减少发动机气缸积炭，脱除天然气在压缩过程中从气缸壁黏附的润滑油微粒。天然气管道难免有腐蚀，尤其对新使用的管道，有杂质是难免的。加气站净化系统是保障加气站生产出合格车用压缩天然气的重要工艺设备，是确保 CNG 汽车安全高效运行的重要环节。因此，在压缩机入口前或者低压脱水装置管道前应设置除尘过滤器。净化设备也是高压容器，其安全性缺陷项目主要有净化设备必须正确接地，必须有防雷击装置，焊缝无损探伤等。对于低压、中压脱水系统，考虑到压缩机本身或级间也可能产生杂质，在压缩机出口也往往设置一个过滤器，借以清除气体中的固体杂质。焊缝无损探伤检查比例及合格等级应符合《天然气净化装置设备与管道安装工程施工技术规范》（SY/T 0460—2018）的规定。

（三）压缩天然气的储存设备

压缩天然气的储存方式有四种：

（1）气瓶容积为 40～80L 的小气瓶，每站有 40～200 个，国内外尤其是国内基本上都应用这种形式。

（2）单个高压容器，容积在 $2m^3$ 以上。

（3）每个气瓶容积在 500L 以上的大气瓶组，每组 3～6 个，在国外应用得最多。

（4）气井存储，每口井可存气 $500m^3$，这是我国石油行业的创造，在四川等地应用很多。基本参数为：

①井管直径 177.8~298.4mm(套管)。

②井深 80~200m。

③工作压力不大于 25MPa。

④单井水容积 1~10m³。

气瓶组常用水容积为 50L、80L 两种,并联成多组形成储气瓶库。合理的储气瓶组的容量不但能提高气瓶组的利用率和加气速度,而且可以减少压缩机的启动次数,延长其使用寿命。气瓶组储气库需要建设牢固的设施或建筑,以减小气库在突发事故时的危害半径。按工艺需要,分为高压、中压、低压小库组合成气站储气系统,以满足储气需要。气库利用率一般在 50%~65% 范围内。这种类型储气装置安全可靠,使用起来弹性较大,建设时可统一规划,分步实施,有利于降低气站建设成本;不足之处是气瓶组接头较多而导致泄漏点多,系统阻力较大。储气井具有占地面积小、运行费用低、安全可靠、事故影响范围小等优点;根据《高压气地下储气井》(SY/T 6535—2002)规定,以工作压力进行严密性试压,水压强度试验压力为 37.5MPa,计算疲劳强度为 19000 次。储气井主要是对高压天然气进行储存缓冲,分组储气、分组充气,有利于合理安排机组运行与维修时间,缩短加气时间,节省能源。储气井的缺陷有:

(1)固井质量难以控制,储气井缺乏有效的内外腐蚀监测与防护手段。

(2)维修较困难,要求施工质量优良,且工程费用较储气瓶高。

(3)由于储气井埋于地下,不能进行日常维护和检测,对其安全运行状态没有一套有效的管理办法。

(4)储气井套管连接处为薄弱环节,需通过有效固井而得到加强。

(四)加气设备

加气机是压缩天然气加气站用于给车辆充气并进行计量的设备,从功能和外观上看,与柴油和汽油加油机类似,如计费、税控、插卡结算、打印凭条、历史数据查询等原理和功能是一致的,但二者对所流过介质的计量原理不同。加气机有三根进气管,分别与地面上的高压、中压、低压储气瓶相连,故称为三线进气加气机。加气机系统的核心部件是流量计量装置,附属部分包括加气枪、电磁阀组、电脑控制仪等。一般压缩天然气加气站所使用的加气机和加油机一样可以在几分钟内为车辆加满燃料,这称为快充式加气系统。加气机的加气枪是通过一个软管与加气机内部的流量计连接在一起的,如果在加气还没有完成时车辆意外开动,就有可能由软管进一步将加气机拉倒,或将加气枪连接软管拉断,进而拉断气体管线,造成设备损坏和危险事故。为防止这种情况的发生,在连接软管上设有一个在较大外力能够自动脱开并关闭管道口的装置,称为拉断阀。

一定容积的封闭空间内的气体压力会随温度的升高而上升,一定压力的天然气体积随温度的变化很大。要求加气机必须能够根据环境温度自动调整充气结束时的压力,防止充气过度,这套系统称为防过充系统。加气机设备必须具备两项最重要的安全措施,即在连接加气机和加气输的软管上安装具有可恢复性拉断阀和压力—温度补偿系统。例如,某个车辆的气瓶在 −40℃ 的寒冷天气中被充装到 20.8MPa,符合车载瓶的压力要求;但如果充气完毕后,该车辆立即进入一间温度为 21℃ 的室内车库,那么气瓶内的压力就会在温度升高后上升到 30.5MPa,这已经超过了多数气瓶的设计压力,存在一定风险。检查项目有:加气机附近是否设置防撞栏;加气机是否设置减压阀;进气管道上是否设置防撞事故自动截断阀;加气机是否正确良好接地;储气瓶组与加气枪之间是否设置主截断阀、储气瓶组截断阀、紧急截断阀和加气截断阀以及紧急按钮(危险紧急情况用以截断所有液压管路系统和电源);所有电气设备是否都具有防爆性且有过压保护,当管道压力漏失、超压或溢流时能否自动关机。

(五)进气缓冲罐和废气回收罐

废气回收罐主要是将每一级压缩后的天然气经分离后,回收随冷凝油排出的一部分废气;压缩机停机后,将留在系统中的天然气、各种气动阀门的回流气体等回收起来,并通过一个调压阀返回到压缩机入口。凝结分离出来的重烃油也可定期从回收罐底部排出。当回收罐中压力超过安全阀设定压力时,将自动排放。对于进气缓冲罐,严格上讲应包括压缩机每一级进气缓冲,其目的是减小压缩机工作时的气流压力脉动以及由此引起的机组振动。

(六)控制系统

控制系统的功能是控制加气站设备(脱水装置、加气机、压缩机、优先与顺序盘)的正常运转并对有关设备的停机点或运行参数设置报警。加气站设备的控制系统采用 PLC 进行控制(可编程逻辑控制器)。这种控制方式能实现设备的全自动化操作,可靠性高,也可远传到值班室,实现无人看守。控制系统负责加气站各部分之间的协调运行,指挥着各部分的正常运行。从功能方面划分,可以将其概括为四个部分:压缩机运行控制、电源控制、优先与顺序控制系统(储气控制)和售气控制。国内 CNG 加气站基本上都采用 PLC 控制系统,该系统常见故障及原因有:

(1)输入隔离栅烧坏,原因是接地不规范(一个设备只需设置一个接地点,否则所产生的电位差容易烧坏隔离栅;国内标准的静电接地电阻应不大于 10Ω,而有些进口设备则要求不大于 1Ω)。

(2)计算机上数据显示为负,原因是 PLC 控制器输出板上的电容稳定工作寿命低,过早失效。

(3)控制系统开关电源使用寿命短,原因是进口电源不太适应我国电网质量较低的国情。

(4)气动控制系统的减压阀自动放气,这大多是由于减压阀下部一个方形塑料密封垫磨损漏气所致。

(5)系统启动时各气压阀不动作,通常可能的原因有:控制软件出问题,如程序混乱、丢失文件等或电磁阀供电系统电压不稳定,导线接头有松动等,高压气瓶常常超压,大多是由于充气控制程序设置不当。控制设备还应包括 H_2S 在线检测仪、在线水分析仪器以及可燃气体报警器。前两者分别检测经过脱硫、脱水处理后的高压 CNG 中 H_2S 含量和水分含量是否超标,如在规定的时间内超过设定标准值,则自动报警。可燃气体报警器用于检测 CNG 加气站内 CH_4 气体含量是否超标,一旦超过设定值,则报警并自动关机。在实际的调研中,发现一些 CNG 加气站的控制设备没有发挥实际作用,尽管加气站设置了在线水分析仪等,但并没有记录不全或进行记录,一些加气站对可燃气体报警器等不进行检验和检修,这将对加气站的安全运行带来潜在风险。

四、CNG 加气站风险削减与控制

从 CNG 加气站设备的几大组成系统来看,各系统与加气站的安全运行都有着直接关系。

但事故多发生在售气设备、储气设备和天然气增压设备上,从现实生产运行实际看,这三大系统的设备安全事故及安全事故隐患十分突出。对压缩机组而言,应当考虑的关键部件除各级压力表、温度表、易损件、压缩机组远程适时控制系统以外,还应考虑曲柄连杆机构,此处曾经引发压缩机爆炸的重大安全事故。对售气设备而言,应当考虑的关键部件是质量流量计、加气枪、高压软管、电磁阀、安全拉断阀、卡套等。对储气设备而言,应当考察的关键部件主要是各类阀件(瓶阀、安全阀、球阀)及其压力表、附件、接头卡套和易熔塞等,同时必须考察气质对储气设备的内腐蚀及外部介质对其产生的外腐蚀。

由于加气站的特殊性,必须对各类设备的静电接地、防雷防火有严格的要求。同时,由于加气站预防安全事故发生及减少安全事故损失都需要控制系统的积极参与,即当 CNG 加气站设备出现压力、温度异常,振动烈度异常,润滑油位异常,天然气大量漏失或可燃气体浓度超标等瞬间,控制系统必须迅速做出反应,关闭电源、气源,关停压缩机等设备,故对控制系统应当具备的监控功能要高度重视。

(一)国外加气站主要安全规定

在天然气加气站典型设计中,在压缩机之前设置有天然气脱水装置,但设计标准允许根据用户要求将其设在天然气压缩机之后,或在压缩机前、后均设天然气脱水装置。意大利和德国天然气管输气质指标一般能满足车用条件,加气系统中未设天然气脱硫装置。

德国 DVGW 标准对设备配备、加气站的布置、安全维护等均进行了详细规定,具体见表 7-7。

表 7-7 加气站主要安全规定

序号	相关规定	规定内容
1	加气站选址	加气站组成部件可安置在一定空间或箱式柜中,也可室外安装,防止闲杂人员进入;加气站不应建设在国道、进出走廊、楼梯间内或不稳定设备楼梯边;加气站不应设在交通要道、直路或出入口有限制的地域附近;加气站通常与设备、房屋及公共设施至少保持 5m 距离,加气站选址应固定并平坦
2	天然气脱水装置	天然气脱水装置应保证天然气压缩后,其气体露点温度在 -20℃ 以下
3	天然气压缩机	压缩机应按照有关规定对气体进行压缩,并应符合压缩机安全防护法规(UVV)对压缩机的要求。为防止压缩机超压,压缩机须安装安全阀、防喘振阀及超压跳车联锁等装置,并确保固定可靠,防止其振动传至别的设备部件上
4	气体储罐	气体储罐应符合《石油天然气建设工程施工质量验收规范 储罐工程》(SY/T 4202—2019)的要求,对气体储罐及其部件投产前与定期复测应符合德国有关规定。储气瓶组应设防止超压的闭锁装置,防止应力腐蚀开裂试验应采用 ISO 有关标准,对储罐应防止因阳光照射而出现不允许的温升
5	加气系统	每个加气系统均须安装恒温 MSR 操作系统,在达到加气允许压力时,储罐内温度达到 15℃,压力不得超过 25MPa。加气系统中的安全系统应能保证在设备压力达到检测压力的 90% 时自动关闭。加气软管试验压力应为 1.5 倍工作压力,软管长度为 3~5m,必须导静电。软管前应安装快速关断阀,以确保气体流速突然增加时关闭输气系统

加气装置布置在室内时,在室内应安装气体报警装置,当此浓度达到天然气爆炸浓度下限 40% 时,整个系统关闭;当室内可燃气体浓度达到天然气爆炸浓度下限 20% 时,自动报警并采取必要技术措施。

(二) 加气站的技术安全要求

1. CNG 加气站工艺设施的安全保护

(1) 储气瓶组(储气井)进气总管上应设安全阀与压力表、紧急放散管及超压报警器。每个储气瓶出口也应设截断阀。车载储气瓶组应有与站内工艺安全设施相匹配的安全保护措施,但可不设超压报警器。

(2) 每个加气枪前应设置加气截断阀。进入每个加气机或加气柱的管道上应设紧急截断阀,每条卸气柱出来的管道上应设紧急截断阀。

(3) 储气瓶组(储气井)与加气机或卸气柱之间的总管上应设主截断阀。

(4) 天然气进站管道上应设 1 道可远程操作的自动紧急截断阀和 1 道现场操作的手动紧急截断阀,手动紧急截断阀的位置应便于发生事故时能及时切断气源。

(5) 在 CNG 加气子站内,车载储气瓶组接入站内的管道上应设有快速切断阀,每条卸气柱排出 CNG 的管道上也应设紧急截断阀。

(6) 加气站内的所有设备和管道组成件的设计压力不应小于最大工作压力的 1.1 倍,且不应低于安全阀的开启压力。

(7) 压缩机出口、加气站内缓冲罐、储气瓶组均应设置安全阀。安全阀的设置应符合《固定式压力容器安全技术监察规程》(TSG R0004)的有关规定。安全阀的额定压力 p_0 除应符合《固定式压力容器安全技术监察规程》(TSG R0004)的有关规定外,还应符合下列规定:

①当 $8.0\text{MPa} < p \leq 25.0\text{MPa}$ 时,$p_0 = 1.05p$。

②当 $4.0\text{MPa} < p \leq 8.0\text{MPa}$ 时,$p_0 = p + 0.4\text{MPa}$。

③当 $1.8\text{MPa} < p \leq 4.0\text{MPa}$ 时,$p_0 = 1.1p$。

④当 $p \leq 1.8\text{MPa}$ 时,$p_0 = p + 0.18\text{MPa}$。

其中,p 为设备的最高操作压力。

(8) 加气站内的天然气管道和储气瓶组应设置泄压保护装置,泄压保护装置应采取防堵塞和防冻措施。泄放气体应符合下列规定:

①一次泄放量大于 2m^3(基准状态),以泄放次数为平均每小时 $2 \sim 3$ 次以上操作排放,应设置专用回收罐。

②一次泄放量小于 2m^3(基准状态)的气体可排入大气。

③一次泄放量大于 500m^3(基准状态)的高压气体应通过放散管迅速排放。

加气站的天然气放散管设置应符合下列规定:

①放散管管口应高出设备平台 2m 及以上,且应高出所在地面 5m 及以上。

②放散管应垂直向上,放散管最低点应设置排污排水阀。

③不同压力级别系统的放散管宜分别设置。

压缩机组运行的安全保护应符合下列规定:

①压缩机进口、出口应设高压、低压报警和高压越限停机装置。

②压缩机组的冷却系统应设温度报警及停车装置。

③压缩机出口与第一个截断阀之间应设安全阀,安全阀的泄放能力不应小于压缩机的安全泄放量。

④压缩机组进口分离缓冲罐及容积大于 0.3m³ 的压缩机组出口缓冲罐应设压力指示仪表和液位计,并应有超压安全泄放措施。

⑤压缩机组的润滑油系统应设低压报警及停机装置。

(9)CNG 加气站内下列位置应设防撞柱(栏),其高度不应小于 0.5m:

①固定储气瓶组或储气井与站内汽车通道相邻一侧。

②加气机、加气柱和卸气柱附近。

(10)加气站应配备有慢充装置,以备晚上汽车停驶时加气,避免加气站加气高峰时拥挤,减少汽车等候加气的时间。有条件的城市应建设单机撬装式的流动加气装置,以便在不同地段向 CNG 汽车加气。

(11)CNG 加气站内的设备及管道凡经输送、增压、缓冲、储存或有较大阻力损失需显示压力的地方,均应设压力测点,并应设供压力表拆卸时高压气体泄压的安全泄气孔。压力表量程宜为 1.5 ~ 2 倍工作压力,压力表的准确度不应低于 1.5 级。

2. 技术要求

(1)加气站应装有低压调压装置,以适应 CNG 压缩机对进气压力的要求,确保压缩机的排量和压缩机工作过程中不超压。

(2)需加气的汽车进入加气站前应在发动机排气管上加装防火罩。加气站内应按照规范规定要求,齐全配备防火消防工具及有关材料。

(3)天然气必须净化,含硫量应小于 15mg/m³;天然气水露点应低于 -40℃,否则应进行脱硫脱水。

(4)加气站应装备有足够储量的储气瓶组,以满足加气高峰时的需要。加气站的售气机应能自动计量、计价,加气到规定压力(20MPa)时能自动切断气源,停止加气。加气站应具备取气顺序控制装置,以便充分地取出储存在储气瓶内的 CNG,达到安全节能的效果。

(5)压缩机的自动化程度要高,操作要简单,应确保发生故障和压力达到额定压力时能自动停机、低于额定压力时能自动启机以及有异常现象时能紧急停机等。

(6)压缩机排污、卸载、安全阀放气和各管线排放的天然气应回收利用,不准外排,只能密闭储存再用,以确保站内的安全。

(7)加气站应按照国家防爆、防火的有关规定和标准进行设计。

3. 压力容器安全使用要求

(1)高压储罐、高压气瓶、高压过滤器应按《压力容器安全技术监察规程》(质技监局锅发〔1999〕154 号)和《气瓶安全监察规程》(质技监局锅发〔2000〕250 号),建立完善的监察体系和维护保养制度,并制定操作规程,对系统应定期检查并做好记录。

(2)高压气瓶在使用中要注意:不得用电池起重机进行搬运;夏季防止暴晒;不得擅自更改压力容器的钢印和颜色标记;严禁在高压容器上进行电弧引焊;禁用超过 40℃ 的热源对高压气瓶进行加热;高压气瓶放置地点不得靠近热源和明火;高压气瓶冻结时不得用火进行烘烤。

(3)高压储罐在使用中要注意:外表面腐蚀情况;相连管道、管件有无异常震动、响声、相互碰撞、摩擦等;接口部位、压力容器本体、焊接接头有无裂纹变形、泄漏情况;排污装置有无漏气;是否有支撑或支座;安全附件(如压力表、安全阀、温度计、紧急切断阀、放空阀、导静电装置和可燃气体报警装置)检验,是否有外观腐蚀、损坏等情况;是否有基础下沉、倾斜、开裂、地下螺栓松动等现象;运行是否稳定,有无震动。

(4)高压过滤器在使用中要注意:更换滤芯或处理泄漏部位后要用氮气吹扫容器并试压,置换合格后方可使用;定期排放过滤容器内的积水和更换滤芯;发现过滤器法兰、接头、螺纹等密封处出现泄漏,应关闭过滤器两端阀门,释放过滤器内的压力后进行维护处理;日常运行中要注意过滤器本体焊缝有无泄漏及噪声、震动等异常情况,发现问题后及时维护处理。

(5)高压气瓶、高压储罐、高压过滤器的制造及日常运行管理都已纳入国家有关压力容器规范,在对压力容器本体上焊接、改造维修或移动压力容器位置都必须向压力容器监察单位申报。

4. CNG加气站主要阀门、装置及其安全使用要求

CNG加气站所使用的阀门是按照不同的工作压力等级和工作温度及主要用途来选择的。

(1)球阀。球阀常用于需迅速截断或全开关的管道装置上,起截断作用,可分配和改变介质流动方向。其主要优点是结构简单,开关迅速,操作方便,体积小,只需将球体旋转9°,因阀内径与管内径相同,气流经阀门阻力小。

(2)蝶阀。蝶阀的启闭件是圆盘,称为蝶板,蝶阀有拆装容易、体小轻巧、结构简单、操作灵活轻便、造价低廉等优点,被广泛使用,但因关闭的密封性差,仅限制应用于中低压管道上。

(3)截止阀。截止阀是使用最广泛的阀门,在管道上主要起截止作用,也可以用于节流调节操作。其缺点是流动阻力大,开启和关闭时需要的力较大;主要优点是密封面间的摩擦力比闸阀小,只有一个密封面,易于制造和维修。截止阀不能适应气流方向的变化,因此安装时要注意气流方向,即气流从阀瓣下部进来,从阀瓣上部出去,这样介质流动阻力最小,开启时比较省力,关闭时填料函不与介质接触,填料与阀杆不易损坏。

(4)紧急切断阀。紧急切断阀一般安装于管道的进出口管线上,它的作用是控制管道的进口和出口温度、压力。紧急切断阀可采用手动和电动来控制,有就地和远程两种控制方式,这两种方式在实际中应交替使用。

(5)管道调节阀。CNG加气站使用两种管道调压方式,分别从20.00MPa减压到1.60MPa,再从1.60MPa到0.20MPa采用二级指挥控制式调压器。随着城市管网压力升高、降低,调压器起到指挥调节阀的开启大小,增减管道流速的作用以达到供气平衡。从20.00MPa减压到1.60MPa采用的是指挥控制调压式,而从1.60MPa减压到0.20MPa采用的是直接作用式调压器。

(6)止回阀。常用的止回阀有升降式和旋启式两大类。止回阀一般用在天然气设备出口管道上,在停机或突然停电时防止管内的高压气体倒流,这种倒流往往会引起压缩机高速反转,形成机械事故。止回阀又称单向阀或逆止阀,它依靠介质本身的流动自动开闭阀门,用来防止管道中气流倒流(当产生倒流时,阀瓣自动关闭)。

(7)安全阀。安全阀用于受内压的管道和容器上起保护作用,防止超压。当介质压力降低到规定值(即安全阀的回座压力)时,安全阀自动关闭。安全阀的种类较多,目前在天然气工程中使用普遍的是弹簧式与先导式安全阀;当被保护的系统内介质压力升高到规定值(即安全阀的开启压力)时,安全阀自动开启,排放部分介质,防止压力继续升高。

(8)电热式复热器。电热式复热器是采用安装在容器中的电热丝盘管通电后加热在容器中的软水,而 CNG 气体则通过螺旋状的盘管(形状似弹簧)加热后输出。电热式复热器一般设有低温报警装置、开关防爆装置和过热温控开关。

(三)CNG 加气站的风险削减与控制规程

各 CNG 加气站及公司的风险削减与控制部门应根据国家的法律、法规结合企业的实际建立健全各类安全规章制度。CNG 加气站的风险削减与控制制度主要有安全计划制度、安全教育制度、安全生产责任制、安全检查制度和 CNG 加气站事故专项预案制度。CNG 加气站的操作规程是公司安全生产规章制度的重要组成部分,也是日常风险削减与控制工作的基础,它主要包含以下内容:

(1)CNG 储气罐维护保养操作规程;

(2)CNG 高压过滤器维护保养操作规程;

(3)CNG 调压器系统维护保养操作规程;

(4)消防设施维护保养操作规程;

(5)中心调度控制程序切换操作规程;

(6)CNG 计量装置维护保养操作规程;

(7)CNG 加气站阀门、法兰、垫片维护保养操作规程;

(8)CNG 高压长管储气车装卸操作规程;

(9)CNG 自用瓶维护保养操作规程;

(10)CNG 换热器维护保养操作规程;

(11)CNG 加臭机维护保养操作规程。

要建立起操作记录档案并保管好各类原始资料。操作记录应包括:

(1)巡查巡检记录;

(2)应急演练记录;

(3)安全活动记录;

(4)CNG 加气站设施的维护记录;

(5)进出人员管理资料(含进站人员登记制度);

(6)各类事故记录。

第六节　液化天然气站场风险削减与控制

一、液化天然气安全特性

液化天然气(简称 LNG),LNG 泄漏到空气中,空气中的水蒸气被 LNG 释放出的冷量所冷却,形成明显的白色蒸气云;LNG 气化后的气体温度上升到 $-107℃$ 后,气体密度比空气小,容易在空气中扩散,危险程度增加。常压下的沸点温度为 $-166 \sim -157℃$,密度为 $430 \sim 460kg/m^3$。天然气着火温度的高低与混合气体的压力和浓度有关。LNG 在空气中的着火温度随着组分的变化而变化,当 LNG 中重组分的碳氢化合物比例增大时,着火温度会降低。以甲烷为主要成分的天然气着火温度较高,压力为1atm的纯甲烷在空气中的平均着火温度为650℃。LNG具有如下主要危险。

(一)低温的危险性

开始蒸发时LNG气体密度大于空气的密度,在地面形成一个流动层,当温度上升到－110℃以上时,空气与蒸气的混合物在温度上升过程中形成了密度小于空气的"云团"。LNG泄漏后迅速蒸发,然后降至某一固定的蒸发速度。由于LNG泄漏时的温度很低,其周围大气中的水蒸气被冷凝成"雾团",造成LNG蒸气进一步与空气混合达到完全气化。操作过程中主要是防止LNG对操作人员的低温灼伤。LNG的低温危险性还会使相关设备材料遇冷收缩和脆性断裂,从而损坏设备。

(二)BOG(蒸发气体)的危险性

为保证LNG储罐的安全,要求LNG有一个极低的日蒸发率,储罐本身也应设有合理的安全放空系统;否则,BOG将大大增加,可能会使罐内温度、压力急剧上升,直至储罐破裂。LNG存在于绝热的储罐中,外界传入的能量均能引起LNG的蒸发,形成BOG。

(三)涡旋的危险性

涡旋是由于向已经装有LNG的低温储槽中注入新的LNG液体,或是由于LNG中的氮优先蒸发而引起储槽内液体发生分层(Stratification)。分层后各层液体在储槽壁漏热的加热下,形成各自独立的对流循环。该循环使得各层液体的密度不断发生变化,当相邻两层液体密度近似时,两个液层发生强烈混合,引起储槽内过热的天然气大量蒸发,从而引发事故。LNG在储运过程中常常发生"涡旋"(Rollover)非稳定性现象。

(四)翻滚的危险性

翻滚现象的出现,在短时间内会有大量的气体从LNG储罐内散发出来,如不采取措施,将导致设备超压。储罐内的LNG长期静止将形成上、下稳定的液相层,下层密度大于上层密度。被上层液体吸收的热量一部分用于液面液体蒸发,另一部分使上层液体温度持续升高。随着蒸发的继续,上层液体的密度增大,两液层快速混合,并可在短时间内产生大量气体,当上、下两层液体密度接近时,此时的LNG蒸发率远高于正常情况,这就是翻滚现象。

二、LNG的相关规范与标准

(一)美国的LNG相关规范

美国LNG风险削减与控制中以联邦能源规制委员会(FERC)为主导,主要负责审批陆上部分LNG设施的建设及相关标准,美国海岸警备队(USCG)负责LNG海上运输安全及相关标准的制定,美国交通部(DOT)负责LNG运输管线相关安全标准的制定,形成了分工协作的管理体系。

美国联邦能源规制委员会规范中代码为18CFR153的部分适用于近岸(或岸上)天然气设施的运营、建设和调整,其中包括管道连接、申请、设施安全特征和潜在环境影响等方面。与LNG有关的资源报告包括报告13和报告11,其中报告13是工程和设计材料,包括主要终端组件涉及资料,特别是LNG储罐,必须包括详细的火灾保护计划、设计图、风险检测和溢出控制系统等,还必须有符合 LNG 设施联邦安全标准(49CFR193)和相关的工业标准的证明,在报告 13 中要求 LNG 终端厂商还必须提供热辐射和蒸气消散隔离带的计算;报告 11 是安全性和可靠性,涉及由于自然灾害和事故造成设备损坏对公众带来的潜在危险、这些事件将如何影响设备运行的可靠性及减少潜在危险性的设计和流程。

近岸(或岸上)LNG 设施的联邦安全规范包含于 49CFR193 中。其中,19312013 要求执行美国消防协会(NFPA)关于 LNG 的标准 NFPA 59A,NFPA 59A 主要对 LNG 设施的选址和设计进行了规定。规范 46CFR154 规定了船外壳和运输罐的标准,以及要求外籍船只符合美国安全标准的监测;规范 33CFR127 中包括 LNG 滨海设施的规定;规范 33CFR165 适用于航海区和限制进入区,规定了美国滨海重要 LNG 设施周边的安全区。

除了联邦能源规制委员会之外,海岸警备局主要规范近海 LNG 设施的海上作业,包括船只的安全和操作流程等,交通部研究和特别项目管理部门(RSPA)负责岸上现有 LNG 设备的风险削减与控制。美国交通部、联邦能源规制委员会和美国海岸警备局三部门宣布了一项新的跨部门协议,明确美国本土 LNG 终端设施安全方面的作用和职责,该协议的主要目的是实现信息交换的最大化和避免重复劳动。

(二) 日本的 LNG 技术标准

日本 LNG 技术标准与国际通用的美国、欧盟标准在内容上并无原则上的差异,但体系相对独立。各行业协会制定的技术标准都结合本行业的特点和要求,内容各有侧重,自成体系,在防震设计、生产设备等部分内容上有重叠和交叉。日本采用这一体系满足了本国 LNG 工业的需要。日本 LNG 技术标准体系特点是技术标准中套用法规、省令以及本协会编写的其他标准。

日本 LNG 技术标准内容具体到参数选取、计算公式、检查表格,更接近我国的设计手册,而我国目前沿用国际通用的美国、欧盟标准,并已经形成了与国际标准接轨的 LNG 标准体系。在自行编制制定我国技术标准时,可以参考和借鉴经验丰富、实用有效的日本标准。就以"采标"形式来制定我国 LNG 的行业标准或国家标准来说,难以单独采用某一项日本 LNG 的个性标准。

(三) 我国的 LNG 相关规范和标准

我国有关 LNG 方面的技术规范和标准还比较缺乏,主要借鉴国际通用的美国、欧盟标准。LNG 设备制造、LNG 运输、LNG 工程建设和 LNG 装置的运行管理必须遵循国家有关的法规、法令,特别是关于易燃易爆危险品的强制性法规、法令,还要遵循国内有关电气安全、石油化工、工程建设等其他方面的技术标准,包括 GB/T 20368—2021《液化天然气(LNG)生产、储存与装运》、GB 50160—2008《石油化工企业设计防火规范》等。

三、LNG 液化装置风险削减与控制

(一) 压缩机的风险削减与控制

对于用于天然气液化装置的压缩机,应充分考虑所压缩的气体是易燃易爆的危险介质,很多材料在低温下会失去韧性发生冷脆,还应考虑到低温对压缩机构件材料的影响。

可燃性气体通过吸排气阀门、设备、压缩机缸体连接处、管道的法兰、焊口和密封等缺陷部位泄漏以及压缩机零部件疲劳断裂,高压气体冲击至厂房空间或空气进入到压缩机系统,形成爆炸性混合物,如果在维护、操作和检修过程中检修不合理和操作不当,达到爆炸极限浓度的可燃性气体和空气的混合物一遇火源,就会发生异常激烈燃烧,甚至引起爆炸事故。通过大量的压缩机燃烧爆炸事故的统计分析,设计、制造、安装和气体泄漏、维护不合理、氧的助燃、自燃、液体冲击、高温高压下积炭、误操作和违章作业等是导致压缩机装置发生爆炸燃烧的主要原因。

在压缩机的启动、重新开机等过程中都要注意安全操作。压缩机是天然气液化装置中的关键设备,在原料气制冷剂循环、增压和输送、BOG 增压和输送等工艺过程中都需要压缩机。

(二)透平膨胀机的危险性分析及对策

利用透平膨胀机获得液化天然气需要的冷量,是当前天然气液化工艺过程中的重要制冷方法之一。透平膨胀机的应用主要有两个方面:一是利用膨胀对外做功的效应,利用或回收高能流体的能量;二是利用它的制冷效应,通过流体膨胀,获得所需要的温度和冷量。而对于LNG 接收站,透平膨胀机则可以用于 LNG 冷能发电,回收 LNG 的冷能。透平膨胀机可能腐蚀的危险分析及处理方法如下:

(1)机组振动过大,造成管道或螺栓腐蚀、疲劳断裂,可燃性气体喷出。

(2)轴承烧损。

(3)工艺操作引发系统工况故障。

(4)超速运转,转速失控,膨胀机损坏。采用发电机制动的膨胀机,在发电机或电网突发故障时制动负荷突然消失,造成转速失控。采用风机或压缩机制动的膨胀机,因操作过猛或阀门故障而流量突然变小时,制动负荷随即降低,造成转速升高,从而损坏膨胀机。膨胀机制动一般有风机、发电机和压缩机三种负荷形式,转速失控的原因虽不一样,但机理大致相同。

(5)轴承温度过高。

(6)叶轮、导流器机械性磨损或损坏。

透平膨胀机安全操作中需要注意以下一些事项:

(1)运行中及停车前绝对不准断轴承气,否则将会发生严重的卡机事故。透平膨胀机启动前,必须首先打开轴承气阀门,并保持 $4 \sim 6 kgf/cm^2$ 的压力,同时打开密封气阀门,使密封气压力稍高于膨胀机背压。

(2)紧急停车后,在重新启动前,必须检查制动风机叶轮的锁紧螺母,若螺母松动,必须紧固后方可重新启动。

(3)启动或停机操作在一般情况下不应短于 $1 \sim 2min$,转速不应保持在 $4 \times 10^4 \sim 5 \times 10^4 r/min$ 这个区间运行(在这区间设备会发生剧烈的震动并发出啸叫)。启动及停机均应缓慢进行,升速和降速不应太快,宜台级联式升降。

(4)采取两台膨胀机"轮流服役",保证两台膨胀机能互为备用,以免长期停运导致转子等零部件生锈而发生卡机事故,即每星期调换运行。另外,经常轮流服役,设备存在的问题也易及早发现。

(5)对过滤器及膨胀机系统内粗、精过滤器应定期进行检查清洗,以保证气源洁净和减少系统阻力。必须保证轴承、工作气源和密封气源的洁净,否则将影响膨胀机的正常运转,造成卡机等严重事故。

(6)管道焊接后,应对膨胀机系统的管道进行严格吹扫,以防焊接后积存机械杂质于系统内。透平膨胀机投产初期,在设备安装前,首先应对膨胀机控制柜上的进排气阀门解体进行脱蜡。在做好上述工作后,再安装膨胀机为宜。

(7)启动膨胀机前,风机进排气管道上的阀门应打开,否则机子将会失去制动而"飞车"。透平膨胀机制动风机进排气管道较长时,管径应适当放大。

(8)纯化器切换应缓慢进行,以避免透平膨胀机入口压力降低而使其转速降低,减小对膨胀机效率的影响。

(三)LNG 泵的危险性分析及对策

1. 泵的过流部件被气蚀

由于 LNG 温度低,密度小,容易气化产生气蚀现象。如果 LNG 流体在泵入口处的压力低于 LNG 温度所对应的饱和压力,LNG 就会气化,产生大量的气泡,气泡破裂产生高压形成液击,使过流部件受到腐蚀破坏,泵就会产生气蚀现象。

防止 LNG 泵产生气蚀的方法有:

(1)确保有足够的净正吸入压头。在输送 LNG 时,改善 LNG 泵入口流动条件的措施是安装一台进口导流器,安装在 LNG 泵的入口,它实际上是一台轴流、高速的泵,可以改善系统的吸入状态。

(2)气泡导出措施。对于带压力容器的 LNG 低温泵,在容器的上部设计有专门的蒸气排出管,LNG 气化产生的蒸气通过排出管排出。

(3)绝热措施。LNG 泵进口管道采用真空保温管道或绝热管道,泵体的绝热措施是将泵体安装在充满低温流体的真空绝热容器内。

2. LNG 泵的密封泄漏引起着火爆炸

液化天然气的温度低,易燃易爆。LNG 泵的密封泄漏是导致燃烧爆炸事故的最重要原因。LNG 泵是液化天然气系统常见的关键设备,要求 LNG 泵不仅要具备一般低温液体泵的要求,而且对泵的密封性能和防爆性能要求很高。

引起机械密封泄漏的因素很多,基本泄漏因素是密封在装配和使用过程中的 3 个静密封点和 1 个动密封点的泄漏。

(1)静环密封圈材质选用。静环密封圈材质选用十分重要,低温泵的材质要选用具有良好的冲击韧性、化学稳定性,导热性差、吸水性差、线膨胀系数大的耐低温的硅橡胶,或选用聚四氟乙烯,这些材料比较适合低温泵。

(2)机泵振动引起的密封泄漏。机泵对中间断、误差性抽空及其他原因引起的机泵振动超标时,直接影响机泵的密封效果,动静环端面间厚薄比较稳定的流体液膜将会被破坏,引起密封泄漏,导致密封失效。

(3)机械密封静密封点的泄漏。因密封动静环端面加工精度低或冲洗效果不好,使摩擦副表面温度急剧升高,产生大量摩擦热量,引起辅助密封圈老化或失弹,导致密封泄漏。当机械密封静密封点有泄漏时,首先要检查泵密封冲洗管是否阻塞。安装机械密封之前要看密封端面光洁度是否达到要求,表面是否平直。

(4)密封腔中存在杂质颗粒对密封性能的影响。泵腔或介质中的一些杂质颗粒很容易进入 V 形密封圈和密封端面中。当杂质颗粒进入 V 形辅助密封圈时就会破坏密封圈的密封效果,有颗粒进入密封端面时,石墨静环很容易被磨损,引起密封失效,从而造成密封泄漏。

(5)机械密封动密封点的泄漏。低温泵机械密封动环的镶嵌结构长时间放置或温差较大时,密封端面也易产生变形,引起机械密封动密封点的泄漏。由于 LNG 泵所输送的介质温度低而且组分较轻,当密封腔内介质温度偏高或压力偏低时,密封端面的流体液膜发生气化,造成密封端面半液体摩擦或瞬时的干摩擦,引起密封失效产生泄漏。

3. 电动机轴承过热或磨损太快

造成电动机轴承磨损太快或过热的原因是预加载太大或轴承太紧,不恰当的润滑,轴承内有水或污物。采取的措施是采用规定的轴承,合适的预加载,改善润滑,检查润滑脂流动的通道。

根据气体性质选择润滑剂,选择氧化后析碳量少、闪点高的高级润滑脂,定期进行油质分析,注油量适当,及时更换新油。充分清除轴承内的污物和水,选用耐蚀材料,选择高效滤清器,及时清除污垢。检查润滑油流动的通道,采用规定的轴承预加载值,防止泵的振动过大和泵转动过载。采用仪表计测和自动报警装置,发现异常故障,及时采取安全措施。在有爆炸性气体的泵附近设置防爆墙和惰性气体灭火装置。

(四)冷箱的危险性分析及对策

天然气液化流程中采用的换热器结构形式主要有两种,即管壳式换热器和板翅式换热器。在 LNG 工程中,需要用到各种形式的换热器,常用的有管壳式、板翅式、翅片管式等几大类型。LNG 工程中使用换热器的场合有:原料气的预冷和冷却;制冷循环的热交换;BOG 的再液化;LNG 的气化;BOG 的冷量回收;终端用户储罐的增压。为了减少冷损,这些工作温度较低的换热器通常集中在一个保冷性很好的箱体内,称为"冷箱"。

1. 温差应力及热疲劳

如果换热器的操作温度周期性变化,或者操作工况为升温和卸压、反复加压、降温的过程,那么热应力反复变化会使设备产生热疲劳,从而引起换热器的泄漏。LNG 换热器进出口温差较大,当温差应力达到一定数值时,金属便会产生塑性蠕变和变形。

换热器在结构设计时采用温度补偿器,尽量消除和减少应力集中部位,使截面圆滑过渡,同时采取良好的保温措施,以减小内外壁温差,降低热应力,避免由于热应力过大而使容器产生塑性变形和蠕变。换热器选材时除了考虑温度、压力、介质因素外,对于有温差的场合,设备制造用材还应注意选择热导率大、线膨胀系数小、塑性好的材料。

2. 制造过程中的缺陷

如果焊接工艺不当,易造成熔合不良、焊缝根部夹渣、裂纹、气孔等焊接缺陷。在运行过程中这些缺陷受到交变应力的影响便会扩展,使泄漏通道扩大,导致泄漏,这已成为换热器失效的普遍原因。换热器管子与管板焊接时,在焊缝两侧形成热影响区,容易产生残余应力和残余变形,即容易形成应力腐蚀的基本条件。采用低锰和低硅焊丝小电流多道施焊,以减小焊接缺陷产生的概率,避免产生残余应力和应力集中。采用强度焊加贴胀,防止间隙腐蚀,增加连接处的抗拉脱强度。改善焊接工艺,严格清理焊接部位,保证焊接质量。

3. 操作因素

换热器在运行过程中,由于工艺操作不规范或者由于生产工艺本身的特点导致介质压力不稳,温度骤变而引起冲击热应力。频繁开停车及冷箱负荷波动是造成冷箱内漏的根本原因。热冲击是以极大的速度和冲击形式施加的,造成比热疲劳更大的温度梯度,使材料失去延性,发生脆断。操作温度和压力的瞬间波动将导致管板法兰密封面上垫片的压紧力发生变化,致使法兰螺栓松动,反复循环,密封失效。

换热器工艺操作要平稳,避免温度、压力突然升高和降低,避免强烈振动。

4. 冷箱冰堵

冷箱的冰堵可能发生在冷剂侧,也可能发生在天然气侧。发生冰堵后,应立即降低液化单元负荷为0,将冷箱隔离出来。待天然气预处理合格后,缓慢解冻,消除冰堵。先解冻天然气侧上部流道及重烃分离器,后解冻天然气下部流道,冷箱的升温速率控制在 0.5℃/min 之内。发生天然气侧冰堵的原因是天然气中的重烃没有脱除干净,或是天然气预处理不合格;冷剂侧的冰堵是由于冷剂中 CO_2、水或者重烃量超标。

5. 冷箱积液

要尽早将重冷剂吹出冷箱,注意制冷压缩机入口压力的波动,防止喘振出现。当进入冷箱的重冷剂较多,冷剂在冷箱底部以液态形式积累,提供的冷量减少,造成冷箱底部温度回升,上部温度急剧下降。

四、LNG 气化站风险削减与控制

LNG 由低温槽车运至气化站,在卸车台利用槽车自带的增压器对槽车储罐加压,利用压差将 LNG 送入储罐中储存。气化时通过储罐增压器将 LNG 增压后,储罐内的 LNG 自流进入空温式气化器;在气化器中,液态的天然气经过与空气传热发生相变,升高温度,并成为气体,经过调压器调压、计量及加臭后送入输配管网。

(一)卸车系统的安全

卸车系统的重大危险事故包括物体打击、爆炸、火灾、机械伤害,该系统的危险程度属于高度危险。LNG 槽车一般有气相、液相两个接口。卸车过程中,气相口则用来回收卸车后槽车内的气体,而液相口经管道连接到 LNG 储罐的进液口。卸车中有两个问题需要解决:一是液体在管道中流动和进入储罐后可能产生气化,生成的气体也会进入储罐内,导致储罐压力升高,阻碍卸车;二是随着液体的进入,液位升高,储罐气相空间产生压缩效应,导致储罐压力升高,升高到接近槽车的压力时,液体流量大大下降,直至停止。解决这两个问题是 LNG 卸车工艺的关键。

(1)需要合理使用储罐的下进液口和上进液口,下进液口则为常规结构;上进液口连着储罐顶部的一个喷淋装置,进液时 LNG 以喷淋方式进入罐内。上进液口之所以采用喷淋方式,是为了加大气液相的传热面积,加快减压过程。在槽车液体温度低的情况下,可选择上部进液。此时,液体以喷淋方式穿过储罐气相空间,液滴会吸收储罐内的气体,使得储罐压力下降,有助于卸车速度加快。如果槽车内外没有温差,可任意选择进液方式,也可以上、下一起进液。在槽车液体温度高时,应选择下部进液,温度较高的 LNG 进入储罐后先接触液体,使其尽快降温,减弱气化倾向,避免对卸车的影响。

(2)在储罐自动减压阀上并联一个截止阀,卸车过程中打开,提高 BOG 流量,卸车结束后关闭。

(二)储存系统的安全

LNG 储罐是 LNG 气化站内最重要的设备之一。LNG 储罐的工作压力一般为 0.3 ~ 0.6MPa,工作温度为 -140℃,设计压力为 0.8MPa,设计温度为 -196℃。储存系统的重大危险事故包括低温麻醉、中毒窒息、爆炸、火灾、高处坠落、冻伤,该系统事故隐患较多,其危险程度属于极其危险。LNG 储罐必须设置安全阀,单罐容积为 100m³ 及以上的储罐应设置两个或两个以上安全阀。储罐内压力低于设定值时,可利用自增压气化器和自增压阀对储罐进行增压,增压下限由自增压阀开启压力确定,增压上限由自增压阀的自动关闭压力确定,其值通常比设定的自增压阀开启压力约高 15%。在每台 LNG 储罐的进液管和出液管上均装设气动紧急切断阀,在紧急情况下,可在储罐区、卸车台、控制室紧急切断进出液管路。在进液管紧急切断阀的进出口管路和出液管紧急切断阀的出口管路上应分别安装管道安全阀,用于紧急切断阀关闭后管道泄压。

当储罐最高工作压力达到减压调节阀设定开启值时,减压阀自动开启泄压,以保护储罐安全。储罐的最高工作压力由设置在储罐低温气相管道上的自动减压调节阀的定压值(前压)限定。为保证增压阀和减压阀工作时互不干扰,增压阀的关闭压力与减压阀的开启压力不能重叠,应保证 0.05MPa 以上的压差。考虑两阀的制造精度,合适的压差应在设备调试中确定。为保证储罐安全运行,设计上采用压力报警手动放散、储罐减压调节阀、安全阀起跳三级安全保护措施来进行储罐的超压保护,其保护顺序为:当减压调节阀失灵,罐内压力继续上升,达到压力报警值时,压力报警,手动放散泄压;当减压调节阀失灵且手动放散未开启时,安全阀起跳泄压,保证 LNG 储罐的运行安全;当储罐压力上升到减压调节阀设定开启值时,减压调节阀自动打开泄放气态天然气。

要防止 LNG 产生翻滚引发事故,必须防止储罐内的 LNG 出现分层,常采用如下措施:

(1)为防止先后注入储罐中的 LNG 产生密度差,采取以下充注方法:

①槽车中的轻质 LNG 充注到重质 LNG 储罐中时,从储罐的下进液口充注;

②槽车中的 LNG 与储罐中的 LNG 密度相近时从储罐的下进液口充注;

③槽车中的重质 LNG 充注到轻质 LNG 储罐中时,从储罐的上进液口充注。

(2)对长期储存的 LNG,应采取定期倒罐的方式防止因静止而分层。

(3)储罐中的进液管使用混合喷嘴和多孔管,可使新充注的 LNG 与原有 LNG 充分混合,从而避免分层。

(4)将不同气源的 LNG 分开储存,避免因密度差引起 LNG 分层。

(三)再气化系统的安全

再气化系统的重大危险事故包括爆炸事故、火灾、低温麻醉,该系统的危险程度属于显著危险。

正常操作时,当达到额定负荷时,气化器的气体出口温度比环境温度低 10℃。当气化器结霜过多或发生故障时,通过温度检测超限报警、联锁关断气化器进液管,可实现对气化器的控制。气化器后温度超限报警,联锁关断气化器进液管,对气化器出口气体温度进行检测、报警和联锁。

环境温度及气候条件是影响设备运行状态的关键因素。从储罐流出的 LNG 进入空温式气化器,空温式气化器将 LNG 液体与空气进行传热而达到气化的目的。空温式气化器投入运行,在 LNG 入口处的温度会比环境温度低很多,整个气化器的温度便会下降,为了系统的安全,空温式气化器出口气体温度不能过低。为了保证 LNG 气化站的安全,就必须保证空温式气化器时刻工作在正常状态,其出口气体温度必须在规定的范围内。为了满足这一要求,可以在空温式气化器的入口和出口设置一套温度检测报警联锁系统,即在空温式气化器出口管道上设置温度检测仪表,在空温式气化器进液口设置紧急切断阀,并将温度报警信号与紧急切断阀联锁。一方面可以在空温式气化器出口气体温度低于设定值时输出信号,联锁切断储罐出液气动阀,停止供气,另一方面也可以随时监视空温式气化器的工作状态,当出现不正常情况时,发出报警信号。

环境因素导致空温式气化器出口气体温度过低,不能满足下游设备安全运行的要求,就需要对其进一步加热。可以设置一套温度控制系统,该控制系统由温度变送器、温度控制器、水浴式加热器、变频器、热水锅炉和热水循环泵等组成,其目的是保持水浴式加热器出口气体温度恒定,减少资源浪费。常用的设备是水浴式加热器,通过低温天然气与热水进行传热,以提高天然气温度。当来自空温式气化器的天然气温度或流量改变时,温度变送器测得温度的变化,会导致水浴式加热器的出口气体温度发生变化,将此信号送至温度控制器;温度控制器将测量值与设定值进行比较,然后根据偏差信号进行运算后,将控制指令发送给变频器;变频器接到信号后会改变对循环泵的输出电源频率,通过改变热水循环系统的热水流量,维持水浴式加热器的出口气体温度。

(四)蒸发气(BOG)处理系统的安全

蒸发气处理系统的重大危险事故包括爆炸、火灾、中毒窒息、低温麻醉和冻伤。

BOG 罐、LNG 储罐、工艺管道及各生产工段超压泄放的 BOG 气体均应集中放散。为此,站内设有放空火炬,BOG 气体汇集到一起后引入火炬,高 30 ~ 40m,以避免在站内形成爆炸性混合气体。考虑到排出 BOG 温度极低,且密度大于空气,在放空火炬之前需增设加热器使其升温。

BOG 气体的处理要与调压结合起来考虑,使得 BOG 气体自动回收利用。它的工艺原理是:其他部位和储罐产生的 BOG 气体经加热后首先被送入 BOG 罐,罐出口经过一个辅助调压器连接到与主调压器的出口相连的出站总管道上,辅助调压器的设定压力略高于主调压器,这样 BOG 罐的气体就优先于主气化器输出的气体进入出站管道。卸车后回收的余气量比较大,所以 BOG 罐的容量应该按卸车的要求核算。另外,BOG 罐的压力与主调压器出口的压力基本上是一样的,由于 BOG 的流量一般很小,气化站输出的流量正常。

(五)消防及安全系统

为保证将储罐发生事故时对周围设施造成的危害降低到最小程度,在 LNG 储罐周围设置围堰区。在单罐容积超过 20m³ 或总容积超过 50m³ 的储罐区或 LNG 储罐应设置固定喷淋装置,距着火储罐直径 1.5 倍范围内的相邻储罐按其表面积的 50% 计算,喷淋用水量按着火储罐的全表面积计算。LNG 气化站的消防设计根据《城镇燃气设计规范(2020 版)》(GB 50028—2006)LPG 部分进行。水枪用水量按《城镇燃气设计规范(2020 版)》(GB 50028—2006)和《建筑设计防火规范(2018 版)》(GB 50016—2014)选取。倍数过高的泡沫抗燃烧能力差,泡沫破裂速度快,不能有效封闭;倍数过低的泡沫的含水量大,接触 LNG 后,会加快 LNG 的气化速度。由于天然气属易燃易爆气体,为了避免天然气泄漏事故的发生,实时监测环境空气中的可燃气体浓度,在生产区内可能发生天然气泄漏的位置应设置燃气泄漏报警器。当环境空气中可燃气体浓度超过设定值时,发出声光报警,报警器将报警信号远传至控制室,提示操作人员采取相应的紧急措施。还需要设置自动加臭系统,以方便用户及早发现天然气的泄漏,保证下游用户的用气安全,避免事故发生。

第七节　典型站场事故风险防控措施

一、油气站场典型事故致因与处置措施

(一)储油罐抽空抽憋事故

储油罐抽空抽憋事故致因与处置措施见表 7－8。

表 7－8　储油罐抽空抽憋事故致因因素与防控措施

事故名称	主要致因因素	防控措施
储油罐抽空抽憋事故	液位计失灵	液位计定期校验维修
	没有按时检尺	按时检尺,及时掌握储罐液量
	没有及时倒罐或倒错流程	严格执行工艺操作规程
	呼吸阀、安全阀失效	定期对呼吸阀、安全阀校验

(二)储油罐冒顶事故

储油罐冒顶事故致因与处置措施见表 7－9。

表 7－9　储油罐冒顶事故致因因素与防控措施

事故名称	主要致因因素	防控措施
储油罐冒顶事故	液位计失灵	液位计定期校验维修
	检尺不准确或未检尺,没有及时倒罐	按时检尺,及时掌握储罐液量
	工艺流程倒错	严格执行工艺操作规程
	中间站没有及时倒流程	加强上下游站生产协调
	加热温度过高,使罐底积水沸腾	来油加热温度控制在一定范围内

(三)储油罐着火爆炸事故

储油罐着火爆炸事故致因与处置措施见表 7－10。

表 7 - 10　储油罐着火爆炸事故致因因素与防控措施

事故名称	主要致因因素	防控措施
储油罐着火爆炸事故	量油孔盖未盖,阻火器芯损坏,外来明火引燃油气	关闭量油孔、透光孔等大罐附件设备,阻火器必须良好
	雷击产生火花	定期测试防雷接地网,阻值小于 40Ω
	使用非防爆工具、铁器,碰撞产生火花	严禁穿铁钉鞋、带火种上罐,应使用防爆手电、工具
	违章操作,开关手电,劳保用品不符合规定	按量油操作规程进行操作,同时穿戴符合规定的劳保用品
	收发油造成静电聚集,产生放电	定期检查油罐防静电线有无破损
	量油孔没有有色金属衬套,量油尺与量油孔摩擦	量油孔加装有色金属衬套
	罐区有易燃物,自然造成明火	及时清理罐区油污、棉纱等易燃物
	违章动火施工	油罐区动火,安全防火措施要到位
	计量人员上罐操作携带火种通信设备	禁止计量人员携带火种通信设备进行上罐操作

（四）加热炉炉管穿孔着火事故

加热炉炉管穿孔着火事故致因与处置措施见表 7 - 11。

表 7 - 11　加热炉炉管穿孔着火事故致因因素与防控措施

事故名称	主要致因因素	防控措施
加热炉炉管穿孔着火事故	来液量过低或断流,炉管内液体气化膨胀憋压	严格执行巡回检查制度,及时调整生产运行参数
	炉管焊缝有砂眼或裂缝	定期进行专业检测,发现炉管强度有问题,及时解决
	炉管高温氧化或低温腐蚀,造成炉管穿孔或开裂、漏油	及时调整火嘴,避免偏烧
	炉管偏流、偏烧或局部过热使炉管结焦,造成炉管烧穿	及时检查加热炉出口温度,杜绝偏流、偏烧或"烧死油"现象
	倒错流程,炉管憋压	认真检查流程,确认无误再操作

（五）输油泵房着火事故

输油泵房着火事故致因与处置措施见表 7 - 12。

表 7 - 12　输油泵房着火事故致因因素与防控措施

事故名称	主要致因因素	防控措施
输油泵房着火事故	泵抽空或超压,造成密封泄漏,热油窜出自燃	定期巡检确保仪表运行状态完好
	密封圈安装过紧,温度过高引燃油蒸气	密封圈安装松紧适当,严禁泵空转
	油气管线、闸门、仪表、泵等渗漏,使室内油气浓度增大,达到火灾爆炸极限	保证通风设施良好运行
	电线电阻过大或电路短路起火	定期对电机进行检查、保养,测试线路电阻符要求
	违反规定使用非防爆式电机、电器、灯具打火	使用合格的防爆电器、防爆工具
	使用防爆工具碰击打出火花,引燃易燃气体	同时配备足够的灭火器材,保证消防系统正常良好
	违章动(用)火施工	按照《工业动火规定》进行动火施工
	不按规定穿戴防静电防护用品	正确穿戴劳保用品
	可燃气体报警器失灵	可燃气体报警器按规定检验,保证其灵敏、好用

（六）输油泵房跑油事故

输油泵房跑油事故致因与处置措施见表 7 - 13。

表 7 - 13　输油泵房跑油事故致因因素与防控措施

事故名称	主要致因因素	防控措施
输油泵房跑油事故	密封圈松动造成原油泄漏	密封圈安装松紧度适当，严禁泵空转
	罐、池溢出油，没有及时回收	污油池定期检查液位，及时抽油
	漏斗、排污管线堵塞	做好管线的检测防护工作
	泵出口法兰垫子刺坏	做好泵的保养维护
	管线腐蚀穿孔、爆裂	做好管线的检测防护工作，认真按时检查仪表，确保灵活可靠
	压力表损坏	认真按时检查仪表

（七）泵机组烧毁事故

泵机组烧毁事故致因与处置措施见表 7 - 14。

表 7 - 14　泵机组烧毁事故致因因素与防控措施

事故名称	主要致因因素	防控措施
泵机组烧毁事故	润滑油或润滑脂不足或变质	及时检查和补充润滑油、润滑脂
	泵抽空或供液不足	及时检查罐的液位、泵的进口闸板、进口过滤器等，防止泵抽空及供液不足
	电压过高或过低	按时检查过载保护装置
	电机线圈绝缘损坏，发生短路	工作电压在规定范围以内
	泵超负荷运行	定期保养泵机组
	泵维修质量不高	定期保养泵机组
	冷却水不足，轴瓦过热	机组停机 24h 以上，启动前必须测量电机的绝缘电阻，保证其符合要求
	违章操作	严格执行操作规程

（八）压力容器泄漏着火事故

压力容器泄漏着火事故致因与处置措施见表 7 - 15。

表 7 - 15　压力容器泄漏着火事故致因因素与防控措施

事故名称	主要致因因素	防控措施
压力容器泄漏着火事故	压力容器有裂缝、穿孔	压力容器应有使用登记和检验合格证
	容器超压	按压力容器操作规程进行操作
	安全附件、工艺附件失灵或与容器结合处渗漏	严格执行工艺操作规程
	工艺流程切换失误	工艺切换严格执行相关操作规程
	容器周围有明火	容器周围严禁明火，需要明火作业时，需经安全技术部门批准，采取一定预防措施后，方可动（用）火

续表

事故名称	主要致因因素	防控措施
压力容器泄漏着火事故	周围电路有阻值偏大或短路等故障发生雷击起火	定期对容器周围电路进行维护保养
	有违章操作(如使用非防爆手电,使用非防爆工具,不按规定穿戴劳保服装等)现象	严格执行各类安全操作规程;定期检修各种工艺附件;定期检验安全附件,并有检验合格证;制定事故处理应急预案;一旦发生泄漏、着火,要立即切断油源、火种;配备正压式呼吸器和防火服;防雷和防静电设施性能良好,有检验合格证

(九)压缩机装置爆炸着火事故

压缩机装置爆炸着火事故致因与处置措施见表 7 - 16。

表 7 - 16 压缩机装置爆炸着火事故致因因素与防控措施

事故名称	主要致因因素	防控措施
压缩机装置爆炸着火事故	压缩机装置启运前,未置换工艺流程内的空气	新投运、检修后投运或长时间停产后投运的压缩机装置,要用惰性气体或天然气对工艺流程内的气体进行置换
	压缩机装置有渗漏点	一旦爆炸着火,要立即切断气源、火种
	压缩机装置发生机械故障	定期对压缩机装置进行维护
	安全附件、工艺附件失灵或与压缩机装置结合处渗漏	定期检验安全附件,并有检验合格证
	工艺流程切换失误	工艺切换严格执行相关操作规程
	压缩机装置电路有阻值偏大或短路等故障	定期对压缩机装置电路进行维护保养
	压缩机装置周围有明火	压缩机装置区周围严禁明火需要明火作业时,需经安全技术部门批准,采取一定预防措施后,方可动(用)火
	未按照压缩机操作规程操作	按压缩机装置操作规程进行操作
	有违章操作(如使用非防爆手电,使用非防爆工具,不按规定穿戴劳保服装等)现象	严格执行各类安全操作规程制定事故处理应急预案;防静电设施性能良好,有检验合格证;严格执行巡回检查制度;定期检修各种附件,确保灵活好用;配备正压式呼吸器和防火服

二、油气站场主要风险削减措施

(1)为防止油气生产设施超压,在井下、地面设置高、低压安全截断阀;对水套加热炉进行监视,并且进行熄火保护。

(2)天然气集输生产过程为密闭流程。正常情况下不存在 H_2S 气体泄漏问题,事故状态偶然泄漏和停工检修时才可能产生有毒气体的危害问题。集输站场配置固定式 H_2S 监测仪,24h 连续监测现场空气中 H_2S 浓度,探头可以根据现场气样测定点的数量来确定;监测仪探头置于现场 H_2S 易泄漏区域,主机安装于远离现场的控制室。配备便携式 H_2S 监测仪,正压式呼吸器和检修时用的现场通风机,防毒面具等,以降低或消除含硫气体对操作人员健康的危害。当现场 H_2S 浓度持续上升无法控制时,应立即疏散无关人员,实施应急方案,同时通知附近居民,迅速疏散到安全地区。

(3)站场工艺装置按 2 区防爆危险场所的电气装置设计、选型。其电气安装按 GB 50257—2014《电气装置安装工程爆炸和火灾危险环境电气装置施工及验收规范》有关要求进行施工和验收。

(4)站场均设移动式灭火装置,作业区和矿部设水消防。

(5)站内设置静电接地装置和防雷接地装置。

(6)采用零泄漏阀门。

(7)采用监控与数据采集系统(SCADA 系统),对场站工艺过程、设备状态进行监控、检测、数据采集并设有安全联锁装置。

(8)天然气站场内设有安全检修置换口。在正常检修情况下,利用精华天然气可将检修管道、设备内硫化氢气体通过放空管线燃烧后排放,达到安全检修的目的。

(9)站场从安全设置和防止硫化氢泄漏方面考虑,共设三级安全系统,即系统安全报警、系统安全截断和系统安全放空。通过站内设置的压力和硫化氢浓度等监测信号,可实现站场安全报警和安全截断;当报警和井口截断仍未处理事故时,系统实现安全放空。

(10)进站管道上设紧急切断系统(Emergency Shutdown System,ESD)截断阀,在管线发生事故或站场发生火灾时可紧急自动截断,以实现在事故状态下对站场的保护。

(11)工艺设备采用相应等级的防爆设备。站内的电气设计按防爆等级采用防爆电器,防雷和防静电以避免可能泄漏的油气遇火花而产生的爆炸。

(12)站场的总体布置按设计规范进行,保持各区的安全距离,综合值班室(含生活区)布置于前井场,并设有事故情况下的消防通道和疏散口。

(13)各站场根据所需实现的功能分区块设计,各装置区之间采用消防道路进行隔离。

(14)为确保站场安全,设有安全放空设施,在事故状态、检修等情况下可自动放空。

习　题

1. 油气站场的主要安全防范措施包括哪些?

2. 油气集输站场主要工艺环节包括哪些危害?

3. 输油泵的常见故障及其处理方法包括哪些?

4. 输气站场一般运行风险削减与控制措施包括哪些?

5. CNG 加气站工艺设施的安全保护措施包括哪些?

6. 试论述 LNG 液化装置风险削减与控制措施?

7. 储油罐冒顶事故的主要控制措施包括哪些?

第八章 油气储运静电防控与"三防"措施

课程导入 桑武——挺身犯险,带队关阀

　　《烈火英雄》影片中表现出了消防员们不怕牺牲顽强拼搏的感人场面,最让人动容的当数黄晓明饰演的消防员江立伟进入火场徒手关闭油罐阀门的场景。这个带队的人的原型就是大连保税区消防支队大队指导员桑武。整整八个小时,他与战友们用双手转动阀门32万圈,终于关闭了阀门,为战胜大火做出决定性的贡献。与江立伟不同的是,桑武不仅出色地完成了任务,还安全离开了火场。但是在他的手上,永远留下了伤疤,他的右手手背几乎完全烧伤。截至2015年,桑武已入伍16年,共参加救援行动2900余次,解救遇险被困群众900余人。先后荣立个人一等功1次、个人三等功4次;被公安部授予"灭火勇士"荣誉称号;2013年,获得央视颁发的全国"最美消防员"称号;2015年获第19届"中国青年五四奖章"。荣誉给他带来的不仅仅是动力还给了他不小的压力。桑武说:"在自己的岗位上,我要有担当、有血性,在需要我的时候我要敢于站出来、甘于奉献、甘于牺牲。虽然危险过后我们也会害怕、也会有牢骚,但是在需要的时候我们冲上去了。"

桑武关阀现场图

第一节 油气储运静电事故风险防控措施

　　2020年11月23日,一加气站员工在引导车辆有序排队时,发现一辆白色厢式货车后车厢不断有液体渗漏到地面,并有白色气体从车厢中向四周扩散。发现这一异常后,加气站员工立即通知厢式货车驾驶员,驾驶员在将车窗摇下的一瞬间,车辆瞬间轰燃,火焰顺势向四周扩散,将加气员以及周围车辆瞬间吞噬。这是发生在油气管道下游产业的事故,而由静电引发的储罐、油气管道着火爆炸事故同样屡见不鲜,静电防控对于油气管道来讲具有重要意义。由于静电普遍存在,所有油气田、油气长输管道、油气加工与销售公司均把削减静电危害作为工作重点。

一、静电的产生与放电形式

(一)静电的产生

静电现象:由于带电体的静电场作用而引起的静电放电、静电感应、介质极化以及静电力作用等诸物理现象的统称。

静电起电:由于物体的接触分离、静电感应、介质极化和带电微粒的附着等原因,物体正负电荷失去平衡或电荷分布不均,而在宏观上呈现带电的过程。

静电产生方式包括物体的接触分离带电、摩擦起电、静电感应带电、其他原因带电。

1. 物体的接触分离带电

接触起电是指两个物体相互接触、不发生摩擦,当两个物体重新分开后所产生的静电起电现象。两种物体表面相互接触时,存在着接触电位差,在界面层会发生电荷转移。当电荷转移形成的反向电位差与接触电位差大小相等时,电荷转移达到动态平衡。

两个物体重新分开后,每一物体都带有与接触前相比过量的正电荷或负电荷。两种材料接触时,它们的接触电位差应与它们的功函数之差成正比。接触起电的结果应该是功函数高的材料带负电,功函数低的材料带正电。高聚物的静电现象主要是由接触起电和摩擦起电引起的。

2. 摩擦起电

摩擦只不过是接触分离的一种特殊形式。摩擦的作用仅在于增加两种物质达到一个分子距离以下的接触面积,再把两物体分开时就各带有不同符号的静电。在实际生产中,如管道内流体与管壁的摩擦起电、皮带传动起电、密封圈摩擦起电等。

3. 静电感应带电

电场作用在中性导体时,该导体的自由电子受到电场力的作用将逆着外电场的方向移向导体的一端,而另一端即显正电,这个现象称为静电感应。

4. 其他原因带电

其他原因带电包括极化带电、破碎带电、压电和热效应带电、剥离带电、吸附起电等。

(二)静电的放电形式

静电的放电形式包括电晕放电、刷形放电、火花放电、沿表面放电、传播型刷形放电[8]。

1. 电晕放电

电晕放电是在非均匀电场中电场强度极高的部分发生局部电离的放电。电晕放电一般伴随着微弱嘶嘶声与发光。(发生电晕放电曲率半径小于1mm)

2. 刷形放电

一般是随着"啪"的较强声响与树枝状发光的放电,在带电很多的物体(一般为非导体)与其离数厘米以上的较平滑形状的接地导体之间易产生这种放电。

易发生刷形放电的场所如下：

(1)油品鹤管装车时,如果金属鹤管不放入底部,当带电油面接触金属鹤管头时,易发生刷形放电。

(2)聚丙烯与聚乙烯粉体料仓内的如果有金属尖端突出物(如音叉料位计),当料面与其接触时,易发生刷形放电。

(3)油罐内如果有金属尖端突出物,当油面与其接触时,易发生刷形放电。

(4)用蒸汽吹扫油罐等易燃易爆场所时,当蒸汽空间电场强度达到 1.0kV/cm 时,易发生刷形放电。

(5)接地的钢带检尺尺与带电油面接触时,易发生刷形放电。

(6)氢气、乙烯气体、液化气、丙烯气体等可燃气体在高压喷出时,当空间电场强度达到 1.0kV/cm 时,易发生刷形放电。

3. 火花放电

在带电物体与接地导体的形状都较平滑时,伴随着强烈的声响和一条发光而在大气中突然产生的放电。

易发生火花放电的场所如下：

(1)油品鹤管装车时,如果车体不接地,带电的车体与接地的金属体会发生火花放电。

(2)带电的人体与接地导体接触时,会发生火花放电。

(3)油罐内的孤立导体带电后与罐壁接触时,会发生火花电。

(4)用蒸汽清洗油槽车时,蒸气胶管前端的金属管若没有接地,金属管带电后与接地的槽车接触时,会发生火花放电。

(5)油罐采样时,如果采样绳为绝缘绳,当采样器带电后就会与油罐采样口处的接地体发生火花放电。

(6)用金属桶接油时,如果金属桶不接地,当金属桶带电后就会与接地体发生火花放电。

4. 沿表面放电

在带电物体背面附近有接地导体,带电物体表面电位上升被抑制的情况下,带电量非常大时,沿着带电物体表面发生的放电。在接地导体接近带电物体表面时产生了空气中放电,以此为契机,沿表面放电几乎同时产生。

5. 传播型刷形放电

当液体与固体或者固体与固体相对运动较快时,则为在固-液接触面和固-固接触面产生传播型刷形放电,传播刷形放电的能量较高,具有较强的引燃能力。

易发生沿面放电的场所如下：

(1)聚烯烃粉体料仓等容器黏壁易发生传播型刷形放电。

(2)橡胶输送传输带放电易发生传播型刷形放电。

二、静电危害的产生与防控措施

油品在输送过程中互相分离和摩擦时会产生静电,电导率小,油品积聚电荷的能力很强,而石油产品的电阻率很高,一般在 $10^{12}\Omega\cdot cm$ 左右。静电的危险性主要体现在静电放电会引起爆炸和火灾,当油品积聚的静电电压很高时出现静电火花,发生放电,在有可燃物存在的场所会引起爆炸和燃烧。喷射气体和液体时,带静电微粒放电引起爆炸;带电油品灌装绝缘容器发生爆炸;由于静电引起的爆炸事故有灌装油品时,在接地不良的容器内部发生爆炸;当人体接近带电物体或带静电电荷的人体接近接地体的时候,会由于静电放电造成人体被电击。

(一)油品静电产生条件

油品在收发、输转、灌装过程中,油品分子之间和油品与其他物质之间的摩擦,会产生静电。其电压随着摩擦的加剧而增大,如不及时导除,当电压增高到一定程度时,就可能会因为静电放电而引起油品着火爆炸。静电电压越高越容易放电。电压的高低或静电电荷量大小主要与下列因素有关:

(1)灌油流速越快,摩擦越剧烈,产生静电电压越高。

(2)空气越干燥,静电不容易消除,电压越容易升高。

(3)油管出口与油面的距离越大,油品与空气摩擦越剧烈,油流对油面的搅动和冲击越厉害,电压就越高。

(4)管道内壁越粗糙,流经的弯头阀门越多,产生静电电压越高。油品在输转中含有水分时,比不含水分产生的电压高几倍到几十倍。

(5)非金属管道,如帆布、橡胶、石棉、水泥、塑料等管道比金属管道更容易产生静电。

(6)管道上安装滤网其栅网越密,产生静电电压越高。稠毡过滤网产生的静电电压更高。

(7)大气的温度较高(22~40℃),空气的相对湿度在13%~24%时,极易产生静电。

(8)在同等条件下,轻质燃料油比润滑油易产生静电。

【实例分析】

某成品油企业2年内发生3起用蒸汽洗苯、汽油储罐的闪爆事故,在储罐没有充分通风排空的情况下就开始清洗作业,蒸汽压力约在0.6MPa,如图8-1所示,爆炸事件都是在刚开始作业不久的时间。分析这3起事故的原因,主要是由于:

(1)使用非防静电胶管,且胶管前端金属头没有接地。由于使用了非防静电胶管,从而存在胶管和储罐接触产生静电的条件,而胶管前端没有接地,导致静电不能导流到地下,形成了静电积累。满足了形成静电危害的第一条。

(2)由于是蒸汽洗苯、汽油储罐作业,注入的蒸汽与储罐内的可燃气体混合,达到了爆炸极限,满足了形成静电危害的第二条。

(3)模拟实验中,胶管前铜质T型头带电1.8~4.5kV,计算储能0.21~1.31mJ。因此在胶管摆动中,喷头极易产生引燃性放电。满足了形成静电危害的第三条。

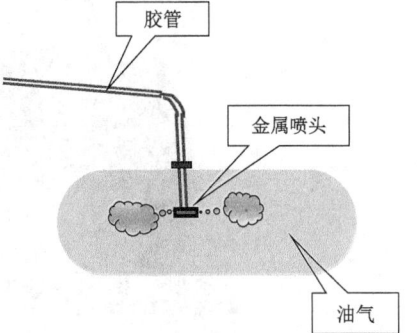

图8-1　蒸汽洗苯、汽油储罐闪爆事故示意图

（二）静电危害防控措施

防止静电危害的主要措施有接地、灌装伸入底部、防静电专用胶管等 13 项措施。

1. 接地

由于油品储运过程管线、过滤器、油罐等都会产生静电，因此，管线、过滤器、油罐等必须接地。对罐底接地线的接地电阻应及时测定，保证不大于 10Ω（包括静电及安全接地），否则应及时采取措施，降低接地电阻。立式油罐的接地极按油罐圆周长计，每 18m 一组，卧式油罐接地极应不少于两组，如图 8 - 2 所示。

(a)立式油罐接地   (b)卧式油罐接地

图 8 - 2　立式和卧式油罐接地

长距离管道接地要求为：

（1）长距离无分支管道应每隔 100m 接地一次。

（2）平行管道净距小于 100mm 时，应每隔 20m 加跨接线。

（3）当管道交叉且净距小于 100mm 时，应加跨接线。

2. 灌装伸入罐底部

向油罐、油罐汽车、铁路槽车装油时，注油管口延伸到底部，预防喷溅产生静电，预防油面对注油口的放电，如图 8 - 3 所示。

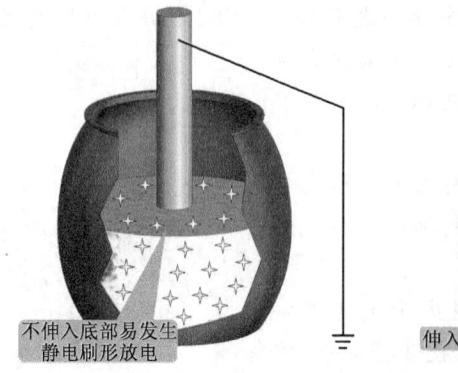 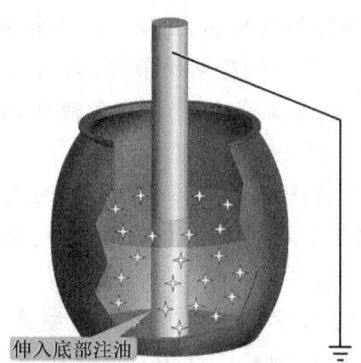

不伸入底部易发生静电刷形放电　　　伸入底部注油

(a)错误，易产生静电   (b)正确，不易产生静电

图 8 - 3　灌装伸入底部的错误和正确展示

3.防静电专用胶管

装油鹤管应采用防静电专用胶管,并伸至油罐底部。

4.控制流速

(1)油品中含水量在1%~5%范围时,进罐流速不得超过1m/s。

(2)油罐:在注入口未浸没前,初始流速不应大于1m/s,当注入口浸没200mm后,可逐步提高流速,但最大流速不应超过7m/s。

(3)火车与汽车槽车:鹤管埋设前流速≤1m/s;鹤管埋设后流速<0.5m/s(汽车),<0.8m/s(火车)。

5.使用防静电添加剂

在电子、电气设备上的应用抗静电添加剂是用于防止静电积累的一种化学品,它是由多种物质混合而成。抗静电剂一般由两种或多种导电性能不同的物质按一定比例配合而成。主要包括炭黑、石墨化碳素、金属氧化物、有机聚合物等。

6.静置时间

静电静置时间是指在有静电危险的场所进行生产时,由设备停止操作到物料(如液体)所带静电消散至安全值以下,允许进行下一步操作所需要的时间间隔。

(1)汽车、铁路罐车不得少于2min;

(2)50m³及以下油罐不得少于3min;

(3)50~5000m³油罐不得少于10min;

(4)5000m³以上油罐不得少于30min;

(5)微孔(30μm以下)过滤器距出油口的距离,应留有30s的静电消散时间(一般管线长度应在100m以上)。

7.增加湿度

在空气特别干燥、温度较高的季节,尤应注意检查接地设备,适当放慢速度,必要时可在作业场地和导静电接地极周围浇水。

8.采用液体静电消除器

当带电油品进入消静电管后,由于绝缘层的作用,对地电容变小,电压急剧升高,并在电介质管内壁形成一个畸型强电场区。由于静电感应作用,接地的金属外壳感应出与油内电荷极性相反的电荷并在集流放电针集聚。在高电位,强电场及油流湍流的作用下集聚在放电针上的反极性电荷通过针尖"注入"油中,进行电的中和消电的目的,如图8-4所示。

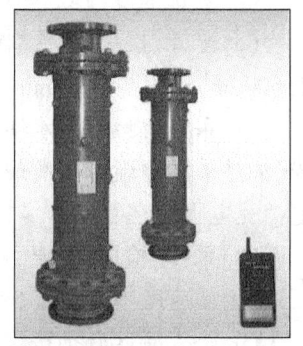

图8-4　管道静电消除器示意图

9.采用防静电绳

采样、测温绳必须是防静电绳,且接地良好。防静电绳是一种用于石油化工企业使用的防静电型采样、测温、检水绳。其导电性能良好,能使采样、测温、检水作业中产生的电荷很快泄露和分散,从而可有效防止静电局部蓄积,避免静电事故的发生。符合 GB/T 12158—2006《防止静电事故通用导则》等国家标准。

10. 油罐中不能有孤立导体存在及尖端突出物

油罐中不允许出现孤立导体存在及尖端突出物,孤立导体存在及尖端突出物会与罐壁发生碰撞而产生静电积聚,容易引发静电事故,所以应定期检查油罐中是否有异物。

11. 本安型人体静电消除器

在油库和长输管道站场等场所,一般装有本安型静电消除器,在登罐、进入增压泵房等场所时应提前触摸本安型人体静电消除器,人体带电后与金属接地体接触时会发生静电火花放电,将身体带电导入大地。本安型人体静电消除器如图 8 – 5 所示。

图 8 – 5　本安型人体静电消除器示意图

12. 内浮顶油罐防静电对策

(1)在浮盘浮起前,油品流速不得大于 1m/s;在浮盘浮起后,油品流速不得大于 4.5m/s(实际流速要进行计算)。

(2)向外付油时,液位最低高度不得低于浮盘高度。

(3)不得用压缩风向罐内扫线。

(4)用蒸汽扫线时,阀门先开 1 ~ 2 扣,让蒸汽慢慢进入油罐,当油罐上部通气孔见到蒸汽后,方可开大阀门。

(5)禁止油罐内进入氢气、C_3、C_4 等轻组分气体。

(6)采样、检尺、测温、检水等作业,必须要保持静置时间(50 ~ 5000m^3 不得少于 10min、大于 5000m^3 不得少于 30min),禁止动态采样、检尺、测温、检水等作业。

(7)采样、测温、检水使用的采样绳必须采用防静电型采样绳,防静电型采样绳的阻值应按《油品采样测温绳技术条件及采样测温作业静电安全规程》(Q/SY 1317—2010)第 4.3 条规定:"比电阻应在 1×10^3 ~ $1 \times 10^6 \Omega/m$ 之间,全长电阻不应大于 $10^8 \Omega$"。

(8)采样、检尺、测温、检水等作业时,钢带尺、采样绳必须可靠接地;下落速度不得大于 1m/s,上提速度不得大于 0.5m/s。

(9)进入罐区必须按规定着装,上罐作业前必须先泄放人体静电。

(10)油罐的上罐扶梯入口、油罐采样口处(距采样口不少于 1.5m)应设置本安型人体静电消除器。本安型人体静电消除器的电荷转移量不得大于 0.1μC。

第二节　油气储运"三防"措施

在油气储运生产中,主要储运的是石油、天然气、凝析油、轻烃等易燃、易爆、易蒸发的介质,部分油气田所生产的天然气(石油伴生气)中含有硫化氢有毒气体,这些相对危险的介质在储运、装卸等环节中容易发生跑、冒、滴、漏等现象,从而引发火灾、爆炸、中毒等事故,严重威胁生命财产安全。为了有效预防此类事故的发生,本章介绍防火、防爆、防中毒(简称"三防")的相关知识及"三防"措施。

一、防火防爆措施

(一) 燃烧

1.燃烧的概念

燃烧是指可燃物质与氧气或氧化剂化合时产生的伴有发光、发热的剧烈的氧化反应。

燃烧在本质上属于氧化—还原反应,参加燃烧反应的反应物必须包含有氧化剂和还原剂,也就是通常所说是助燃物和可燃物。燃烧反应的特征是放热、发光、生成新物质,这三个特征是区分燃烧和非燃烧现象的依据。

燃烧这种现象在日常生活中是经常可以看到和感觉到的,如木材的燃烧、蜡烛的燃烧、天然气燃烧、油品燃烧等。

2.燃烧的条件

燃烧必须具备以下三个条件:有可燃物质存在(固体燃料如煤,液体燃料如汽油,气体燃料如甲烷);有助燃物质的存在,通常的助燃物质有空气、氧气等;有导致燃烧的能源,即点火源,如撞击、摩擦、明火、高温表面、发热自燃、绝热压缩、电火花、光和射线等。可燃物质、助燃物质和点火源也称为燃烧的三要素。三者只有同时存在,相互作用燃烧才有可能发生,缺少其中任一要素,燃烧都不能发生。

(1)可燃物质。

一般来说,不论固体、液体还是气体,凡能与空气中的氧或其他氧化剂起剧烈化学反应,同时发光放热的物质,都称为可燃物质。可燃物质的种类繁多,按其状态不同可分为固态、液态和气态三类。若按其分子结构分类,可分为无机可燃物质和有机可燃物质两类。

可燃固体或液体需先汽化再燃烧。如木材、煤炭等是在其受热分解出气体后才燃烧的;石蜡、沥青等受热熔化,产生表面蒸发而燃烧。可燃气体的周围的空气供给氧气,并由空气扩散而进行的燃烧称为扩散燃烧。由于扩散燃烧只能从周围空气中获得氧气,故易受气流影响,燃烧往往并不剧烈,气流一定时燃烧比较稳定。而混合燃烧则是可燃气体与空气充分混合后发生的。因此,这种燃烧是突发性的。

(2)助燃物质。

凡是和可燃物质发生氧化反应,并引起燃烧的物质,均可称为助燃物质。与可燃物不同,助燃物本身不会燃烧,它只是能帮助和支持可燃物燃烧的物质,如氧气、过氧化钠、过氧化钾、高锰酸钾等。

（3）火源。

凡能引起可燃物质与氧气或助燃物质发生燃烧反应的热源,称为火源。引起火灾的火源主要有以下两类:

①直接火源:如明火、电火花或摩擦、碰击火花、雷电等。

②间接火源:如加热自燃起火、本身放热自燃起火等。

燃烧的三要素只是燃烧的必要条件。要使燃烧能持续发生和蔓延,还必须达到另外两个条件:

①可燃物质和助燃物质达到一定的数量和浓度。对于一般可燃物质,空气中氧的浓度小于14%时,通常不会发生燃烧。甲烷在空气中的浓度小于1.4%或是空气中的氧浓度小于12%时,甲烷都不会燃烧。对于固体物质,通常用氧指数来评价其可燃性。氧指数,又称临界氧浓度(COC)或极限氧浓度(LOC)。

②点火源必须具备一定的强度。电焊火花的温度可达1200℃,能点燃可燃气体与空气的混合物、易燃液体和油面纱等,但却不能点燃木材、煤炭等,这说明了可燃物质不同,需要的引燃火源的强度也不同。引起一定浓度可燃物质燃烧的最小能量称为该物质的最小点火能量。如点火源的能量小于该物质的最小点火能量,就不能引燃该物质。最小点火能量是衡量可燃气体、蒸气或粉尘燃烧爆炸的主要危险参数。

可燃物质、助燃物质和点火源必须同时存在、相互作用燃烧才有可能发生的基本理论,是防火技术的根本依据。研究还表明,大部分燃烧的发生和发展除了具备上述三个必要条件之外,其燃烧过程中还存在着未受抑制的自由基作中间体,多数燃烧反应不是直接进行的,而是通过自由基团和原子这些中间产物瞬间进行的循环链式反应。自由基的链式反应是这些燃烧反应的实质,光和热是燃烧过程中的物理现象。一切防火技术措施都包括两个方面:一是防止燃烧必要条件的同时存在;二是避免其相互作用。而防火技术措施除了控制燃烧的三个必要条件,最重要的是如何控制链式反应的自由基。

3.燃烧的过程

可燃物质的聚集状态不同,其受热后所发生的燃烧过程也不同。除结构简单的可燃气体(如氢气)外,大多数可燃物质的燃烧并非是物质本身在燃烧,而是物质受热分解出的气体或液体蒸气在气相中的燃烧。

由可燃物质燃烧过程可以看出,任何可燃物的燃烧必须经过氧化、分解和燃烧等过程。从中可以看出,可燃气体最容易燃烧,其燃烧所需要热量只用于本身的氧化分解,并使其达到自燃燃点而燃烧;根据燃烧前可燃气体与氧混合状况不同,其燃烧方式可分为扩散燃烧和预混燃烧。可燃液体受热蒸发成蒸气,其蒸气被分解、氧化达到燃点而燃烧;可燃液体会产生闪燃现象,在含有水分、黏度比较大的重质石油产品中,如原油、重油、沥青油等发生燃烧时,有可能产生沸溢现象和喷溅现象。在固体燃烧中,如果是简单物质硫、磷等,受热后首先熔化,蒸发成蒸气进行燃烧,没有分解过程;如果是复杂物质,在受热时首先分解为气态和液态产物,其气态和液态产物的蒸气进行氧化分解着火燃烧;根据固体物质发生燃烧时的物理现象的不同,还可分为表面燃烧、阴燃和火焰型燃烧。

如木材在火源作用下,在110℃以下只放出水分,130℃开始分解、到150℃变色。在150~200℃时分解,其产物主要是水和二氧化碳,不能燃烧。在200℃以上分解出一氧化碳、氢和碳氢化合物,故木材的燃烧实际是从此时开始的。到300℃时分解出的气体产物最多,因此燃烧也最激烈。

4.燃烧的种类

(1)闪燃与闪点。

当火焰或炽热物体接近易燃或可燃液体时,液面上的蒸气与空气混合物会发生瞬间火苗或闪光,此种现象称为闪燃。由于闪燃是在瞬间发生的,新的易燃或可燃液体的蒸气来不及补充,其与空气的混合浓度还不足以构成持续燃烧的条件,故闪燃瞬间即熄灭。

闪点是指易燃液体表面挥发出的蒸气足以引起闪燃时的最低温度。闪点与物质的饱和蒸气压有关,物质的饱和蒸气压越大,其闪点越低。如果易燃液体温度高于它的闪点,则随时都有触及火源而被点燃的危险。闪点是衡量可燃液体危险性的一个重要参数。可燃液体的闪点越低,其火灾危险性越大。一般称闪点小于或等于45℃的液体为易燃液体,闪点大于45℃的液体为可燃液体,而闪点低于28℃的可燃物称为一级火灾危险品,如汽油、甲醇、乙醇、乙醚、苯、甲苯、丙酮、二硫化碳等。

(2)自燃与自燃点。

自燃是指可燃物质自发着火的现象。可燃物质在没有外界火源的直接作用下,常温中自行发热,或由于物质内部的物理(如辐射、吸附等)、化学(如分解、化合)、生物(如细菌的腐败作用)反应过程所提供的热量聚积起来,使其达到自燃温度,从而发生自行燃烧。

可燃物质在没有外界火花或火焰的直接作用下能自行燃烧的最低温度称为该物质的自燃点。自燃点是衡量可燃性物质火灾危险性的又一个重要参数,可燃物的自燃点越低,越易引起自燃,其火灾危险性越大。

一般说来,液体密度越小,闪点越低,而自燃点越高;液体密度越大,闪点越高,而自燃点越低。例如汽油、煤油、轻柴油、重柴油、蜡油、渣油,其闪点逐渐升高,但自燃点逐渐降低。

5.点燃与着火点

点燃也称强制着火,即可燃物质与明火直接接触引起燃烧,在火源移去后仍能保持继续燃烧的现象。物质被点燃后,先是局部(与明火接触处)被强烈加热,首先达到引燃温度,产生火焰,该局部燃烧产生的热量,足以把邻近部分加热到引燃温度,燃烧就得以蔓延开去。

在空气充足的条件下,可燃物质的蒸气与空气的混合物与火焰接触而能使燃烧持续5s以上的最低温度,称为燃点或着火点。对于闪点较低的液体来讲,其燃点只比闪点高1~5℃,而且闪点越低,二者的差别越小。通常闪点较高的液体的燃点比其闪点高5~30℃,闪点在100℃以上的可燃液体的燃点要高出其闪点30℃以上。物质燃点的高低,反映了该物质火灾危险性的大小。燃点低,火灾危险性大,反之则小。控制可燃液体的温度在其着火点以下,是预防发生火灾的主要措施。

(二)爆炸

1.爆炸的概念

爆炸是指一种极为迅速的物理或化学的能量释放过程,在此过程中,系统的内在势能转变为机械功及光和热的辐射等。爆炸做功的根本原因,在于系统爆炸瞬间形成的高温、高压气体或蒸气的骤然膨胀。爆炸的一个最重要的特征是爆炸点周围介质中发生急剧的压力突变,而这种压力突跃变化是产生爆炸破坏作用的直接原因。

2. 爆炸的分类

按爆炸形成的原因分,爆炸分为物理爆炸和化学爆炸。

(1)物理爆炸。

由物理变化、物理过程引起的爆炸称为物理爆炸。物理爆炸的能量主要来自压缩能、运动能、流体能、热能和电能等。气体的非化学过程的过压爆炸,液相的汽化爆炸,液化气体和过热液体的爆炸,溶解热、稀释热、吸附热、外来热引起的超压爆炸,流体运动引起的爆炸,过流爆炸以及放电区引起的空气爆炸等都属于物理爆炸。

(2)化学爆炸。

物质发生高速放热化学反应,产生大量气体,并急剧膨胀做功而形成的爆炸现象称为化学爆炸。化学爆炸的能量主要来自化学反应能。化学爆炸变化的过程和能力取决于反应的放热性、反应的快速性和生成的气体产物。

(三)防火防爆基本措施

油气田企业防火防爆的重要性是由其生产的特点和火灾爆炸事故的危险性决定的。做好防火防爆工作,可以起到预防、控制、消除或减少火灾爆炸事故危害的作用。防火防爆的基本原则,就是依据火灾爆炸的基本原理,对火灾爆炸风险采取的预防、控制和削减技术。根据前面有关燃烧爆炸基本原理,对防止油气火灾爆炸的基本原则主要有三条。

1. 控制燃烧爆炸条件形成

(1)根据物质的危险特性进行控制。

首先在工艺上进行控制,以火灾爆炸危险性小的物质代替危险性大的物质;其次根据物质的理化性质,采取不同的防火防爆措施。对本身具有自燃能力的物质,遇空气能自燃,遇水能燃烧、爆炸的物质,应分别采取隔绝空气、防水防潮或采取通风、散热、降温等措施,防止发生燃烧或爆炸。两种相互接触能引起燃烧爆炸的物质不能混存,更不准相互接触;遇酸碱能分解、燃烧、爆炸的物质要严禁与酸碱接触;对机械作用比较敏感的物质要轻拿轻放。对易燃、可燃气体或蒸气要根据它们对空气的相对密度采用相应的排空方法和防火防爆措施。对能产生静电的物质要采取防静电措施。

(2)防止可燃物外溢泄漏。

密闭设备系统是防止可燃气体、蒸气、粉尘与空气形成爆炸性混合物的最有力措施之一。对于有压设备,更需要保持其密闭性,防止可燃气体、蒸气、粉尘溢出到空气中。负压操作可有效地防止系统中的爆炸性气体、有毒气体向系统外的逸散,但在负压条件下,要防止系统的密闭性差,导致空气吸入系统内。特别是在打开阀门时,外界空气通过缝隙进入负压系统,达到气体混合物的爆炸极限而导致爆炸。防止设备管道的泄漏,必须在设备管道的运行过程中做好各种安全检查,定期检维修,并制定好制止突然泄漏的应急措施。

（3）通风置换。

在有火灾爆炸危险的场所内，尽管采取很多措施使设备密闭，但总会有部分可燃气体、蒸气或粉尘泄漏出来。采用通风置换、除尘可以降低场所内可燃物的含量，是防止形成爆炸性混合物的一个重要措施。

（4）安全监测及联锁。

①信号报警。在生产中，出现危险状态时，信号报警装置可以警告操作人员并使其采取措施，消除事故隐患。

②安全联锁。安全联锁是利用机械或电气控制依次接通各仪器或设备，并使之彼此发生关联，如当工艺控制参数达到某一危险值，立即启动紧急处理装置等。

③火灾爆炸监测装置。火灾爆炸监测装置主要是指火灾监测仪和爆炸监测仪。

2. 消除和控制火源

油气场站防止火灾爆炸事故最简单有效的措施是消除和控制一切火源。引起燃烧和爆炸的火源一般有明火、摩擦与撞击产生的火花、电气设备或静电放电产生的电火花、设备维修施工时焊接、切割产生的火花、雷电产生的火源等。为消除这些引起燃烧和爆炸事故的火源，采取的措施如下：

（1）建立严格的动火审批制度，未经许可不得在生产区内使用明火或进行焊接作业。

（2）防止摩擦或敲击产生火花。在敲击设备和管道时应使用防爆工具。

（3）使用防爆的电气设备。根据不同的爆炸和火灾等级，选用不同防爆等级的电气设备，照明灯具应采用防爆型。

（4）按规定对设备、设施进行接地，使产生的静电能迅速导入大地。

（5）安装避雷装置，并定期检查防雷设备，以防止设备被雷击造成事故。

（6）将设备和介质温度严格控制在规定范围，防止油气自燃、闪燃等，特别是含硫油气田，必须注意预防硫化铁的自燃。对设备内排出的硫化铁应用水润湿后进行处理。

3. 控制助燃物

相比较而言，在油气集输场站控制助燃物比控制可燃物和控制火源难度要大许多，因为谁也没有办法将生产场所与空气完全隔绝。但在有些情况下，可以将某一局部与助燃物质彻底隔绝，或是把助燃物的浓度降至安全界限以下。如在某一容器内动火，可以在作业前用氮气或惰性气体（二氧化碳、水蒸气等）将容器内的空气置换一下，然后在容器内动火作业，便不可能发生火灾事故。

（四）火灾扑救措施

根据物质燃烧的原理，燃烧必须同时具备三个条件：有可燃物质存在；有助燃物质存在；有能导致燃烧的能源即点火源的存在。在此基础之上，还应考虑到链式反应的自由基。对已经燃烧的过程，若消除其中任何一个条件，燃烧便会终止，这就是灭火的基本原理，可采用下列方法消除燃烧的基本条件。

（1）冷却灭火法。

冷却灭火法是根据可燃物质发生燃烧时必须达到一定温度这个条件，将灭火剂直接喷洒在燃烧的物体上,使可燃物的温度降低到燃点以下,从而使燃烧停止。

(2)隔离灭火法。

隔离灭火法是根据发生燃烧必须具备可燃物这一条件,将燃烧物与附近的可燃物隔离或疏散开,使燃烧停止。

(3)窒息灭火法。

窒息灭火法是根据可燃物需要足够的助燃物质(如氧气)这一条件,采取阻止助燃气体(如空气)进入燃烧区的措施;或用惰性气体降低燃烧区的氧气含量,使燃烧物因缺少助燃物而熄灭。

(4)抑制灭火法。

根据连锁反应理论,气态分子间的相互作用产生自由基,而抑制灭火就是抑制自由基。

二、防中毒措施

石油天然气勘探开发过程中常有一些有毒物质(硫化氢、醇类等),由于操作不当,设备管理不善或设备质量不合格,就会造成中毒事故发生,尤其是硫化氢中毒事故,在石油化工行业中占据各类中毒事故的榜首,本节重点介绍石油天然气勘探开发过程中防硫化氢中毒的基本知识。

(一)硫化氢的基本知识

1.硫化氢的来源

硫化氢是由硫和氢结合而成的气体。硫和氢都存在于动植物的机体中,在高温、高压及细菌的作用下,经分解可产生硫化氢。对油气井硫化氢的来源,可归结于以下几个方面:

(1)热作用于油层时,石油中的有机硫化物分解,产生出硫化氢。因地层埋藏越深,地温越高,硫化氢含量将随地层埋深的增加而增加。

(2)石油中的烃类和有机质通过储集层水中的硫酸盐的高温还原作用而产生硫化氢。

(3)通过裂缝等通道,下部地层中硫酸盐层的硫化氢上升,在非热采区,因底水运移,将含有硫化氢的地层水推入生产井而产生硫化氢。

(4)油气井钻井作业中,硫化氢的来源主要有:某些钻井液处理剂在高温热分解作用下,产生硫化氢;钻井液中细菌的作用;钻入含硫化氢地层等。

另外在石油天然气加工、集输场所,进行管线清洗、处理时,处理剂发生化学反应而产生硫化氢。

硫化氢气田在区域分布上,多存在于碳酸盐岩—蒸发岩地层中,尤其在与碳酸岩伴生的硫酸盐沉积环境中,硫化氢更为普遍。一般地讲,硫化氢含量随地层的增加而增大。在平面分布上,同一硫化氢气田,也差别很大。如四川卧龙河气田,在石炭统气藏硫化氢的含量在 $1500 \sim 4500 mg/m^3$ 之间,而气田南部,硫化氢含量仅为 $20 mg/m^3$,南北相差 $100 \sim 200$ 倍。华北油田冀中坳陷赵兰庄气田下第三系孔店组碳酸岩气藏硫化氢含量在 $10\% \sim 92\%$,四川卧龙河气田三叠系嘉陵江灰岩气藏硫化氢含量在 $9.6\% \sim 10\%$,最高的是美国南得克萨斯气田,硫化氢含量高达 98%。

2.硫化氢的理化性质

硫化氢是一种无色、有臭鸡蛋气味、剧毒、可燃、易爆的气体,其主要物理化学性质如下:

（1）硫化氢属无机化合物,分子式为 H_2S,相对分子质量为34.08。

（2）通常呈气态,沸点为60.2℃,熔点为82.9℃。

（3）有臭鸡蛋刺激气味,低浓度可闻臭鸡蛋味,高浓度可迅速麻痹嗅觉,致使人的嗅觉感觉不到,起不到警示作用。

（4）剧毒。毒性可与氰化钾相比,是一种致命气体。相对密度为1.189,比空气密度大,易在低洼处聚集。

（5）可燃。自燃温度260℃,燃烧时火焰呈蓝色,生成有毒物质二氧化硫（SO_2）。

（6）易爆。与空气混合,占空气体积的4.3%~45.5%时,形成爆炸混合物。

（7）易溶于水,也可溶于醇类、石油溶剂和原油中,溶解度随溶液温度升高而降低。

（8）硫化氢水溶液对金属有强烈的腐蚀作用。尤其是溶液中含有 CO_2 或 O_2 时,腐蚀更快。

3.硫化氢的暴露极限

（1）15mg/m³,几乎所有工作人员长期暴露在此浓度以下工作都不会产生不利影响的上限值,即阈限值。

（2）30mg/m³,工作人员暴露安全工作8h可接受的硫化氢最高浓度,即安全临界浓度。

（3）150mg/m³,硫化氢浓度达到此浓度时,对生命和健康会产生不可逆转的或延迟性的影响,即危险临界浓度。

（4）450mg/m³,硫化氢达到此浓度会立即对生命造成威胁,或对健康造成不可逆转的或滞后的不良影响,或将影响人员撤离危险环境的能力,即对生命或健康有即时危险的浓度。

（5）750mg/m³,硫化氢致人死亡的浓度。

4.硫化氢对人体的危害

（1）慢性中毒。

人体暴露在低浓度硫化氢环境(如75~150mg/m³)下,将会慢性中毒,症状是头痛、晕眩、兴奋、恶心、口干、昏睡、眼睛剧痛、连续咳嗽、胸闷及皮肤过敏等。长期在低浓度下工作会引起结膜炎和角膜损害,也可能造成人员窒息死亡。

（2）急性中毒。

吸入高浓度的硫化氢气体会导致气喘,脸色苍白,肌肉痉挛;当硫化氢浓度大于 10^{50} mg/m³ 时,人很快失去知觉,几秒后就会窒息,心脏停止,如果未及时抢救,会迅速死亡。浓度越高,全身性作用越明显,表现为中枢神经系统症状和窒息症状。当硫化氢浓度大于3000mg/m³时,只要吸一口,就会立即死亡。不同浓度硫化氢对人体的危害见表8-1。

表8-1　硫化氢对人体的危害

硫化氢浓度,mg/m³	人体的反应
0.195	能闻到臭鸡蛋气味
15	阈限值,闻到更浓的臭鸡蛋气味
22.5	15min 短期暴露极限
30	安全临界浓度,刺激呼吸道
75	15min 后嗅觉丧失

续表

硫化氢浓度,mg/m³	人体的反应
150	危险临界浓度,3～15min 嗅觉丧失
450	立即危害生命或健康
750	短期暴露后不省人事,如不迅速处理就会停止呼吸
1050	意识快速丧失
1500	立即丧失知觉

(二)硫化氢的检测与防护

1.硫化氢的检测方法

发觉硫化氢的气体的方法有可以分为三类。虽然鼻子可以嗅到空气中硫化氢气体的存在,但当硫化氢浓度达到 6.9mg/m³,会使人的嗅觉钝化,因此不应采用闻嗅的方式进行硫化氢的检测。

(1)化学方法。

①醋酸铅试纸法:此方法为定性方法。将试液涂在白色试纸上,试纸仍为白色,当与硫化氢气体接触时,会变成棕色或黑色。

②安培瓶法:此方法为定性、半定量测量方法。安培瓶内装有白色醋酸铅固体颗粒,瓶口由海绵塞住,硫化氢气体可通过海绵侵入瓶内与醋酸铅固体颗粒反应,使醋酸铅固体颗粒变黑。

③抽样检测管法:此方法为定量方法。检测管由厂家专门生产的,管内装有浸过醋酸铅的固体颗粒。当含有硫化氢气体的空气通过检测管时,空气中硫化氢的含量越高,检测管变黑的长度就越长,可以在检测管上的刻度上读取数据。

(2)电子探测法。

电子探测仪类型很多,价格昂贵。一般电子探测仪都具有声光报警和硫化氢含量显示功能、有的还能实现远距离控测,可分为便携式和固定式两种。

(3)生物监测法。

用生物监测硫化氢的存在是一种辅助监测方法,它不能测定毒气种类和含量,只能显示可能有毒气或窒息性气体的存在。

2.硫化氢的防护措施

(1)对员工进行硫化氢防护的技术培训,了解硫化氢的理化性质、中毒机理、主要危害和防护及现场急救方法,提高员工对硫化氢溢出的危害的认识及防护能力。

(2)油气管道和场站应有正确的设计、施工以及严格规范的管理,避免有毒物质的泄漏。

(3)如需进入密闭空间内施工作业,应事先对密闭空间进行通风、置换、吹扫等,并用硫化氢检测仪进行检测,当密闭空间内硫化氢含量小于 10mg/m³ 时才允许进入。

(4)在可能产生硫化氢的场所设立防止硫化氢中毒的警示标志和风向标,作业员工尽可能在上风口位置作业。

(5)配备硫化氢自动监测报警器,或作业人员配备便携式硫化氢监测仪,并保证报警器和监测仪灵敏可靠。

(6)在可能产生硫化氢场所工作的员工每人应配备防毒面具或空气呼吸器,并保证有效使用。

(7)在有可能产生硫化氢场所作业时,应有人监护;一旦发生硫化氢急性中毒,在保证自身安全条件下,立即实施救护。

(8)必须对作业区周边的居民住宅、学校、厂矿等情况进行调查,并告知可能会遇到硫化氢溢出危害,当这种危害发生时,应有可行的通信联系方法,通知上述人员迅速撤离。

3. 硫化氢防护设备

当作业环境中硫化氢浓度有可能超过 $15mg/m^3$ 或二氧化硫浓度有可能超过 $5.4mg/m^3$ 时,作业人员皆应使用个人防护设备。常用的硫化氢防护的呼吸保护设备主要分为隔离式和过滤式两大类。隔离呼吸保护设备有自给式正压式空气呼吸器、逃生呼吸器、移动供气源、长管呼吸器;过滤式的有全面罩式防毒面具、半面罩式防毒面具。

(三)硫化氢中毒现场急救措施

硫化氢中毒的抢救和护理措施包括:

(1)进入毒气区抢救中毒人员之前,自己应首先戴上防毒面具,否则,自己也会成为中毒者。

(2)立即将中毒者从硫化氢分布的现场抬到空气新鲜的地方,当其被转移到新鲜空气区后能立即恢复正常呼吸者,可认为中毒者已迅速恢复正常。呼吸和心跳完全恢复后,可给中毒者饮用兴奋性饮料,如浓茶或咖啡,而且要有专人护理。如果眼睛受到轻度伤害,可用干净水彻底清洗,也可进行冷敷。

(3)如果中毒者没有停止呼吸,应保持中毒者处于休息状态,有条件的可给予输氧。在等待医生或运送医院抢救途中,应注意保持中毒者的体温,不能乱抬背,应将中毒者放于平坦干燥的地方就地抢救。

(4)如果中毒者已经停止呼吸和心跳,应立即不停地进行人工呼吸和胸外心脏按压,直至呼吸和心跳恢复或者医生到达,有条件的可使用回生器(又称为恢复正常呼吸器)代替人工呼吸。

习　题

1. 形成静电危害的条件是什么?
2. 静电危害的防控措施包括哪些?
3. 燃烧的条件是什么?爆炸极限的含义是什么?
4. 硫化氢的暴露极限是什么?
5. 硫化氢中毒的抢救和护理措施包括哪些?

第九章　油气储运安全事故应急管理

中俄东线天然气管道——我国四大能源通道之一

中俄东线天然气管道全长 5111km，北起黑龙江省黑河市，途经 9 个省、自治区、直辖市，南至上海。其中新建管道 3371km，钢铁总用量相当于 280 座埃菲尔铁塔。管道年设计输量 $380 \times 10^8 m^3$，是目前世界上单管输量最大的长输天然气管道。到 2025 年时，每年可向东三省、京津冀、长三角等地区稳定供应天然气 $380 \times 10^8 m^3$，可满足一亿三千万户城市家庭一年的用气需求，每年可减少二氧化碳排放量 $1.64 \times 10^8 t$，减少二氧化硫排放量 $182 \times 10^4 t$。中俄东线是我国首条采用 1422mm 超大口径、X80 高钢级、12MPa 高压力等级、具有世界级水平的天然气管道工程，建设过程先后攻克了工程设计、管材制造、建设施工等技术难题，全面推动管道核心控制系统和关键设备国产化，首次将 18m 加长钢管应用于我国油气长输管道建设；全面推广应用全自动化焊接、全自动超声波检测、全机械化防腐补口技术，焊口一次合格率达到 98% 以上，高于国家优质工程标准 3 个百分点。基于大数据、物联网等新一代信息技术，该工程集成项目全生命周期数据，实现管道从建设期到运营期的数字化、网络化、智能化管理，管道事故的应急处置也有望实现智能化，是我国新一代智能管道的样板工程。

中俄东线天然气管道铺管作业现场图

第一节　应急管理的基本原则与任务

应急管理应以"以人为本，减少危害；居安思危，预防为主；统一领导、分级负责；依法规范、加强管理；企地联防、资源共享；依靠科技，提高素质"为原则，优化应急资源配置，降低事故风险。

基于突发事件生命周期和应急管理链条式闭环过程,可以构建一个过程性框架,将应急管理的重点任务分为11项。

这11项重点任务,共同构成了各级党委、政府和领导干部全面做好新时代应急管理工作的任务书、责任单、能力表。

11项重点任务中,源头防范、风险管控、应急准备,主要是突发事件事前阶段的任务;监测预警介于事前阶段与事中阶段两者之间,主要是突发事件"将发未发"时段的任务;事态研判、信息报告、决策部署、组织指挥、舆论引导,主要是突发事件事中阶段的任务;恢复重建、调查学习,主要是突发事件事后阶段的任务。当然,这11项重点任务的划分是相对的,有的任务(如应急准备、事态研判、信息报告、舆论引导)贯穿在突发事件应对的全过程。

(1)源头防范——"水在火上,既济。君子以思患而预防之。"源头防范是最经济、最有效、最安全、最根本的应急管理工作,是应急管理的关口再前移。"安而不忘危,治而不忘乱,存而不忘亡。"做好预防防范,要求我们牢固树立安全发展理念,坚持统筹发展和安全两件大事,从根本上避免或减少突发事件的发生。

(2)风险管控——"千丈之堤,以蝼蚁之穴溃;百尺之室,以突隙之烟焚。"做好风险管控,从以突发事件为主的被动反应模式转向以风险为主的主动管控模式,是应急管理的重要任务。"愚者暗于成事,智者见于未萌",做好风险管控,要求我们防范化解重大风险,把突发事件控制在基层、化解在萌芽、解决在当地。

(3)应急准备——"居安思危,思则有备,有备无患。"从坏处准备,努力争取最好的结果,才能增强应急管理工作的主动性。做好应急准备,要求我们坚持底线思维,主动适应现代复杂条件下有效处置急难险重任务的需要,针对最坏的情况、做好最充分的准备,做到重要资源"备得有、找得到、调得快、用得好"。

(4)监测预警——"风起于青萍之末,止于草莽之间。"监测预警是在突发事件"将发未发"的时段,及时发出警告,迅速采取有效的防灾避险措施,从而避免或降低突发事件造成的损失。"聪者听于无声,明者见于未形。"做好监测预警,要求我们动态监测、精准分析、实时预警,"出现即发现,发现即发布,发布即发动"。

(5)事态研判——"知彼知己,百战不殆。"精准的事态研判是任何大规模抢险救援行动的前提。只有研判准确了,才能做到科学施救,研判的失误是应急处置与救援工作首要的失误。"先知者,知敌之情者也。"事态研判要求我们在突发事件发生后的第一时间迅速开展分析研究,及时判明情况,做到"对症下药"。

(6)信息报告——"上之为政,得下之情则治,不得下之情则乱。"信息是决策的前提和依据,信息报告的速度和质量直接关系到决策的效果。突发事件信息往往是碎片化的。信息报告要求建立多元开放的信息系统,实现不同渠道相互补充,在突发事件发生后及时、客观、真实进行报送报告,确保信息"进得来"。

(7)决策部署——"运筹帷幄之中,决胜千里之外。"面对错综复杂的局面,必须及时、果断作出准确的决策,从而尽快控制事态。"用兵之害,犹豫最大;三军之灾,生于狐疑。"决策部署要求我们临危不惧,沉着冷静,根据事件特点和现场情况,快速进行目标权衡、取舍,尽快研究确定应急处置与救援的措施。

(8)组织指挥——"天下之事,虑之贵详,行之贵力。"决策方案制定后,需要动员和带领相关人员执行,把战略决策和预期目标变为现实结果。"工虽多必有大匠,人虽多必有舵师。"组织指挥要求做好人员分工、资源配置和机构设置,统一领导、统一指挥、统一行动,确保应急处置与救援有力有序有效地进行。

(9)舆论引导——"好事不出门,坏事传千里。"突发事件发生后,往往会伴随大量的谣言。全媒体不断发展,导致舆论引导工作面临新的挑战。"当真理还在穿鞋,谣言已经走遍天下。"做好全媒体时代的舆论引导工作,要求我们把握好时度效,及时、主动、精准进行沟通,营造同舟共济、众志成城的社会氛围。

(10)恢复重建——"瘥后防复。"恢复重建是应急处置与救援的结束,也是新一轮预防与准备的开始。恢复重建是一项复杂的系统工程,要防止死灰复燃,留下后遗症。"将全其形,先在理神。"做好恢复重建,要求我们科学规划,精心组织实施,建设更加美好的家园,提高全社会的安全韧性,实现长远可持续发展。

(11)调查学习——"亡羊而补牢,未为迟也。"危机既是危险也是机遇,是全民最好的学习机会。突发事件发生后进行应对的过程,也是暴露问题、发现问题、解决问题的持续改进过程。调查学习要求我们抓住突发事件发生后的六个月"窗口期","吃一堑长一智",真正"在历史的灾难中实现历史的进步"。

第二节　应急管理的工作内容

尽管重大事故的发生具有突发性和偶然性,但重大事故的应急管理不只限于事故发生后的应急救援行动。应急管理是对重大事故的全过程管理,贯穿于事故发生前、中、后的各个过程,充分体现了"预防为主,常备不懈"的应急思想。应急管理是一个动态的过程,包括预防、准备、响应和恢复四个阶段。尽管在实际情况中,这些阶段往往是交叉的,但每一阶段都有自己明确的目标,而且每一阶段又是构筑在前一阶段的基础之上。因而,预防、准备、响应和恢复的相互关联,构成了重大事故应急管理的循环过程。

一、事故预防

在应急管理中预防有两层含义:一是事故的预防工作,即通过安全管理和安全技术等手段,尽可能地防止事故的发生,实现本质安全;二是在假定事故必然发生的前提下,通过预先采取的预防措施,来达到降低或减缓事故的影响或后果严重程度,如加大建筑物的安全距离、工厂选址的安全规划、减少危险物品的存量、设置防护墙及开展公众教育等。从长远观点看,低成本、高效率的预防措施,是减少事故损失的关键。

二、应急准备

应急准备是应急管理过程中一个极其关键的过程,它是针对可能发生的事故,为迅速有效地开展应急行动而预先所做的各种准备,包括应急体系的建立,有关部门和人员职责的落实,预案的编制,应急队伍的建设,应急设备(施)、物资的准备和维护,预案的演习,与外部应急力量的衔接等,其目标是保持重大事故应急救援所需的应急能力。

三、应急响应

应急响应是在事故发生后立即采取的应急与救援行动。包括事故的报警与通报、人员的紧急疏散、急救与医疗、消防和工程抢险措施、信息收集与应急决策和外部救援等,其目标是尽可能地抢救受害人员、保护可能受威胁的人群,尽可能控制并消除事故。应急响应可划分为两个阶段,即初级响应和扩大应急。

初级响应是在事故初期,企业应用自己的救援力量,使事故得到有效控制。但如果事故的规模和性质超出本单位的应急能力,则应请求增援和扩大应急救援活动的强度,以便最终控制事故。

四、应急恢复

恢复工作应该在事故发生后立即进行,它首先使事故影响区域恢复到相对安全的基本状态,然后逐步恢复到正常状态。要求立即进行的恢复工作包括事故损失评估、原因调查、清理废墟等,在短期恢复中应注意的是避免出现新的紧急情况。长期恢复包括厂区重建和受影响区域的重新规划和发展,在长期恢复工作中,应吸取事故和应急救援的经验教训,开展进一步的预防工作和减灾行动。

第三节　应急预案编制

预案编制前,应先对各种风险进行识别,分析其潜在的危害后果和影响,对应急管理现状、应急能力等进行评估,形成风险分析与应急能力评估报告。

预案编制时,依据风险分析与应急能力评估报告,对突发事件进行分级,确定相应的预警、响应级别。

预案编制完成后,按照业务管理流程和应急工作职责等,由预案编制牵头部门组织内部审核。内部审核可以邀请有关方面专家参加,内部审核的过程资料、审核结论应形成书面记录,并归档保存。

应急预案在编制上一般应包括主件部分、附件部分和指导简明印刷本。

预案主件部分应按照《生产经营单位安全生产事故应急预案编制导则》(AQ/T 9002—2006)标准的格式要求,进行编写。包括封面、目录、总则、组织机构与职责、联络报告程序、指令下达程序、应急指挥规定、实施方案、处置方案、善后处理、应急演练和相关子预案等内容。

(1)封面包括应急预案全称、对关键装置要害(重点)部位应写出具体名称、所在地理位置、编写者和编写日期、单位名称及单位负责人的签名、审核单位和审核人。

(2)封二应载明常设报警值班电话和传真机号码。

(3)封三为预案下发执行的通知文件。

(4)内容目录。

(5)总则应包括编写依据、目的、原则、适用范围、事故分级和总体要求。

(6)组织机构与职责应包括本单位的应急组织机构、指挥系统、日常值班机构(岗位)、医疗机构、联防机构、后勤保障设置及单位、部门(岗位)职责和负责人、值班制度等。

（7）联络报告程序应包括发生各类突发性事故或险情时,向上级应急组织机构和政府主管部门的报告程序,及同有关部门、外部机构的联络程序和采用方式等。

（8）指令下达程序应包括发生各类突发性事故或险情时,本级、上级应急组织机构和政府主管部门的指令下达程序,与有关部门、外部机构救援力量协调指令传递方式等。

（9）应急指挥规定应包括发生各类突发性事故或险情时,各级应急第一指挥者、第二指挥者的排序,尤其是现场指挥者丧失指挥能力时,应事先确定好担任指挥者的人员名单。

（10）实施方案和处置方案是应急预案的核心部分,公司按所在工作区域、工作特点和性质,对可能发生的事故或险情进行分级;二级单位和基层单位应根据公司应急预案分别做出所负任务的具体实施方案。公司、二级单位的实施方案责任至少应落实到具体的所属单位,尤其是抢险救灾物资和医务人员的落实。基层单位的实施方案责任应落实到岗位员工。

对每一种可能发生的事故或险情应编制出报告内容、实施的技术措施和实施步骤等。

（11）善后处理应包括事故或险情得到控制或处理结束时,发布应急命令解除的规定,表明此后的工作应是灾后重建的事情。

（12）应急演练应包括演练内容、次数、要求和演练讲评、演习记录等方面的规定。

应急预案附件部分应包括:

（1）石油天然气设施、装置的主要基础数据;

（2）石油天然气设施、装置所处区域的自然环境条件资料;

（3）石油天然气设施、装置所处的地理位置（坐标）和交通条件;

（4）应急处置设备、搜救设备、气防设施、现场检测设备等资源配置及材料的有关资料,包括应急设备及应急材料的名称、类型、数量、性能和能力、存放地点及可调用情况;

（5）应急救援力量情况,包括与有关机构签订的应急救援行动中相互援助、支持的协议副本;

（6）石油天然气设施、装置工作环境测定装置及规格;

（7）应急指挥人员一览表;

（8）应急通信录,包括电话、手机、传真号码和电子邮件、单位名称、通信地址等;

（9）其他有关的附属资料。

第四节　应急救援工作

应急救援工作涉及众多的部门和多种救援力量的协调配合,除了企业本身的应急救援系统组织外,还应当与当地的公安、消防、环保、卫生、交通等部门建立协调关系,协同作战。平时企业编制事故应急救援预案,开展对群众自救和互救知识的宣传教育;会同有关部门做好应急救援的装备、器材物品、经费的管理和使用。

一、应急救援系统的组织结构[9]

（一）应急指挥中心

应急指挥中心是整个系统的核心,负责协调事故应急期间各个应急组织与机构间的动作和关系。统筹安排整个应急行动,避免因行动紊乱而造成不必要的损失。

（二）应急现场指挥机构

事故应急现场指挥机构负责事故现场的应急指挥工作,合理进行应急任务分配和人员调度,有效利用一切可能的应急资源,保证在最短的时间内完成现场的应急行动。

（三）支持保障机构

支持保障机构是应急救援组织中人员最多的机构。主要为应急救援提供物质资源、人员支持、技术支持和医疗支持,全方位保证应急行动的顺利完成。应做好应急救援专家队伍和救援专业队伍的组织、训练和演习:具体来说,它又可以分为以下专业队。

(1)应急救援专家组:在事故应急救援行动中,利用专家的专业知识和经验,对事故的危害和事故的发展情况等进行分析预测,为应急救援的决策提供及时的和科学合理的救援决策依据以及救援方案。专家组平时做好调查研究,参与应急系统人员的培训和咨询工作,并协助事故的调查工作,当好领导的参谋。

(2)应急救援专业队:在应急救援行动中,各救援专业队伍应该在做好自身防护的基础上,快速实施救援。由于事故类型的不同,救援专业队的构成和救援任务也会有所不同。例如,化学事故应急救援专业队主要任务是快速测定出事故的危害区域,检测化学品的性质及危害程度;堵住泄漏源:清理现场和组织人员撤离、疏散等。而火灾应急救援专业队主要任务是破拆救人、灭火和组织人员撤离、疏散等。

(3)应急医疗救护队:在事故发生后,尽快赶赴事故现场,设立现场医疗急救站,对伤员进行现场分类和急救处理,及时向医院转送,对救援人员进行医学监护,处理死亡者尸体以及为现场救援指挥部提供医学咨询等。

(4)应急后勤队:负责应急救援的后勤工作,保证医疗急救用品和灾民的必需用品的供应,负责联系安排交通工具:运送伤员、药品、器械或其他的必需品。

（四）信息发布机构

信息发布机构负责与新闻媒体接触的机构,处理一切与媒体报道、采访、新闻发布会等相关事务,保持对外的一致口径,保证事故报道的客观性和可信性,对事故单位、政府部门和公众负责,为应急救援工作营造一个良好的社会环境。

（五）信息通信机构

信息通信机构负责为应急救援提供一切必需的信息,在现代计算机技术,网络技术和卫星通信技术的支持下,实现资源共享,为应急救援工作提供方便快捷的信息。

二、应急救援装备与资源

应急设备与资源是开展应急救援工作必不可少的条件,为保证应急工作的有效实施,各应急部门都应制定应急救援装备的配备标准。由于各地的经济技术的发展水平和重视程度的不同,在装备的配备上有较大的差异。平时应做好装备的保管工作,保证装备处于良好的使用状态,一旦发生事故就能立即投入使用。

应急救援装备应根据各自承担的应急救援任务和要求选配,选择装备要根据实用性,功能性、耐用性和安全性以及客观条件进行。事故应急救援的装备可分为基本装备和专用救援装备两大类。

（一）基本装备

(1)通信装备。应急救援所用的通信装备一般分为有线和无线两类,在救援工作中,常采用无线和有线两套装置配合使用。移动电话和固定电话是通信中常用的工具,由于使用方便,拨打迅速,在社会救援中已成为常用的工具。在近距离的通信联系中,也可使用对讲机,另外,传真机的应用缩短了空间的距离,使救援工作所需要的有关资料及时传送到事故现场。

(2)交通工具。良好的交通工具是实施快速救援的可靠保证,原则上,任何交通工具,只要对救援工作有利,都能运用,如各种汽车、畜力车,甚至人力车等。在应急救援行动中常用汽车和飞机作为主要的运输工具。目前,我国的救援队伍主要以汽车为交通工具;在远距离的救援行动中,借助民航和铁路运输;在海面、江河水网,救护汽艇也是常用的交通工具。

(3)照明装置。重大事故现场情况较为复杂,在实施救援时需要良好的照明,因此,需对救援队伍配备必要的照明工具,有利救援工作的顺利进行,照明装置的种类较多,在配备照明工具时除了应考虑照明的亮度外,还应根据事故现场情况,注意其安全性和可靠性,如工程救援所用的电筒应选择防爆型电筒。

(4)防护装备,有效地保护自己,才能取得救援工作的成效。在事故应急救援行动中,对各类救援人员均需配备个人防护装备。个人防护装备可分为空气呼吸器、防毒面罩、防护服、耳塞和保险带等。在有毒救援的场所救援指挥人员、医务人员和其他不进入污染区域的救援人员多配备过滤式防毒面具,对于工程、消防和侦检等进入污染区域的救援人员应配备密闭型防毒面罩。

（二）专用装备

(1)专用装备主要指各专业救援队伍所用的专用工具。在现场紧急情况下,需要使用的大量的应急设备与资源,如果没有足够的设备与物质保障,如没有消防设备、个人防护设备、清扫撒漏物的设备或是设备选择不当,即使受过很好的训练的应急队员面对灾害也无能为力。各专业救援队在救援装备的配备上,除了本着实用、耐用和安全的原则外,还应及时总结经验自己动手研制一些简易可行的救援工具。在工程救援方面,一些简易可行的救援工具,往往会产生意想不到的良好效果。

(2)侦检装备应具有快速准确的特点,应根据所救援事故的特点来配备。在煤矿救援中,多采用瓦斯检测仪等。在化工救援中,多采用检测管和专用气体检测仪,优点是快速安全、操作容易、携带方便,缺点是具有一定的局限性,国外采用专用监测车,除配有取样器、监测仪器外,还装备了计算机处理系统,能及时对水源、空气、土壤等样品就地实行分析处理,及时检测出毒物和毒物的浓度,并计算出扩散范围等救援所需的各种救援数据。

(3)医疗急救器械和急救药品的选配应根据需要,有针对性地加以配置。急救药品,特别是特殊、解毒药品的配备,应根据化学毒物的种类备好一定数量的解毒药品。世界卫生组织为应对灾害的卫生需要,编制了紧急卫生材料包标准,由两种药物清单和一种临床设备清单组成,还有一本使用说明书,现已被各国和救援组织采用。

(4)事故现场必需的常用应急设备与工具如下:

①消防设备:输水装置、软管、喷头、自用呼吸器、便携式灭火器等;

②危险物质泄漏控制设备:泄漏控制工具、探测设备、封堵设备、解除封堵设备等;

③个人防护设备：防护服、手套、靴子、呼吸保护装置等；

④通信联络设备：对讲机、移动电话、电话、传真机、电台等；

⑤医疗支持设备：救护车、担架、夹板、氧气、急救箱等；

⑥应急电力设备：主要是备用的发电机；

⑦资料：计算机及有关数据库和软件包、参考书、工艺文件、行动计划、材料清单等。

(三)现场地图和有关图表

地图和图表是最简洁的语言，是应急救援的重要工具，使应急救援人员能够在较短的时间内掌握所必需的大量信息。

所使用的地图不应该过于复杂，它的详细程度最好由使用者来决定，使用的符号要符合预先的规定或是国家或政府部门的相关标准。地图应及时更新，确保能够反映最新的变化。

图表包括厂区规划图、工艺管线图、公用工程图(消防设施、水管网、电力网、下水道管线等)和能反映场外的与应急救援有关的特征图(如学校、医院、居民区、隧道、桥梁和高速公路等)。

三、应急救援的实施

(一)事故报警

事故报警的及时与准确是能否及时实施应急救援的关键。发生事故的企业，除了积极组织自救外，必须及时将事故向有关部门报告，对于重大或灾害性的事故，以及不能及时控制的事故，应尽早争取社会救援，以便尽快控制事态的发展。报警的内容应包括事故单位，事故发生的时间、地点、事故原因，事故性质(外溢、爆炸、燃烧等)、危害程度和对救援的要求，报警人的联系电话等。

(二)救援行动的过程

救援行动一般按以下的基本步骤进行。

(1)接报。接报是指接到执行救援的指示或要求救援的请求报告。接报是救援工作的第一步，对成功实施救援起到重要的作用。接报人一般应由总值班担任，接报人应做好以下几项工作：

①问清报告人姓名、单位部门和联系电话。

②问明事故发生的时间、地点、事故单位、事故原因、主要毒物、事故性质(毒物外溢、爆炸，燃烧)、危害波及范围和程度、对救援的要求，同时做好电话记录。

③按救援程序，派出救援队伍。

④向上级有关部门报告。

⑤保持与急救队伍的联系，并视事故发展状况，必要时派出后继梯队予以增援。

(2)设点。各救援队伍进入事故现场，选择有利地形(地点)设置现场救援指挥部或救援、急救医疗点，各救援点的位置选择关系到能否有序地开展救援和保护自身的安全，救援指挥部、救援和医疗急救点的设置应考虑以下几项因素：

①地点——应选在上风向的非污染区域，不要远离事故现场，便于指挥和救援工作的实施。

②位置——各救援队伍应尽可能在靠近现场救援指挥部的地方设点并随时保持与指挥部的联系。

③路段——应选择交通路口,利于救援人员或转送伤员的车辆通行。

④条件——指挥部、救援或急救医疗点,可设在室内或室外,应便于人员行动或伤员的抢救,同时要尽可能利用原有通信、水和电等资源,有利于救援工作的实施。

⑤标志——指挥部、救援或医疗急救点,均应设置醒目的标志,方便救援人员和伤员识别。悬挂的旗帜应用轻质面料制作,以便救援人员随时掌握现场风向。

(3)报到。指挥各救援队伍进入救援现场后,向现场指挥部报到。其目的是接受救援任务,了解现场情况,便于统一实施救援工作。

(4)救援。进入现场的救援队伍要尽快按照各自的职责和任务开展工作。

①现场救援指挥部:应尽快开通通信网络;迅速查明事故原因和危害程度,制定救援方案;组织指挥救援行动。

②侦检队:应快速测定危险源的性质及危害程度,测定出事故的危害区域,提供有关数据。

③救援队:应尽快控制危险;将伤员救离危险区域;协助做好群众的组织撤离和疏散;做好毒物的清消工作。

④医疗队:应尽快将伤员就地简易分类,按类急救和做好安全转送。同时应对救援人员进行医学监护,并为现场救援指挥部提供医学咨询。

(5)撤点。撤点是指应急救援工作结束后,离开现场或救援后的临时性转移。在救援行动中应随时注意气象和事故发展的变化,一旦发现所处的区域有危险时,应立即向安全区转移。在转移过程中应注意安全,保持与救援指挥部和各救援队的联系。救援工作结束后,各救援队离现场以前应取得现场救援指挥部的同意。撤离前要做好现场的清理工作,并注意安全。

(6)总结。每一次执行救援任务后都应做好救援小结,总结经验与教训,积累资料,以利再战。

(三)应急救援工作中需注意的有关事项

(1)救援人员的安全防护。救援人员在救援行动中,应配备好防护装置,并随时注意事故的发展变化。做好自身防护,在救援过程中要注意安全,做好防范,避免发生伤亡。

(2)救援人员进入污染区注意事项。进入污染区前,必须戴好防毒面罩穿好防护服;执行救援任务时,应以 2 ~ 3 人为一组,集体行动,互相照应;带好通信联系工具,随时保持通信联系。

(3)工程救援中注意事项。

①工程救援队在抢险过程中尽可能地和企业的自救队或技术人员协同作战,以便熟悉现场情况和生产工艺,有利工作的实施。

②在营救伤员、转移危险物品和化学泄漏物的清消处理中,与公安、消防和医疗急救等专业队伍协调行动,互相配合,提高救援的效果,同时注意尽量防止对环境的污染和破坏。

③救援所用的工具具备防爆功能。

(4)现场医疗急救中需注意的问题。重大事故造成的人员伤害具有突发性、群体性,特殊性和紧迫性,现场医务力量和急救的药品、器材相对不足,应合理使用有限的卫生资源,在保证重点伤员得到有效救治的基础上,兼顾到一般伤员的处理。

①在急救方法上可对群体性伤员实行简易分类后的急救处理,即由经验丰富的医生负责对伤员的伤情进行综合评判,按轻、中、重简易分类,对分类后的伤员除了标上醒目的分类识别标志外,在急救措施上按照先重后轻的治疗原则,实行共性处理和个性处理相结合的救治方

法:在急救顺序上,应优先处理能够获得最大医疗效果的伤病员。

②对救治后的伤员实行一人一卡,将处理意见记录在卡上,并别在伤员胸前,以便交接,有利伤员的进一步转诊救治。

③合理调用救护车辆。在现场医疗急救过程中,常出现伤员多而车辆不够用的情况,因此,合理调用车辆迅速转送伤员也是一项重要的工作。在救护车辆不足的情况下,对危重伤员可以在医务人员的监护下,由监护型救护车护送,而中度伤员实行几人合用一辆车,轻伤员可商调公交车或卡车集体护送。

④合理选送医院。伤员转送过程中,实行就近转送医院的原则。但在医院的选配上,应根据伤员的人数和伤情,以及医院的医疗特点和救治能力,有针对性地合理调配,特别要注意避免危重伤员的多次转院。

⑤统计工作。统计工作是现场医疗急救的一项重要内容,特别是在忙乱的急救现场,更应注意统计数据的准确性和可靠性,也为日后总结和分析积累可靠的数据。

(5)在组织和指挥群众撤离现场的过程中要注意以下几点:

①在组织和指导群众做好个人防护后,再撤离危险区域。发生事故后,应立即组织和指导污染区的群众就地取材,采用简易有效的防护措施保护自己,如用透明的塑料薄膜袋套在头部防止毒液对头部的损伤;用毛巾或布条扎住出血部位近心脏端;在口、鼻处挖出孔口透气;用湿毛巾或布料捂住口、鼻阻止毒气吸入;同时用雨衣,塑料布、毯子或大衣等物,把暴露的皮肤保护起来免受伤害,并向上风方向快速转移至安全区域等。

②防止继发伤害,组织群众撤离危险区域时,应选择安全的撤离中线,避免横穿危险区域,进入安全区后,尽快去除污染衣物,防止继发性伤害。

③发扬互助互救的精神,发扬群众性的互帮互助和自救互救精神,帮助同伴一起撤离,对于做好救援工作,减少人员伤亡起到重要的作用。对危重伤员应立即搬离污染区,就地实施急救。

第五节　事故调查与处理

事故调查是指在事故发生后,为获取有关事故发生原因的全面资料,找出事故的根本原因,防止类似事故的发生而进行的调查,事故调查是一门科学也是一门艺术。说它是一门科学,是因为事故调查工作需要特定的技术和知识,包括事故调查专门技术的掌握,如飞机事故调查人员既应熟悉事故分析测定技术,也应了解飞机的结构、原理及相关设备。说它是一门艺术,则因为事故调查工作需要具有丰富的经验及综合处理信息并加以分析的能力,有时甚至要凭直觉,这些并不是简单的教育培训所能达到的。因而,真正掌握事故调查的过程及方法,特别需要理论与实践的紧密结合。

一、事故调查的目的与意义

对发生的事故(包括未遂事故),在采取有效措施防止事态扩大的同时,为了防止类似事故再次发生,要及时按照规定的程序(或制度)采取有组织的勘察、取证,分析和技术鉴定等工作,就称为事故调查。事故调查的目的是寻找和分析事故发生的一切原因,并以报告的形式提交有关部门。事故调查一定要遵循客观、公正、全面、科学和真实的原则[9]。

(一)事故调查的目的

必须首先明确的是,无论什么样的事故,一个科学的事故调查过程的主要目的就是防止事故的再发生,也就是说,根据事故调查的结果,提出整改措施,控制事故或消除此类事故,只有通过深入的调查分析,查出导致上述事件发生的深层次原因,特别是管理系统的缺陷,才有可能达到事故调查的首要目的——防止事故的再发生。

同时,对于重大特大事故,包括死亡事故,甚至重伤事故,事故调查还是满足法律要求,提供违反有关安全法规的资料,是司法机关正确执法的主要手段。这里当然也包括确定事故的相关责任,但这与以确定事故责任为目的事故责任调查过程存在本质上的区别,后者仅仅以确定责任为目的,不可能控制事故的再发生。此外,通过事故调查还可以描述事故的发生过程,鉴别事故的直接原因与间接原因,从而积累事故资料,为事故的统计分析及类似系统、产品的设计与管理提供信息,为有关部门安全工作的宏观决策提供依据。

(二)事故调查与安全管理

概括起来,事故调查工作对于安全管理的重要性可归纳为以下几个方面。

(1)事故调查工作是最有效的事故预防方法。事故的发生既有它的偶然性,也有必然性。即如果潜在的事故发生的条件(一般称为事故隐患)存在,什么时候发生事故是偶然的,但发生事故是必然的。因此,只有通过事故调查的方法,才能发现事故发生的潜在条件,包括事故的直接原因和间接原因,找出其发生发展的过程,防止类似事故的发生。

(2)事故调查工作为制定安全指标提供依据。事故的发生是有因果性和规律性的,事故调查是找出这种因果关系和事故规律的是有效的方法,只有掌握了这种因果关系和规律性,我们就能有针对性地制定出相应的安全措施,包括技术手段和管理手段,达到最佳的事故控制效果。

(3)事故调查工作可以揭示新的或未被人注意的危险,对任何系统而言。特别是具有新设备,新工艺、新产品、新材料、新技术的系统,都在一定程度上存在着某些我们尚未了解,被我们所忽视的潜在危险。事故的发生给了我们认识这类危险的机会,事故调查是我们抓住这一机会的最主要的途径,只有充分认识了这类危险,我们才有可能防止其产生。

(4)事故调查工作可以确认管理体系的缺陷。如前所述,事故是管理不佳的表现形式,而管理缺陷的存在也会直接影响到企业的经济效益,事故的发生给了我们将坏事变成好事的机会,即通过事故调查发现管理系统存在的问题,加以改进后,就可以一举多得,既控制事故,又改进管理水平,提高企业经济效益。

(5)事故调查工作是高效的安全管理系统的重要组成部分。安全管理工作主要是事故预防、应急措施和保险补偿手段的有机结合,且事故预防和应急措施更为重要,既然事故调查的结果对于我们进行事故预防和应急计划的制定都有重要价值,那么我们的安全管理系统中当然要具备事故调查处理的职能并真正发挥其作用,否则安全管理工作的目的和对象就会在我们的头脑中变得模糊起来。

当然,事故调查不仅仅与企业安全生产有关。对于保险业来说,事故调查也有着特殊的意义。因为事故调查既可以确定事故真相,排除骗赔事件,减少经济损失;也可以确定事故的经济损失,确定双方都能接受的合理的赔偿额;还可以根据事故的发生情况,进行保险费率的调整,同时提出合理的预防措施,协助被保险人减少事故,搞好防灾防损工作,减少事故率。另一方面,对于产品生产企业来说,对其产品使用、维修乃至报废过程中发生的事故的调查对于确定事故责任,发现产品缺陷,保护企业形象,搞好新一代产品开发都具有重要意义。

二、事故调查程序

事故调查是掌握整个事故发生过程、原因和人员伤亡及经济损失情况的重要工作,它根据调查结果分析事故责任,提出处理意见和事故预防措施,并撰写事故调查报告书。伤亡事故调查是整个伤亡事故处理的基础。通过调查可掌握事故发生的基本事实,以便在此基础上进行正常的事故原因和责任分析,对事故责任者提出恰当的处理意见,对事故预防提出合理的防范措施,使员工从中吸取深刻教训,并促使企业在安全和环境管理上进一步进行完善。

经抢救与事故现场保护处理后,就开始对事故进行调查,调查程序如图9-1所示,主要程序包括组成事故调查组,进行事故调查、现场处理、现场勘察、调查询问、事故鉴定、模拟试验等,并收集各种物证、人证、事故事实材料(包括人员活动、作业环境、设备设施。管理制度等)。调查结果是进行事故分析的基础材料。

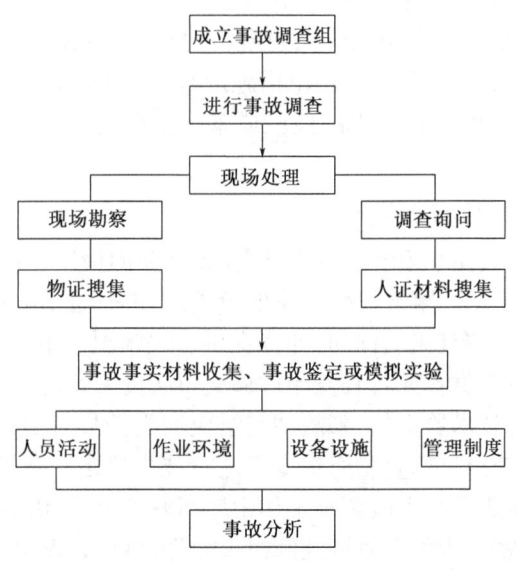

图9-1　事故调查程序

三、事故调查组织及原则

(一)事故调查组的组成

按事故严重程度组成的调查组,对事故进行调查和分析。特别重大事故由国务院或者国务院授权有关部门组织事故调查组进行调查。重大事故、较大事故、一般事故分别由事故发生地省级人民政府、设区的市级人民政府、县级人民政府负责调查。省级人民政府、设区的市级人民政府、县级人民政府可以直接组织事故调查组进行调查,也可以授权或者委托有关部门组织事故调查组进行调查。未造成人员伤亡的一般事故,县级人民政府也可以委托事故发生单位组织事故调查组进行调查。

自事故发生之日起 30 日内(道路交通事故、火灾事故自发生之日起 7 内),因事故伤亡人数变化导致事故等级发生变化,应当由上级人民政府负责调查的,上级人民政府可以另行组织事故调查组进行调查。特别重大事故以下等级事故,事故发生地与事故发生单位不在同一个县级以上行政区域的,由事故发生地人民政府负责调查,事故发生单位所在地人民政府应当派人参加。

事故调查组的组成应当遵循精简、效能的原则。根据事故的具体情况,事故调查组由有关人民政府、安全生产监督管理部门、负有安全生产的督管理职责的有关部门、监察机关、公安机关以及工会派人组成,并应当邀请人民检察院派人参加,也可以聘请有关专家参与调查。事故调查组成人员应当具有事故调查所需要的知识和专长,并与所调查的事故没有直接利害关系。事故调查组组长由负责事故调查的人民政府指定,事故调查组组长主持事故调查组的工作。

事故调查处理应当坚持实事求是、尊重科学的原则,及时、准确地查清事故经过、事故原因和事故损失,查明事故性质,认定事故责任,总结事故教训,提出整改措施,并对事故责任者依法追究责任。具体原则如下:

(1)事故是可以调查清楚的,这是调查事故最基本的原则。

(2)调查事故应实事求是,以客观事实为根据。

(3)坚持做到“四不放过”的原则,即事故原因分析不清不放过,事故责任者没有受到严肃处理不放过,群众没有受到教育不放过,防范措施没有落实不放过。

(4)事故调查成员一方面要有调查的经验或某一方面的专长;另一方面不应与事故有直接利害关系。

(二)事故调查组的权利与职责

事故调查组有权向有关单位和个人了解与事故有关的情况,并要求其提供相关文件、资料,有关单位和个人不得拒绝。事故发生单位的负责人和有关人员在事故调查期间不得擅离职守,并应当随时接受事故调查组的询问,如实提供有关情况。事故调查中发现涉嫌犯罪的,事故调查组应当及时将有关材料或者其复印件移交司法机关处理。

事故调查中需要进行技术鉴定的,事故调查组应当委托具有国家规定资质的单位进行技术鉴定。必要时,事故调查组可以直接组织专家进行技术鉴定。技术鉴定所需时间不计入事故调查期限。事故调查组成员在事故调查工作中应当诚信公正、恪尽职守,遵守事故调查组的纪律,保守事故调查的秘密。未经事故调查组组长允许,事故调查组成员不得擅自发布有关事故的信息。事故调查组履行下列职责:

(1)查明事故发生的经过、原因、人员伤亡情况及直接经济损失;

(2)认定事故的性质和事故责任;

(3)提出对事故责任者的处理建议;

(4)总结事故教训,提出防范和整改措施;

(5)提交事故调查报告。

四、事故分析与处理

(一)事故原因的调查分析

事故原因的调查分析包括事故直接原因和间接原因的调查分析。调查分析事故发生的直接原因就是分别对物和人的因素进行深入、细致的追踪,弄清在人和物方面所有的事故因素。明确它们的相互关系和所占的重要程度,从中确定事故发生的直接原因。

事故间接原因的调查就是调查分析导致人的不安全行为、物的不安全状态,以及人、物、环境的失配原因,弄清为什么产生不安全行为和不安全状态,为什么没能在事故发生前采取措施,预防事故的发生。

(1)直接原因。直接原因是在时间上最接近事故发生的原因,又称为一次原因,它可分为以下两类:

①人的原因,指由于人的不安全行为而引起的事故。所谓人的不安全行为是指违反安全规则和安全操作原则,使事故有可能或有机会发生的行为。

②物的原因,指由于设备不良所引起的,也称为物的不安全状态。所谓物的不安全状态是使事故能发生的不安全物体条件或物质条件。

(2)间接原因。间接原因指引起事故原因的原因,有以下几种:

①技术的原因,包括主要装置、机械、建筑的设计,建筑物竣工后的检查保养等技术方面不完善,机械设备的布置,工厂地面、室内照明以及通风、机械工具的设计和保养,危险场所的防护设备及警报设备,防护用具的维护和配备等存在的技术缺陷。

②教育的原因,包括与安全有关的知识和经验不足,对作业过程中的危险性及其安全运行方法无知、轻视、不理解、训练不足、坏习惯及没有经验等。

③身体的原因,包括身体有缺陷或由于睡眠不足引起疲劳。

④精神的原因,包括怠慢、反抗、不满等不良态度,焦躁、紧张、恐怖等精神状况,褊狭、固执等性格缺陷。

⑤管理原因,包括企业主要领导人对安全的责任心不强,作业标准不明确,缺乏检查保养制度,劳动组织不合理等。

⑥环境原因,指由于环境不良所引起的。

(3)主要原因。在造成某次事故的直接原因和间接原因中,对事故发生起主导作用的原因即为主要原因。值得注意的是,主要原因既可以为直接原因,也可以为间接原因。

(二)事故责任及分析处理

事故责任分析是在查明事故的原因后,分清事故的责任,使企业领导和员工从中吸取教训,改进工作。事故责任分析中,应通过调查和分析事故的直接原因和间接原因,确定事故直接责任者和领导责任者及其主要责任者,并根据事故后果对事故责任者提出处理意见。

(1)凡因下述原因造成事故,应首先追究领导者的责任。

①没有按规定对员工进行安全教育和技术培训,或未经公众考试合格就上岗操作的。

②缺乏安全技术操作规程或制度与规程不健全的。

③设备严重失修或超负载运转。

④安全措施、安全信号、安全标志、安全用具、个人防护用品缺乏或有缺陷的。

⑤对事故熟视无睹,不认真采取措施或挪用安全技术措施经费,致使重复发生同类事故的。

⑥对现场工作缺乏检查或指导错误的。

(2)凡因下述原因造成事故,应追究肇事者和有关人员的责任。

①违章指挥或违章作业、冒险作业的。

②违反安全生产责任制,违反劳动纪律、玩忽职守的。

③擅自开动机器设备,擅自更改、拆除、毁坏、挪用安全装置和设备的。

(3)事故责任者或其他人员,凡有下列情形之一者,应从重处罚。

①毁灭、伪造证据,破坏、伪造事故现场,干扰调查工作或者嫁祸于人的。

②利用职权隐瞒事故,虚报情况或者故意拖延报告的。

③多次不服从管理,违反规章制度或者强令员工冒险作业的。

④对批评、制止违章行为、如实反映事故情况的人员进行打击报复的。

事故分析和责任者处理如果不能取得一致意见时,安全生产监督管理部门有权提出结论意见;如果仍有不同意见,应当报上级安全生产监督管理部门协商处理;仍不能达到一致意见时,报请同级人民政府裁决,但不得超过事故处理工作结案时限。伤亡事故处理结案后,应当公开宣布处理结果,并将有关资料存档,以备查考。对于触犯法律的,由司法机关处理。

(4)事故发生单位应当按照负责事故调查的人民政府的批复,对本单位负有事故责任的人员进行处理。负有事故责任的人员涉嫌犯罪的,依法追究刑事责任。

(三)分析制定预防措施

事故调查的根本目的在于预防事故。在查清事故原因之后,应制定防止类似事故重复发生的措施。事故发生单位应当认真吸取事故教训,落实防范和整改措施,防止事故再次发生。防范和整改措施的落实情况应当接受工会和职工的监督。

对企业生产工艺过程中存在的问题,应与先进技术、先进经验对比,提出改进方案;对员工操作方法上存在的问题,应与相关安全技术规程对比,提出改进方案;设备设施及其现有安全装置存在的问题,可进行技术鉴定,及时检修,使其处于安全有效状态,无安全装置的要按规定设置;企业管理上存在的问题,应按有关规定及现代管理要求予以解决,如调整机构人员,建立健全规章制度,进行安全教育等。在防范措施中,应把改善劳动生产条件、作业环境和提高安全技术装备水平放在首位,力求从根本上消除危害因素。

五、事故调查报告

事故调查报告书是根据调查结果,由事故调查组撰写的事故调查文件,事故调查组应当自事故发生之日起 60 日内提交事故调查报告;特殊情况下,经负责事故调查的人民政府批准,提交事故调查报告的期限可以适当延长,但延长的期限最长不超过 60 日。

(一)事故调查报告书的内容

事故调查报告书的核心内容反映对事故的调查分析结果,即反映事故发生的全过程和原因所在、工伤造成的人员伤亡和经济损失情况、事故的责任者及其责任情况、事故处理意见和防范措施的建议等。事故调查报告应当包括下列内容:

(1)事故发生单位概况;

(2)事故发生经过和事故救援情况;

(3)事故造成的人员伤亡和直接经济损失;

(4)事故发生的原因和事故性质;

（5）事故责任的认定以及对事故责任者的处理建议；

（6）事故防范和整改措施。

事故调查报告应当附具有关证据材料。事故调查组成员应当在事故调查报告上签名。事故调查报告报送负责事故调查的人民政府后,事故调查工作即告结束。事故调查的有关资料应当归档保存。

根据事故严重与复杂程度,事故调查通常分为专项调查(如管理调查、技术调查等)和综合事故调查。如果事故过程和原因比较简单明确,一般只需提供报告;否则,除了提供综合报告外,还需提供专项分析报告。专项调查报告内容主要侧重于事故发生过程、事故鉴定或模拟试验、事故发生原因、事故责任、事故预防措施等。

（二）事故调查报告书的撰写要求

（1）事故发生过程调查分析要准确。事故到底是怎样发生的,这对分析原因和分析责任有直接关系。因此,必须把情况确定准确。如死亡事故在发生时没有人见到,则难以查准,要想分析准确,必须对工艺要求、死者操作习惯及身体情况、施工的操作环境条件和事故前的详细情况了解清楚,并广泛听取群众意见,取得统一的准确情况并进行分析研究。论述时,可按事故发生之前、之时及之后的时间序列来进行描述,事故发生的人、物、环境状态、事故发展情况等都应交代清楚。

（2）原因分析要明确。根据发生事故的特点,结合生产、技术、设备和管理等方面进行分析,哪些是直接原因、哪些是主要原因、哪些原因是根本的。分析要细致,事实要有证据,内容要有说服力;为责任分析和采取防范措施奠定基础。

（3）责任分析要明确。在原因已知的基础上,分析每条原因应该由谁负责。一般分为直接责任、主要责任、重要责任、领导责任(包括教育、检查、措施不当)。根据具体内容必须将责任落实到人头,如技术安全措施不当应由技术负责人负责;一个单位连续发生重大伤亡事故就要追究其法人的责任。凡是说明承担责任的内容,必须实事求是、证据准确可靠。

（4）对责任者处理要严肃。对造成事故的责任者,要以教育为主,对违反安全生产规章制度、工作不负责任以致造成重大事故的责任者,必须予以处罚;情节严重的,移交司法部门。凡遇下列情况者,都应给予严肃处理。

①已发现明显的事故征兆,未及时采取措施消除事故隐患,以致发生重大伤亡事故者。

②不执行规章制度,带头或指使违章作业,造成重大伤亡事故者。

③已发生过伤亡事故,仍不接受教训。

④有预防措施,不积极组织实施,又发生同类伤亡事故的。

⑤经常违反劳动纪律和操作规程,屡教不改,以致引起事故而造成他人伤亡者。

⑥无故拆除安全设备和安全装置,以致造成重大伤亡的。

⑦工作严重不负责或失职造成重大事故者。

（5）预防措施要具体。只有预防事故的措施具体,才能更好落实;否则,措施就无法落实,变成空话、废话。预防事故的措施要根据造成事故的漏洞,以及整个生产过程安全薄弱环节的实际情况制定。其项目要具体,执行要有负责人,完成要定期限,并明确规定谁负责检查执行情况。如果有措施,因不积极落实,又造成重大伤亡事故,措施执行人要受到更加严肃的处理。

（6）调查组成员要签字。调查组成员对事故情况、原因分析、责任分析、处理建议、防范措施等取得统一或基本统一后,每个调查组成员要在调查报告上签字,有不同意见,可在签字时注明具体保留意见。签字之后,即宣布调查组任务已完成。

事故调查报告书完成后,企业领导必须及时认真讨论和研究调查报告,并尊重调查组的意见。企业领导不得任意修改调查组报告。为了便于上级准确地掌握情况,及时批复,公司、厂领导对调查报告有不同意见可以提出,与调查报告同时上报。事故调查结束,企业接到调查报告书批复的处理决定后,要向群众宣布调查处理结果,教育职工吸取教训并落实措施。

对事故调查的有关规定和程序,在国家和各行业都有明确的规定,如《生产安全事故报告和调查处理条例》(国务院 2007 年第 493 号令)、(国务院关于特大安全事故行政责任追究的规定)(国务院 2001 年第 302 号令)和《火灾事故调查规定》(公安部 1999 年第 37 号令)的规定》以及《火灾事故调查规定修正案》(公安部 2008 年第 100 号令)等。

习　题

1. 应急管理的工作内容包括哪些?
2. 如何编制应急预案?
3. 应急救援工作中需要注意的有关事项包括哪些?
4. 事故调查报告的内容包括哪些?

参 考 文 献

[1] 孙玉学,胡超洋,李清.石油工程 HSE 管理:富媒体[M].北京:石油工业出版社,2021.

[2] 李文华.石油工程 HSE 风险管理[M].2 版.北京:石油工业出版社,2017.

[3] 冯庆善,王春明,何嘉欢,等.油气储运企业生产运维流程开发探索与实践[J].油气储运,2023,42(1):9 – 15.

[4] 冯庆善.油气管道事故特征与量化的理论研究[J].油气储运,2017, 36(4): 369 – 374.

[5] 冯庆善.管道完整性管理实践与思考[J].油气储运, 2014, 33(3):229 – 232.

[6] 冯庆善, 李保吉, 钱昆,等.基于完整性管理方案的管道完整性效能评价方法[J].油气储运, 2013, 32(4): 360 – 364.

[7] 陈利琼.油气储运安全技术与管理[M].2 版.北京:石油工业出版社,2022.

[8] 梁法春,陈婧,寇杰.油气储运安全技术[M].北京:中国石化出版社,2017.

[9] 中国石油天然气集团公司安全环保部.HSE 风险管理理论与实践[M].北京:石油工业出版社,2009.